企业专利战略

何 敏 主编
黄武双 副主编

知识产权出版社

内容提要

本书以研究分析企业专利工作中的实际问题及解决实际问题的办法为目标,充分运用实际案例、数据、图表,从技术开发与创新、专利情报利用、专利的申请与运用、专利输出与引进、专利标准化等方面,进行实证化、形象化的分析,并提供了一些可资借鉴的企业专利战略工作的参考方案,是我国企业运用技术及专利资源进行战术性和策略性实践运营的指导手册。

读者对象: 企业专利管理人员及相关领域工作人员。

责任编辑: 卢海鹰 **责任校对:** 董志英
版式设计: 卢海鹰 **责任出版:** 卢运霞

图书在版编目(CIP)数据

企业专利战略/何敏主编. —北京:知识产权出版社,2011.1
(企业知识产权培训教材)
ISBN 978—7—80247—103—0

Ⅰ.企… Ⅱ.上… Ⅲ.企业管理—专利—技术培训—教材 Ⅳ.G306 F273.1

中国版本图书馆 CIP 数据核字(2008)第 115497 号

企业知识产权培训教材
国家知识产权局人事司组织编写

企业专利战略
QIYE ZHUANLI ZHANLUE

何 敏 主 编
黄武双 副主编

出版发行:知识产权出版社
社　址:北京市海淀区马甸南村1号　　邮　编:100088
网　址:http://www.ipph.cn　　邮　箱:bjb@cnipr.com
发行电话:010—82000860 转 8101/8102　　传　真:010—82005070/82000893
责编电话:010—82000860—8122
印　刷:保定市中画美凯印刷有限公司　　经　销:新华书店及相关销售网点
开　本:787mm×1092 mm　1/16　　印　张:20
版　次:2011年1月第1版　　印　次:2011年1月第1次印刷
字　数:324 千字　　定　价:46.00 元
ISBN 978—7—80247—103—0/D·619(2157)

出版权专有　侵权必究
如有印装质量问题,本社负责调换。

序　言

当今世界，随着知识经济的不断发展和经济全球化趋势的不断加深，知识产权在自主创新和经济发展中的地位日显重要。大力提高知识产权创造、运用、管理、保护能力，已成为促进我国科技进步、经济发展和增强国家核心竞争力的必然选择，也是增强我国自主创新能力、建设创新型国家的迫切需要。

提高对知识产权的创造、运用、管理、保护能力，关键在人才，培养和造就一大批知识产权人才是赢得未来知识产权国际竞争的关键所在。胡锦涛总书记在中共中央政治局第31次集体学习时指出，要加强知识产权专门人才的培养，加强对企事业管理人员的知识产权培训，提高他们做好知识产权工作的能力和水平。这是总书记对我们知识产权管理部门提出的明确要求和光荣任务，我们一定要身体力行，做好这项工作。

"企业知识产权培训教材"是由国家知识产权局人事司组织、专门面向国内企业知识产权培训工作需要而编写的系列教材。这套书立足于企业知识产权管理实际应用，根据修订后的《专利法》及其实施细则、《专利审查指南》以及其他相关知识产权法律的最新规定，结合我国企业知识产权工作的具体实践，以案说法，深入浅出，针对企业知识产权工作中面临的实际问题，生动翔实地提出了切实可行的解决办法、建议和法律依据。相信这套书的出版，将有利于我国广大企业知识产权工作者提高运用有关知识分析问题、解决问题的能力，成为一套学有所得的实用教材。

衷心希望企业知识产权培训工作能够深入持久、持之以恒地开展下去，并通过以点带面的示范作用，带动全国企业知识产权工作的深入开展，把我国企业知识产权创造、运用、管理、保护能力提高到一个崭新的水平。

田力普

二〇一〇年十二月

《企业知识产权培训教材》
编委会

主　任　田力普

副主任　徐治江　白光清　欧　剑

编　委　陶鑫良　何　敏　刘伍堂　袁真富

　　　　　王润贵　薛　丹　李　琳　汤腊冬

　　　　　卢海鹰　孙　昕

前　言

现代企业面对知识经济时代的机遇与挑战，惟一有效的应对策略是不失时机地进行技术创新与制度创新，而无论是技术创新，还是制度创新都应当在法制的框架之下才能有序且有效地进行，这一法制框架之中专利制度是最为基本的方面。也就是说，一个现代企业应当是一个谙熟专利法律制度，并能充分运用专利法律制度来实现企业战略目标的经营组织。这一实现企业经营战略目标的过程，实际上也是一个运用企业技术及专利资源进行战术性和策略性运营的过程。本书正是针对企业专利战略制定与实施的需要而编写的。

本书在结构及内容上以研究分析企业专利工作中的实际问题及解决实际问题的办法为目标，充分运用实际案例、数据、图表来加以实证化、形象化分析，并提供了一些可资借鉴的企业专利战略工作的参考方案。

本书分为八章：

第一章　企业技术创新与专利战略　　　　（何　敏撰写）
第二章　专利情报利用中的专利战略　　　（李秀娟撰写）
第三章　技术开发中的专利战略　　　　　（李秀娟撰写）
第四章　专利申请中的专利战略　　　　　（王凌红撰写）
第五章　专利运用中的专利战略　　　　　（董美根撰写）
第六章　技术引进与输出中的专利战略　　（黄武双、许　建撰写）
第七章　技术标准化中的专利战略　　　　（黄武双、袁小荣撰写）
第八章　企业专利战略的制定与实施　　　（何　敏撰写）

　　　　　　　　　　　　　　　　　　　　（全书何　敏统稿、黄隆华校阅）

编　者
二〇一〇年八月初于华东政法大学

《企业专利战略》编委会

主　编　何　敏

副主编　黄武双

编　委　李秀娟　王凌红　董美根
　　　　　　许　建　袁小荣

目 录

第一章 企业技术创新与专利战略 ················ 1
1.1 企业技术创新与专利保护 ················ 4
1.1.1 企业竞争与技术创新 ················ 6
1.1.2 技术创新与专利保护 ················ 9
1.2 企业专利战略 ················ 15
1.2.1 企业制定专利战略的意义 ················ 16
1.2.2 企业专利战略谋划 ················ 19

第二章 专利情报利用中的专利战略 ················ 27
2.1 专利战略性检索 ················ 27
2.1.1 检索前的准备 ················ 28
2.1.2 专利技术检索 ················ 30
2.1.3 同族专利检索 ················ 36
2.1.3.1 同族专利简析 ················ 37
2.1.3.2 专利族的类型 ················ 37
2.1.3.3 同族专利的作用 ················ 38
2.1.3.4 同族专利检索 ················ 38
2.1.4 专利新颖性、创造性检索 ················ 39
2.1.5 法律状态检索 ················ 42
2.1.5.1 中国专利法律状态的检索 ················ 42
2.1.5.2 美国专利法律状态的检索 ················ 43
2.1.5.3 欧洲专利法律状态的检索 ················ 44
2.2 专利战略性分析 ················ 45
2.2.1 专利信息分析需注意的问题 ················ 46
2.2.2 专利分析的方法 ················ 48
2.2.2.1 专利的定性分析 ················ 48
2.2.2.2 定量分析 ················ 49

2.3 专利技术档案 … 50
2.4 近逾期技术分析战略 … 52
2.4.1 专利保护期 … 53
2.4.2 失效专利 … 54
2.4.3 失效专利的价值性分析 … 55
2.5 技术及市场预测战略 … 57
2.5.1 行业技术预测 … 57
2.5.1.1 专利技术生命周期的预测 … 58
2.5.1.2 专利数量测算法预测 … 61
2.5.1.3 技术分布鸟瞰图 … 64
2.5.2 行业未来市场预测战略 … 65
2.5.2.1 利用专利 IPC 分类分析进行预测 … 65
2.5.2.2 专利申请公司的发明人情况分析 … 66
2.5.2.3 同族专利的分析 … 67
2.5.2.4 专利技术领域累积 … 68

第三章 技术开发中的专利战略 … 71
3.1 技术开发战略与专利战略 … 71
3.1.1 企业技术开发简介 … 71
3.1.1.1 企业技术研发的特征 … 72
3.1.1.2 企业技术研发（R&D）的新特点 … 74
3.1.1.3 R&D 过程的分析 … 76
3.1.2 技术开发战略与专利战略的关系 … 76
3.1.2.1 企业专利战略是制定和实施 R&D 战略的有力保障 … 79
3.1.2.2 实施企业专利战略是促进企业 R&D 的重要保障 … 80
3.1.3 技术研发专利战略的定位 … 82
3.1.3.1 企业技术研发专利战略定位因素分析 … 82
3.1.3.2 用相关分析法分析专利定位 … 84
3.1.3.3 利用公司定位综合分析表定位企业的专利战略 … 86
3.1.3.4 利用 SWOT 进行企业专利战略定位 … 86
3.2 技术开发专利战略模式的选择 … 91
3.2.1 首创型研发战略 … 92
3.2.1.1 首创型研发战略特点 … 92
3.2.1.2 首创型研发战略中的专利战略 … 93

3.2.2 改进型战略 ·· 96
    3.2.2.1 改进型研发战略特点 ·· 96
    3.2.2.2 改进型研发专利战略 ·· 97
  3.2.3 引进吸收型战略 ·· 98
 3.3 技术开发过程中的专利战略 ·· 100
  3.3.1 制订开发计划时的专利战略 ·· 101
    3.3.1.1 实施专利调查与分析战略 ······································ 101
    3.3.1.2 海尔集团的专利调查战略 ······································ 103
  3.3.2 实施研发计划时的专利战略 ·· 104
  3.3.3 完成研发计划时的专利战略 ·· 106
    3.3.3.1 专利实施战略 ·· 107
    3.3.3.2 专利侵权防御战略 ·· 107

第四章 专利申请中的专利战略 ·· 109
 4.1 明确申请专利权利的归属 ·· 109
  4.1.1 自主开发新技术申请专利的权利 ·································· 109
  4.1.2 合作发明创造申请专利的权利 ···································· 112
  4.1.3 委托发明创造申请专利的权利 ···································· 112
  4.1.4 受让技术申请专利的权利 ·· 113
 4.2 专利申请与否的选择 ·· 114
  4.2.1 专利保护与技术秘密保护之间的差异 ··························· 114
    4.2.1.1 权利取得方式不同 ·· 114
    4.2.1.2 实质要件不同 ·· 115
    4.2.1.3 在信息公开方面的要求不同 ·································· 115
    4.2.1.4 时间性不同 ·· 115
    4.2.1.5 排他性不同 ·· 115
    4.2.1.6 法律救济方式不同 ·· 116
  4.2.2 专利保护与技术秘密保护的选择 ·································· 116
  4.2.3 专利保护与技术秘密保护的结合 ·································· 117
  4.2.4 技术公开战略的应用 ·· 117
    4.2.4.1 在放弃专利申请情形下的应用 ······························· 117
    4.2.4.2 在提交专利申请之后的应用 ·································· 118
 4.3 专利申请前的准备 ·· 118
  4.3.1 采取严格的技术保密措施 ·· 118

4.3.2 进行充分的市场调查 …………………………………………… 119
4.3.3 合理地确定专利申请的方案和范围 ………………………… 119
4.4 专利申请战略 …………………………………………………… 120
  4.4.1 专利申请时机的选择 ………………………………………… 120
    4.4.1.1 影响专利申请时机选择的主要因素 ………………… 120
    4.4.1.2 专利申请时机的选择方式 …………………………… 120
  4.4.2 专利申请技术的选择 ………………………………………… 121
    4.4.2.1 专利申请技术的分类 ………………………………… 122
    4.4.2.2 专利申请技术的组合 ………………………………… 122
  4.4.3 专利申请类型的选择 ………………………………………… 123
    4.4.3.1 发明专利 ……………………………………………… 123
    4.4.3.2 实用新型专利 ………………………………………… 125
    4.4.3.3 外观设计专利 ………………………………………… 126
  4.4.4 专利申请范围的选择 ………………………………………… 127
4.5 优先权战略 ……………………………………………………… 128
  4.5.1 外国优先权 …………………………………………………… 129
  4.5.2 本国优先权 …………………………………………………… 129
4.6 专利国际申请战略 ……………………………………………… 132
  4.6.1 专利国际申请的作用和意义 ………………………………… 132
  4.6.2 专利申请国的选择 …………………………………………… 133
    4.6.2.1 专利申请国的专利制度及技术发展状况的调查 …… 133
    4.6.2.2 企业国际竞争策略和目标市场的确定 ……………… 133
  4.6.3 主要专利申请国的专利制度概要 …………………………… 134
    4.6.3.1 日本 …………………………………………………… 134
    4.6.3.2 美国 …………………………………………………… 135
    4.6.3.3 欧洲 …………………………………………………… 137
    4.6.3.4 韩国 …………………………………………………… 138
  4.6.4 专利国际申请方式 …………………………………………… 138
    4.6.4.1 直接申请 ……………………………………………… 140
    4.6.4.2 PCT 申请 ……………………………………………… 140

第五章 专利运用中的专利战略 ………………………………… 145
5.1 专利权运用的总体战略 ………………………………………… 145
  5.1.1 运用方式的选择 ……………………………………………… 146

5.1.1.1 专利权人自己实施战略 …………………………… 146
　　5.1.1.2 许可他人实施战略 ……………………………… 149
　　5.1.1.3 转让他人实施战略 ……………………………… 155
　5.1.2 专利使用范围的选择 ………………………………… 157
　5.1.3 专利权的维持与放弃战略 …………………………… 159
　5.1.4 反侵权战略 …………………………………………… 162
5.2 专利权许可战略 ………………………………………… 168
　5.2.1 部分许可战略 ………………………………………… 171
　　5.2.1.1 部分许可与一般许可的异同 …………………… 171
　　5.2.1.2 部分权能许可 …………………………………… 172
　　5.2.1.3 部分地区许可 …………………………………… 175
　　5.2.1.4 部分国家（或地区）许可 ……………………… 177
　5.2.2 局部许可战略 ………………………………………… 178
　　5.2.2.1 部分技术特征的局部许可 ……………………… 178
　　5.2.2.2 全部技术特征的局部许可 ……………………… 180
　　5.2.2.3 一揽子专利的局部许可 ………………………… 180
　5.2.3 独占许可战略 ………………………………………… 181
5.3 专利权转让战略 ………………………………………… 183
　5.3.1 转让对象的选择 ……………………………………… 184
　5.3.2 转让方式的选择 ……………………………………… 188
5.4 专利费支付战略 ………………………………………… 190
　5.4.1 一次总付及其后果 …………………………………… 191
　5.4.2 分期支付及其后果 …………………………………… 192
　5.4.3 提成支付及其后果 …………………………………… 193
　5.4.4 入门费加提成支付及其后果 ………………………… 199

第六章 技术引进与输出中的专利战略 ………………… 201
6.1 我国技术引进与输出状况及存在问题 ………………… 201
　6.1.1 技术引进的基本状况 ………………………………… 201
　6.1.2 忽略专利信息的搜集 ………………………………… 203
　　6.1.2.1 专利信息的特点 ………………………………… 203
　　6.1.2.2 专利信息的作用 ………………………………… 203
　　6.1.2.3 我国企业忽略对专利信息的运用 ……………… 205
　6.1.3 忽略消化吸收与创新 ………………………………… 207

6.1.4　忽略申请外国专利 …… 209
6.2　我国技术引进战略 …… 211
6.2.1　生产收买战略 …… 211
6.2.1.1　实施生产收买战略的目的 …… 212
6.2.1.2　间接收买战略 …… 213
6.2.2　取得许可战略 …… 214
6.2.3　交叉许可战略 …… 214
6.2.3.1　交叉许可与专利池的异同点 …… 215
6.2.3.2　交叉许可在实践中的运用 …… 216
6.2.3.3　专利池在实践中的运用 …… 217
6.2.3.4　给我国企业的建议 …… 219
6.2.4　创新引进战略 …… 220
6.2.4.1　追随型专利战略 …… 220
6.2.4.2　开拓型专利战略 …… 221
6.2.5　专利合作战略 …… 223
6.2.6　特许专营战略 …… 224
6.2.6.1　特许经营战略的优点及缺点 …… 225
6.2.6.2　企业实施特许经营战略应注意的专利问题 …… 226
6.2.7　补偿贸易战略 …… 227
6.2.7.1　补偿贸易的主要形式 …… 228
6.2.7.2　补偿贸易战略的特点 …… 228
6.3　我国技术输出战略 …… 228
6.3.1　功能部分性技术输出 …… 228
6.3.2　区域限制性技术输出 …… 229
6.3.3　技术与产品同步输出 …… 230

第七章　技术标准化中的专利战略 …… 231
7.1　技术标准与专利技术 …… 231
7.1.1　技术标准概述 …… 231
7.1.1.1　技术标准的定义及其特征 …… 231
7.1.1.2　技术标准的分类 …… 232
7.1.1.3　技术标准的作用 …… 233
7.1.2　技术标准与专利的关系 …… 234
7.1.2.1　技术标准与专利技术结合的必然性 …… 234

7.1.2.2　技术标准与专利的关系 ………………………………… 234
　　　7.1.2.3　专利上升为技术标准的条件 …………………………… 236
7.2　发达国家的技术标准战略与专利技术壁垒 …………………………… 236
　7.2.1　发达国家的技术标准战略 ……………………………………… 236
　　　7.2.1.1　技术标准战略的内涵及特征 ……………………………… 236
　　　7.2.1.2　技术标准战略兴起的背景 …………………………………… 238
　　　7.2.1.3　主要发达国家的技术标准战略 ……………………………… 238
　　　7.2.1.4　主要发达国家技术标准战略的特点 ………………………… 241
　7.2.2　发达国家技术标准化中的专利技术壁垒 ……………………… 242
　　　7.2.2.1　技术贸易壁垒与专利的结合 ………………………………… 242
　　　7.2.2.2　专利技术壁垒的特点 …………………………………………… 243
　　　7.2.2.3　专利技术壁垒的主要表现 ……………………………………… 244
　　　7.2.2.4　我国遭遇专利技术壁垒的现状 ………………………………… 245
　　　7.2.2.5　我国企业遭遇发达国家专利技术壁垒的原因 ………………… 245
　　　7.2.2.6　我国企业针对发达国家专利技术壁垒应采取的对策 ………… 246
7.3　我国企业技术标准化与专利战略 ……………………………………… 247
　7.3.1　我国专利、技术标准竞争状态及成因分析 …………………… 247
　　　7.3.1.1　我国的专利竞争状态 …………………………………………… 247
　　　7.3.1.2　技术标准竞争状态 ……………………………………………… 249
　　　7.3.1.3　我国专利、标准竞争状态成因分析 …………………………… 251
　7.3.2　我国企业技术标准化战略分析 ………………………………… 252
　　　7.3.2.1　我国企业技术标准化战略工作的现状与问题 ………………… 252
　　　7.3.2.2　我国企业技术标准化战略的模式选择 ………………………… 253
　　　7.3.2.3　我国企业技术标准化战略的实施 ……………………………… 256
　7.3.3　我国企业技术标准化中的专利战略分析 ……………………… 257
　　　7.3.3.1　企业技术标准化的前期专利战略 ……………………………… 257
　　　7.3.3.2　企业技术标准化的中期专利战略 ……………………………… 259
　　　7.3.3.3　企业技术标准化的后期专利战略 ……………………………… 263
　7.3.4　我国企业专利技术标准化与专利战略的推进模式 …………… 266
　　　7.3.4.1　企业工作层面 …………………………………………………… 267
　　　7.3.4.2　行业工作层面 …………………………………………………… 267
　　　7.3.4.3　政府工作层面 …………………………………………………… 268

第八章 企业专利战略的制定与实施 275

8.1 企业专利战略方案的选择 276
8.1.1 专利信息战略方案 276
8.1.2 专利取得战略方案 277
8.1.3 专利利用战略方案 281
8.1.4 专利保护战略方案 285

8.2 企业专利战略的制定 287
8.2.1 制定专利战略的基本原则 287
8.2.1.1 以企业整体发展规划为基础原则 287
8.2.1.2 以企业专利资源状况为背景原则 288
8.2.1.3 以专利信息分析结果为依据原则 288
8.2.1.4 以企业竞争客观需要为目标原则 288
8.2.1.5 以战略方案切实可行为准绳原则 289
8.2.2 制定专利战略的基本过程 289
8.2.2.1 专利战略资源调查阶段 289
8.2.2.2 专利战术策略分析阶段 289
8.2.2.3 确定专利战略战术阶段 291
8.2.2.4 拟定专利战略计划阶段 292
8.2.3 企业专利战略的基本内容 292
8.2.3.1 专利战略形势分析报告书 296
8.2.3.2 专利战略工作计划书 299
8.2.3.3 专利战略实施办法（从略） 304
8.2.3.4 专利战略评价目标与评价体系（从略） 304

8.3 企业专利战略的实施 304

第一章 企业技术创新与专利战略

本章学习要点

1. 企业技术创新的本质。
2. 企业技术创新与自主知识产权的关系。
3. 企业制定专利战略的意义。

创新是知识经济时代的灵魂，没有创新也就失去了时代发展的动力。创新的动因从本质上说来源于市场竞争，而企业是市场竞争的主体，自然企业技术创新便是知识经济时代社会发展与进步的最为重要的动力因素。

企业技术创新需要法律制度保障，这一法律制度保障主要源于专利制度。因此，如何借助专利制度，科学分析专利信息、有效开发技术成果、合理配置技术资源、充分利用专利权利便成为企业知识产权工作、乃至企业经营管理工作中最为重要的工作内容。本章将就企业技术创新的本质、企业技术创新与自主知识产权的关系、企业制定专利战略的意义等问题进行深入的阐述。

2006年4月，著名咨询公司波士顿咨询公司（BCG）在北京发布了一份名为《为中国企业度身定制：创新和知识产权战略的构建》的咨询报告。报告指出，虽然目前中国企业已经显著加大了对研发和创新的投入，但是对创新的保护力度仍远远不够。中国企业亟待构建知识产权战略，以便从创新和知识产权的投资中获得巨大的收益。

"中国正在经历快速的经济发展与现代化的过程，知识产权对经济的强盛日益重要。中国最成功的企业是那些建立了内部能力来创造并管理宝贵的知识产权宝库的企业。"BCG的高级副总裁兼董事麦维德（David Michael）如是说。波士顿全球知识产权专项组领导人、BCG波士顿办公室高级副总裁兼董事Mark Blaxill也认为，随着中国出口的持续增长，发展更强大的知识产权组合将更为关键。中国的企业应从战略层面考虑发展自身的知识产权能力，从而推动企业经济的增长。

最近有调研发现，许多世界级企业的高管将知识产权保护作为在华经营的重点，这一发现与 BCG 的预测相符。但与此同时，中国企业在知识产权保护，尤其是在创新和知识产权投资中获得更大效益方面做得尚远远不够。尽管中国企业也开始申请专利，但是这些申请绝大部分都是在中国境内。而在海外中国产品的一些主要出口市场，如美国、欧洲以及日本等地区的申请并不算多。中国已经在研发方面投入了巨额资金，但是在国际知识产权方面的投资却没有跟上。各个行业的中国企业，从地板、电池到电子消费品企业等，目前都在出口市场中面临着越来越多的知识产权挑战。

麦维德谈到，所有发展中国家都必然要经历知识产权发展的五个阶段，即出口基本产品阶段、出口高科技产品阶段、遭遇海外知识产权高昂成本阶段、巨额投资自主创新知识产权阶段以及享受知识产权的互惠互利阶段。从日本的发展经验来看，它已经完成了知识产权的一系列转变过程。目前，它虽然仍在向外国企业支付知识产权使用费，但同时也向海外企业收取了高额的专利使用费。2003 年日本在专利权使用费上首次实现正现金流。

针对中国企业如何提升创新和知识产权发展能力，麦维德提出四种战略：与其他拥有强大知识产权地位的企业合作以迅速实现市场准入；通过与海外企业的并购来收购知识产权；对创新和研发进行内部投资，以创建知识产权；参与标准设定，确保对知识产权的平衡作用。

麦维德因此告诫中国企业，当下最迫切的是必须明确自己处于知识产权发展的哪个阶段，以及清楚自己在关键技术上和市场上所面临的竞争对手及其竞争实力。此外，还要学习先进企业管理知识产权的成功经验，制定出与企业战略密切联系的知识产权战略，建立国际一流的知识产权组织与管理机制，评估和实施能够快速改变自身知识产权地位的合作项目或并购机会等。❶

波士顿咨询公司作为知识产权咨询分析的专业性公司，结合国际上著名公司及国家利用知识产权资源发展企业及国家的管理实践，针对中国企业的现状所提出的知识产权战略设想对于中国企业的发展无疑具有重要意义。

专利是企业知识产权战略中居于核心地位的战略资源，它直接反映了一个企业、乃至一个行业技术及产品的核心竞争力。事实上它也是一个国

---

❶ 文雪梅. 波士顿咨询发布最新报告——中国企业亟待构建知识产权战略［N］. 中华工商时报，2006 - 04 - 13.

家综合竞争力在制造业、乃至服务业方面的具体体现。因此一个企业、一个行业、乃至一个国家系统制定具有科学性、前瞻性、适时性、可实施性的专利战略，是一个现代企业、行业乃至国家生命力与竞争力的重要体现。通过知识产权的科学管理，有效实施专利战略，便是企业生存与发展的必由之路，也是一个国家提高综合国力的不可或缺之举。

专利战略是企业为实现自身的长远利益与未来发展，合理利用专利法律制度所提供的法律保护，通过对专利信息进行前瞻分析、对专利情报进行科学利用、对专利情势进行准确预测、对专利资源进行合理配置，以使其技术和产品在市场竞争中获得最大经济效益，并保持和提高自身竞争优势所采取的一种谋略性、竞争性统筹谋划。

在市场经济全球化的进程中，企业如果不了解、不制定、不实施专利战略，就会使自己所生产之产品在市场中失去竞争力，从而势必导致市场份额逐渐萎缩。以工程机械行业为例，我国装载机、平地机、推土机等生产企业由于种种原因，过去大都没有进行专利战略部署，也没有针对自己所研发的技术创新成果申请专利保护，致使这些产品在全国"遍地开花"，研制者不仅失去了应有的市场份额，后来也引发了该产品市场的"价格大战"。挖掘机市场也不例外，由于我国企业对专利保护的疏忽，导致了国外和合资企业挖掘机"一统天下"的局面，他们生产的挖掘机2002年的销售总量已占据了国内市场挖掘机总销售量的90%左右，而国产挖掘机厂家的产销量仅占7%。产生上述问题的主要原因，与企业对专利战略的考虑不周或者说根本没有考虑不无关联。据不完全统计，在国家知识产权局申请的有关挖掘机技术的专利总量中，仅日本的日立建机、神钢建设机械、小松等企业的专利申请就占五分之一强，韩国大宇等国外公司也申请了许多有关挖掘机技术方面的专利。国外公司在华实施的专利申请战略与其产品在中国市场上销售量的占有份额之多有很大关系。❶

制定与实施专利战略，需要从技术、经济、法律和管理等多方面进行综合分析和实践，因此，研究专利战略是软科学中的一个系统工程问题。专利技术是企业知识产权资源的一个主要部分，应当纳入ERP（企业资源计划）的统筹安排。鉴于专利战略本身所具有的特殊性以及与企业整体效益的相关性，专利战略的目标应当服从ERP的总体规划和战略部署，应当成为企业发展战略规划中的一个非常核心的部分。当然，也不能片面强调

---

❶ 贺杰．企业专利战略［EB/OL］．国家知识产权战略网．

专利战术与策略的战略性作用，将专利战略的作用进行无限夸大。

专利资源的形成与增值，是以企业技术创新为前提的。也就是说，企业通过技术创新不断形成新的生产技术、生产工艺、生产方法和新的产品，从而不断丰富自身的专利资源。企业在技术创新进程中，一定要注重自己的这些创新技术、工艺、方法及产品尽快处于法律保护状态，并能根据自己的权利范围有效利用这些专利资源发展本企业。这就需要企业精心策划本企业的"专利战略"，根据市场的具体情况对本企业各种创新技术方案有效进行运用。

1.1 企业技术创新与专利保护

企业是一个国家重要的社会元素，这一社会元素所反映出的产业结构分布、人力及智力资源状况、研究与开发能力、科技管理水平、产品技术含量，从一个侧面直接反映了一个国家的市场竞争力。

按照美藉奥地利经济学家熊彼特的创新理论，市场经济是一个创造性的破坏过程，它不断从内部革新，不断地破坏旧的经济结构，不断地创造新的结构，这一过程称作"产业突变"。不断生成"新的组合"，促进"经济发展"，这些都是近现代市场经济秩序的本质特征。熊彼特是系统阐述创新概念的第一人，他用一句话概括了创新的社会意义及国家意义："创新是资本主义的永动机"。

在熊彼特看来，创新（innovation）和发明（invention）、创造（creative）是不完全一样的。一项发明、创造，只有当它被应用于经济活动时，才成为"创新"，所以"创新"不是一个技术概念，而是一个经济概念。熊彼特在他的著作中具体解释道，创新是指"企业家对生产要素所做的新的组合"，它具体包括以下五种情况：

（1）生产出一种新的产品；
（2）采用一种新的生产方法；
（3）开辟一个新的市场；
（4）获得一种原料或半成品的新的供应来源；
（5）实行一种新的企业组织形式。

熊彼特认为，市场经济增长的主要推动力是企业家精神，而企业家的职能就是实现创新，即把生产要素集合起来并进行新的有机组合。"创新"，就是"建立一种新的生产函数，把一种从来没有的关于生产要素和生产条件的新组合引入生产体系"。而所谓"经济发展",从根本上讲,不是古典经济学家亚当·斯密所认为的基于人口、财富的累积性增加而造成的规模扩大或简单量变,而是经济生活内部蕴涵的质的自发性突破。它是由技术创新和生产组织形式的创新所引发的经济生活内部的一种创造性变动,需要通过引进"新组合",进行新事物创造来加以实现。因此,"创新"是经济发展的实质,"创新"是经济发展的根本现象,而领导和发起创新的创新者——企业管理者,则是"创新"、生产要素"新组合"以及"经济发展"的主要组织者和推动者,企业管理者的意志和行为是创新活动的灵魂。

因此,从经济规律上说,创新是国家经济发展的根本,而企业作为国民经济的基础,自然担当着创新的社会主体作用。在企业创新体系之中,技术创新是其基本方面,因为在熊彼特的创新理论所涉及的五种情况之中,无论是"生产出一种新的产品",还是"采用一种新的生产方法",甚至是"开辟一个新的市场",都无不依赖着技术创新,因此,技术创新是企业创新的核心。

企业技术创新中,虽然照熊彼特看来,创新与发明、创造具有不同的含义,但他同时也认为,当一项发明创造被应用于企业生产活动中并产生其经济价值时,便是一种"创新"。也就是说,企业技术创新实际上也就是一种发明创造的过程,通过发明创造来表现企业的技术创新,这种发明创造可能来源于企业的原始创造,也可能来源于企业的模仿与改进,甚至还可能来源于企业的技术引进与许可,只要它为企业因新技术开发而实现了一种新的产品、新的方法、新的市场,甚至实现了一种新的原料或半成品供应来源或新的企业组织形式,就意味着通过发明创造实现了企业的技术创新。

发明创造的实质是一项新的发明技术方案或者一项新的创造设计方案。发明技术方案与创造设计方案是一项基于新的设计理念、设计思路,利用新的技术原理、技术方法、技术手段、技术工艺以及表达方法、手段、形式、效果,而形成的一项新的技术性方案或设计性方案。这一新的技术方案与设计方案反映了技术创新的本质,也就是说,技术创新实质上也就是技术方案与设计方案的创新。

这种新的技术方案或设计方案是人们智力劳动的产物,经法定形式与法定程序确认之后便属于我国财产法体系之中的无形财产范畴,其权利形式主要表现为发明专利权、实用新型专利权或外观设计专利权。也就是说,企业技术创新的法律保护体系主要是通过专利制度来加以体现的,通过专利制度来实现技术创新成果的专有性和排他性。

1.1.1 企业竞争与技术创新

企业竞争与技术创新是企业发展的两个正相关因素，技术创新能力强将提升企业的核心竞争力，而企业的核心竞争力强将促进企业进一步实现技术创新，也意味着该企业具有良好的技术创新基础。两者的关系主要表现在以下几个方面：

第一，企业技术创新是培育和提升核心竞争力的重要途径。企业从权利的意义上拥有核心技术，从市场的意义上拥有核心产品是企业核心竞争力的体现，是判断企业是否具有核心竞争力的基本标准。企业只有在核心技术、核心产品上具有长期积累的特殊能力，才能在内部、外部不断扩展，形成企业的核心竞争力，并得以不断巩固与提高，使企业在激烈的市场竞争中形成持续获利的能力。企业的核心技术和核心产品离不开技术创新；企业技术创新在形成、提高企业核心竞争力中起着基础性和关键性作用。世界许多知名的大企业之所以生命力旺盛、经久而不衰，关键之处在于其通过持续有效的研发，不断创造和更新核心技术，打造核心产品，并保证核心产品适时进行更新换代。因而，新技术的研究与开发是企业技术创新的基础，是企业生存与发展的根本。

第二，加强技术创新是保持企业核心竞争能力的前提。企业要在全球化、信息化背景下提高核心竞争能力，就要不断推陈出新，加快技术创新步伐确保竞争优势。随着竞争的加剧和时间的推移，一个企业的核心技术会演化为一般技术。企业只有不断进行技术创新，通过工艺创新和产品创新，加速新技术、新材料和新工艺的应用，开发出成本低、有较高使用价值的新产品，形成消费者对该类产品的新需求，才能保持其竞争能力。如果缺乏技术创新能力，企业就将不可避免地陷入产品结构雷同、竞争乏术的境地，甚至遭到市场的淘汰。在世界经济范围内，任何企业并非必然长盛不衰，只有适应市场需要与竞争需要的企业才会长期立于不败之地。企业的命运总是与技术创新相联系的，加强技术创新对任何企业来说都是发展所必需的。由于企业生产链与价值链中的每一个环节都涉及各种技术需求，因此适时通过技术创新来满足这种技术需求便是各个企业所应当进行的一项基本工作，技术创新通过技术渗透影响企业的竞争能力。

第三，技术创新是企业提升核心竞争力的关键。在知识经济的背景下，新技术对企业发展的影响明显，技术变化速度加快，市场竞争激烈，个性化消费导致产品生命周期大大缩短，企业间的竞争更多地表现为技术能力的竞争，技术创新成为企业成长的根本依托。企业要通过技术创新，不断创造出具有较高技术含量的产品，才能形成新的企业核心技术和核心产品，形成新的企业核心竞争力，从而增强企业的市场竞争力，保持、提高企业市场竞争力和经济效益。

第四，技术创新是企业竞争的焦点。企业技术创新的根本动力在于技术创新能够为企业创造竞争实力、创造良好竞争优势。随着企业竞争越来越激烈，企业要想在复杂多变的经营环境中求得生存，就只有不断地创造出相对于竞争对手的竞争优势。只有不断创新，才能不断超越竞争对手。企业要想获得相对于竞争对手的比较优势，无论是价格方面的，还是企业个性方面的，都离不开技术创新。因此现代企业之间的竞争实际上已演化成了企业间技术创新能力的竞争，也就是说，现代企业首先将竞争的焦点聚于企业技术创新。

第五，技术创新战略是现代企业战略的核心。企业竞争战略的目的是培育和提升核心竞争力，而战略的核心就是技术创新。实践表明，技术创新使现代企业经营出现了全新的理念。雄厚的资本、悠久的历史、众多的员工不再成为企业成功的必然要素，而成功的关键是要确定以技术创新为中心内容的企业竞争战略与竞争战略的有效实施。企业的技术创新战略着眼于企业的未来而不是当前，它作为企业竞争战略的核心，需要解决的问题是：运用什么技术，生产什么产品，供给什么市场以及企业获取竞争优势的方式等。技术创新对经济发展的作用是超常规的、无可估量的。❶

【实例1】

在通过技术创新实现企业核心竞争力方面，海尔堪称典范。"电风扇一转，洗衣机完蛋；电风扇一停，洗衣机准行"，是洗衣机业内对洗衣机市场淡季和旺季阶段性特点进行概括的一句"顺口溜"。

2000年，面对淡季洗衣机市场的沉寂与如火如荼的彩电与空调的价格大战，加之部分杂牌假冒伪劣洗衣机对市场的冲击，有些洗衣机厂家便坐不住了，有的厂家3月份就宣布3款机型降价，有的滚筒洗衣机价格降至与波轮洗衣机价位相当，有的在南京打出"买洗衣机送其他家电"的招牌……但洗衣机市场的领军人物——海尔始终坚持质量、服务、价格"三不打折"，以一系列高科技洗衣机新产品不断满足了用户的潜在需求，在市场上备受消费者青睐。

---

❶ 廖志鹏．企业核心竞争力与技术创新辨析［J］．发明与创新（综合版），2005（7）．

海尔洗衣机通过加快创新的步伐，在技术上与国外品牌已没什么差距，而国内洗衣机企业系统完善的销售网络以及特色性产品的开发与国外企业相比还占有一定的优势。中国的洗衣机生产厂家，如海尔，其科技、质量、性能、服务在用户中已形成较高的产品定位。作为目前全球惟一一家可同时规模生产亚洲波轮式、欧洲滚筒式、美洲搅拌式洗衣机的生产企业，海尔洗衣机的产品品种从1.5kg到10kg，每递增0.2kg就有一款产品，以其突出的整体优势为其满足全球范围内消费者的个性化需求奠定了坚实的基础。

在产品开发中，海尔利用自己的技术优势，创新性地将波轮洗衣机技术应用于滚筒洗衣机，将滚筒洗衣机技术应用于波轮洗衣机，兼取二者之长，不但在技术上取得了飞跃性的突破，而且研制开发出的个性化产品在以滚筒洗衣机为主的欧洲市场和以波轮洗衣机为主的亚洲市场，均受到了消费者的热烈欢迎。应该说，出口量全国第一、市场占有率一直高居榜首的海尔洗衣机，技术创新和个性产品层出不穷是其市场始终领先的最主要原因之一。据不完全统计，中国洗衣机行业近几年来申报的国家专利中，海尔占了约58%，即全国洗衣机市场的新产品近一半是海尔投放的。2003年海尔洗衣机入选了世界优秀专利技术成果精品库，其中"手搓式"洗衣机等许多创新产品还在国际发明展览会上获得大奖，标志着我国优秀的产品和专利正在世界范围内受到关注并得到认可。

据国家统计局中怡康咨询有限公司2003年统计数据显示：海尔洗衣机与2002年同期相比其销量提高48%；在千家商场的零售份额统计中，海尔洗衣机约占了国内市场份额的1/3，高居国内市场各洗衣机品牌之首，并且在各型号洗衣机排序中，海尔双缸、波轮全自动和滚筒全自动洗衣机的市场份额均列第一位。

海尔国际A级滚筒机等节水型洗衣机在欧洲成了"香饽饽"，不仅引发了一系列出口销售热潮，还引来大批经销商：欧盟7国26位经销商云集海尔工业园；在广交会期间，欧洲经销商广交会不到广州先到海尔抢订单；德国、意大利、法国、英国、西班牙、美国等发达国家的客商纷纷提前落实其年度的订单计划。

海尔波轮洗衣机对亚洲、非洲、美洲市场的出口，也增势迅猛，出口量连续翻番，其中根据海外市场的需求，依靠技术创新，为美国"量身定做"的"手搓式"小小神童洗衣机、为欧洲专门设计的"大容量"波轮洗衣机、为中东地区研制开发的"节水型"波轮洗衣机、防风沙的洗衣机等都赢得了世界各国用户的青睐与好评。

为了与世界先进技术保持同步，海尔与日本GK公司成立了中国第一家合资设计公司——"海高"设计公司，运用世界尖端科技——激光造型技术以及CAD、CAE、CAM设计加工技术，致力研究开发世界领先而又适合每一个国家和地区的洗衣机高科技产品。为满足世界范围内消费者的需求，海尔与拥有世界最新技术的公司建立技术联盟，在世界各地设立信息中心和设计分部；海尔工业园中央研究院设有世界一流的实验室，研究开发超前10年的技术，增加技术储备。海尔还与国内外科研院所及著名大学合作，建立博士后科研流动站。海尔建立的检测中心，获中国家用电器检测所实验室认可，由海尔检测中心出具的数据与国家权威检测机构的数据有同等效力。据国家统计局中怡康咨询公司统计数据显示：全国1000家大商场排名前10位的洗衣机畅销型号中，全部为国产名牌，其中海尔洗衣机独占8席，显示出海尔洗衣机强劲的产品竞争力和巨大的市场优势，这其中主要原因之一就在于海尔洗衣机所开发的产品真正满足了市场的需求，说明个性化产品不仅魅力无穷，市场潜力也无限。❶

海尔的经验告诉我们，企业的竞争力只有靠企业针对市场需要不断进行技术创新才能形成，只有不断通过技术创新来生产出符合市场需要、满足市场要求的产品，再加之具有创新性的、有效的营销策略和品牌建设，企业才能在市场中体现出强劲的竞争优势。

1.1.2　技术创新与专利保护

如果说技术创新增强企业核心竞争力是企业发展的必然，那么通过专利制度来保护技术创新便是企业发展的必需。因为技术创新成果作为一种无形资产，其产生依赖着研究与开发（R&D）过程中的各种投资，既包括物资投资，也包括智力投资，这两种投资决定了产出成果的财产性，其财产性体现为创新成果的独占专有，但这一专有性和独占性财产权利只有通过法定程序、经过特别授权之后方可获得。获得了专利权的技术创新成果，才真正形成企业的财产，因为在尚未获得专利权之前，这一创新成果事实上尚处于财产权利归属的不确定状态，一旦别人就同一技术创新成果依法取得专利权，便意味着这项技术创新成果并非本企业的无形财产，而是为其他企业所独占专有的无形财产；此外，也有可能在本企业形成某项技术创新成果之前，这项技术成果早已存在，这也意味着这项技术成果并

---

❶ 徐剑．海尔技术创新典型案例［EB/OL］．［访问日期不详］．http://manage.chinaeec.com．

非本企业的无形财产。

这两种情况分别说明两个问题：一是一个企业在实施某项研究与开发计划之前，应当针对这一计划进行专利检索查新工作，以了解诸多与这项研究与开发所涉及的技术项目相关的技术信息，主要包括现有相关技术的技术状况、现有专利权利的边界状况、现有技术市场的分布状况以及现有参考技术的开发状况等。其中现有专利权利的边界状况是最为重要的方面，因为它不仅涉及一项技术创新成果的归属，还涉及一项技术创新成果的使用。如果一项技术创新成果即便是自己独立形成，但若存在与之相近的技术成果，并且由他人对该项相近成果享有专有权利时，这项技术创新成果的使用将要受到极大限制。若存在相同嫌疑，且在相异性举证不力的情况下甚至可能是不能使用的，除非有足够证据证明该项发明在先，而这也只能保证在原有规模及范围条件下继续制造使用。这就需要企业的研究与开发人员在研究与开发之初就通过专利检索与查新来了解与掌握现有技术的权利状况。二是一旦一项技术创新成果诞生之后，企业便应及时针对这一技术创新成果进行专利申请的计划、组织、实施工作，尽早成功申请专利，以避免由于申请不及时而导致专利权归由他人所有。

【实例2】

温州素有"世界打火机王国"之称，目前温州现拥有打火机生产企业500多家，年产金属打火机5亿多只，占世界市场份额的80%，国内市场的98%。温州已经成为世界金属外壳打火机的生产中心、销售中心、信息中心。从20世纪90年代初起，温州金属打火机开始出口欧美等国家，并以价廉物美、品种繁多的优势打破了日本、韩国、欧洲等国家和地区垄断世界打火机市场几十年的局面，迫使他们90%以上的打火机企业关闭，纷纷转向与温州合作，搞定牌生产。

2001年10月，温州企业和协会获悉欧盟标准化委员会正在拟制一项关于打火机安全使用条款"防止儿童开启装置措施"的法案（即CR法案），规定出口价在2欧元以下的打火机必须安装防止儿童开启的"安全锁"，否则不准进入欧洲。2002年5月中旬，欧盟通过了将从2004年6月起正式实施的CR标准。CR法案并非是欧盟的专利，实际上，早在8年前，美国的CR法案就让中国吃尽了苦头。1994年，美国出台了针对进口打火机的CR法规，之后温州打火机在美国市场节节败退，现在的出口量只相当于欧洲市场的1/10。而欧盟也早在1998年就制定了CR法规草案。在获取信息上，中国企业整整迟了4年！

温州打火机案向我们昭示了两个问题，一是产品输出前的技术信息检索是十分重要的，这些技术信息除了技术本身的信息之外，还应当包括与技术信息相关的法律信息，这里在受到指控之前就谙熟美国和欧洲的有关防止儿童开启打火机的"安全锁"装置的 CR 法案便是典型实例；二是产品输出前还应该了解与打火机技术相关的国外或拟出口地区的专利权利状况，以了解自己的产品输入外国市场之后是否会导致专利侵权，如何才能主动避免侵权以及如何利用技术信息提高自己产品的竞争能力等。其实，打火机"安全锁"技术及工艺并不复杂，但其专利已为国外垄断，温州打火机业如果花大价钱购买国外专利，成本必然将大幅提高，出口之后将失去竞争优势。若温州企业自行研制安全锁，千辛万苦出的成果还可能撞上国外专利。但试想，如果我们的企业在十年前早已形成良好的专利意识的话，无论是欧盟的 CR 法案，还是美国的 337 条款都不会让我们的企业在海外市场上如此艰难、窘迫。

企业专利保护至少包括两个方面的含义，一是将自己产出的技术创新成果及时地申请专利，从而获得市场国的法律保护；二是别人已对自己在开发或待开发的技术或产品享有了专利权，本企业如何基于自身技术利益或产品利益的考虑，在不违反市场国专利法律制度的前提下，更大限度地利用各种技术信息、法律信息、专利信息以及市场信息，及时进行专利战略中的战术调整，利用绕道技术战术、吸收改进战术、外围专利战术、撤销专利战术、相互许可战术、专利联盟战术、技术标准战术等战略战术，从而有效实现对本企业专利利益的充分的法律保护。

可以说，企业技术创新与专利保护是企业发展的两个不可或缺的方面，它们不仅决定着企业的发展前景乃至生存大计，同时也决定了一个国家综合国力的提高，这也就是为什么一些工业发达国家在企业竞争力已达到相当水平时，依然乐此不疲地在国际上进行专利"跑马圈地运动"的一个重要原因。

例如，已跻身世界企业综合竞争力前三的日本，无论是国家，还是企业，都仍然十分重视企业技术创新和专利保护，可以说他们将这两个方面视为企业乃至国家的生命线，一方面大小企业都设有专门的技术开发人员和知识产权管理人员，设有技术开发部和知识产权部专门负责技术创新和知识产权事务；另一方面，国家制定了一系列知识产权法律、政策和知识产权工作评估指标，例如，1999 年颁行了《知识产权战略指标》（又称《知识产权管理评估指标》）；2000 年又对《知识产权战略指标》进行了大幅修改；2002 年制定了《知识产权战略大纲》，并于同年 11 月颁布了《知识产权基本法》，以部门根本法的形式将专利法（特许法）等知识产权单行法律进行了补遗和提升，强化了知识产权法制的重要地位；2003年经济产业省又颁布了《以知识产权为核心的企业战略参考指针》，同年5月颁布了《知识产权创造、保护及运用推进计划》。

从日本的知识产权立法经验看来，企业技术创新与企业专利保护主要分成两个层面，一个层面是政府通过立法建立完备的知识产权法制环境，通过指导性知识产权工作指标来引导企业开展知识产权工作，并通过对企业进行知识产权工作业绩的评价来促进企业进行技术创新；第二个层面是，由于政府颁布了完整的知识产权工作指标及其评价体系，企业明确了在现行的知识产权法制环境之下，具体应当怎样开展知识产权管理工作，并明确知悉本企业被纳入国家知识产权评价体系所应当具备的基本条件。由于国家知识产权评价指标体系以企业技术创新为基本目标，从而使得企业自觉开展知识产权工作以实现技术创新。

对于我国企业来说，值得我们借鉴的地方在于，在企业技术创新与专利保护工作中，在我国尚无系统的国家层面的知识产权工作评估指标体系和评价体系之前，企业仍应当建立自己的专利工作指标体系、工作业绩评价体系，这样才能使自己有计划、有步骤、有成效地开展知识产权管理工作。

实际上，我国目前仍有95%以上的企业没有自己的专利，很多企业处在有"制造"无"创造"的状态。当前国内拥有自主知识产权核心技术的企业，仅占万分之三左右。作为创新技术主要表现的发明专利，我国只有日本和美国的1/30。加上我国科技成果转化率低，这样，我国出口商品中90%是贴牌产品。❶

从国家知识产权局发布的2006年统计数据来看，我国企业的专利管理主要存在以下几个方面的问题，这些问题是我们国家、行业，尤其是企业在制定专利工作规划和战略时所必须予以高度关注的。

一是企业在技术创新与专利数量上尚未充分发挥主力军作用，从2006年专利授权量的统计数据看，企业在技术创新与专利数量上的社会贡献率仅与事业性研究单位持平。因此企业加大研发投入、加强专利保护是企业未来一个时期的中心工作。

---

❶ 95%中国企业没有专利[EB/OL]．[2006-06-16]．http：//www.sina.net．

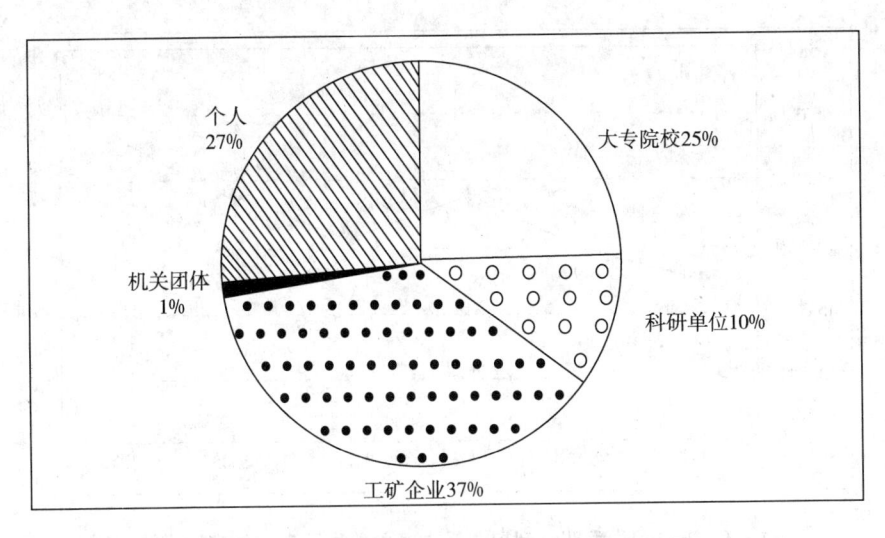

图 1-1　2006 年各类型申请人发明专利授权量

二是发明专利申请案的技术含量低下，因而尽管发明专利授权量近 5 年来在逐年上升，但仍在半数以下。因此企业在制定技术创新计划和专利战略时应当着力提高技术研究与开发的水平，不要满足于低技术含量和低经济价值的劳动，而应当注重核心技术、关键技术和控制技术的研究与开发。

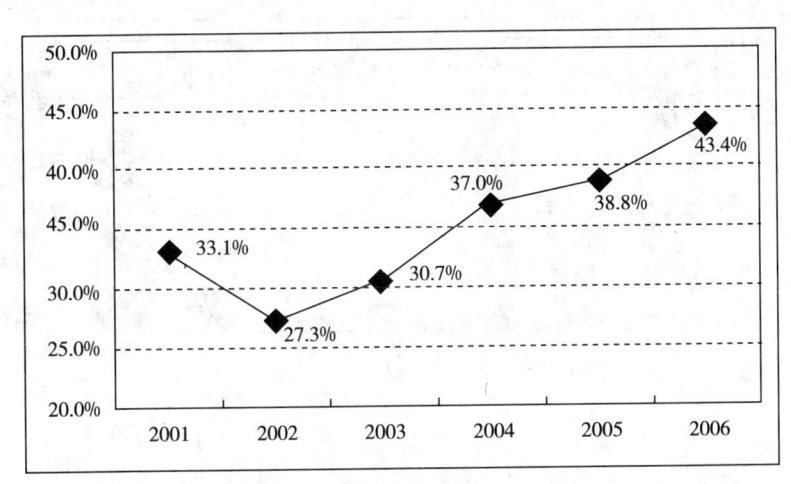

图 1-2　近年国内发明专利授权量占国内外发明专利总授权量的比例

三是市场控制因素中价格因素是一个重要的方面，而如果一个企业的自主知识产权少，那么它的生产成本就高，也就会失去市场竞争优势。也就是说，一项产品中自主专利技术越多，生产成本也就会越低。因此一个国家、一个企业都应当力争更多的自主知识产权。而目前我国的专利申请中，我国国民的发明专利申请量只是在近年才略微超过外国国民在我国的发明专利申请量。

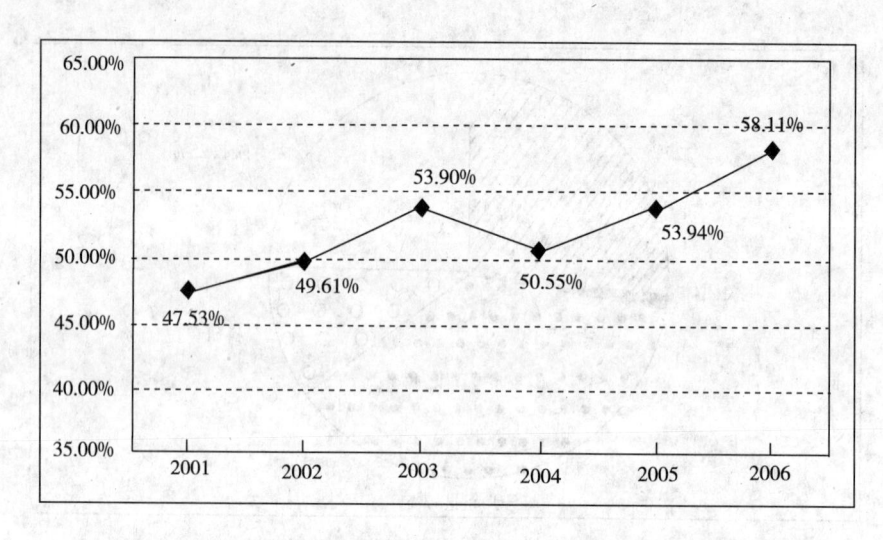

图 1-3 近年国内发明专利申请量占国内外发明专利总申请量的比例

四是我国一些地区、行业在技术创新及专利申请方面仍存在较大问题，明显存在着地区、行业间不平衡的现实状况，对于落后地区、行业来说更应该增加技术创新投入、加大专利工作力度，更应当制定切实可行的技术研发战略和专利工作规划。

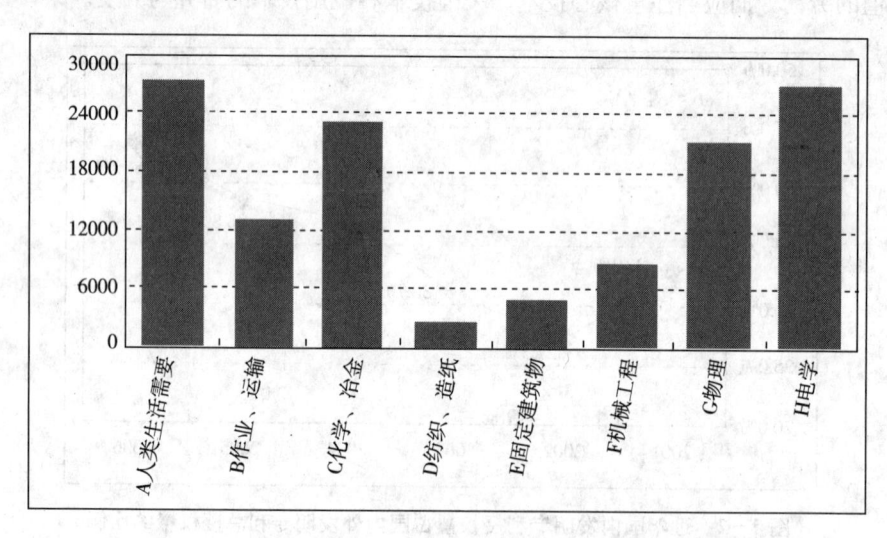

图 1-4 2006 年国内发明专利申请按国际专利分类的状况

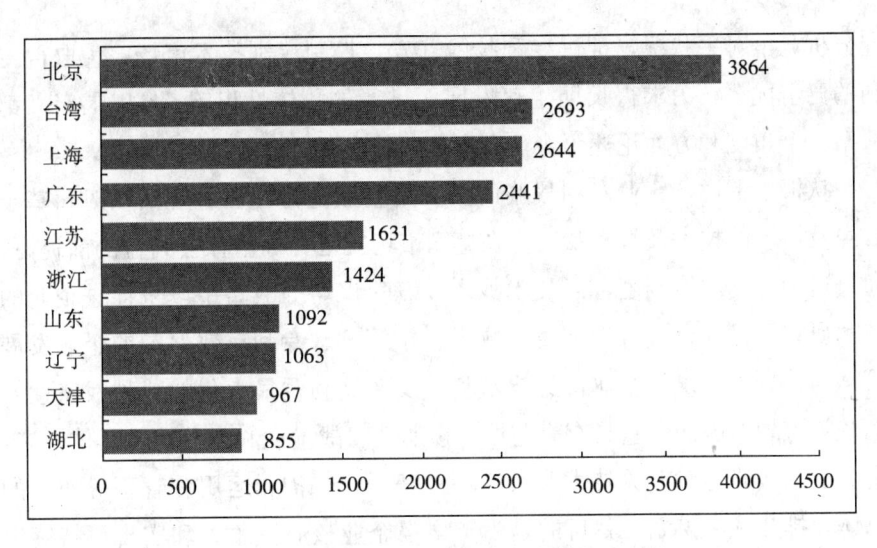

```
北京    3864
台湾    2693
上海    2644
广东    2441
江苏    1631
浙江    1424
山东    1092
辽宁    1063
天津    967
湖北    855
```

图 1-5 2006 年国内发明专利授权量前 10 名省份

表 1-1 2006 年国内发明专利申请量居前 10 位企业

序号	企业名称	数量
1	华为技术有限公司	5593
2	中兴通讯股份有限公司	2322
3	鸿海精密工业股份有限公司	1223
4	鸿富锦精密工业（深圳）有限公司	1220
5	深圳市海川实业股份有限公司	760
6	英业达股份有限公司	677
7	中国石油化工股份有限公司	619
8	乐金电子（中国）研究开发中心有限公司	607
9	乐金电子（天津）电器有限公司	537
10	友达光电股份有限公司	530

1.2 企业专利战略

关于企业专利战略的概念目前学术界和实业界说法不一。美国学者理纳德·玻克维兹认为："专利战略是保证你能保持获得竞争优势的工具。"❶日本学者高桥明夫认为："专利战略是根据企业方针进行的战略性专利活动，从战略上进行进攻和防卫，充分发挥专利的各种作用。"❷我国学者认为："所谓专利战略，是企业面对激烈变化，严峻挑战的环境，主动地利用专利制度提供的法律保护及其种种方便条件，有效地保护自己；并充分地利用专利情报信息，研

---
❶ 冯晓青. 企业专利战略若干问题研究 [J]. 南京社会科学，2001 (1).
❷ 同本页注❶.

究分析竞争对手状况，推进专利技术开发，控制专利技术市场，为取得专利的竞争优势，为求得长期生存发展而进行的总体性谋略。"[1] 以上定义都从某一个角度和方面论述了企业专利战略的内涵。

从根本上说，企业专利战略的实质是企业进行经营管理活动时，基于自身及市场的技术及权利状况，在遵循市场规范、尊重社会利益的前提下，通过运用专利法律制度，以技术战术、竞争谋略等战略手段来促进企业的技术研究开发、资源合理配置、成果科学管理、专利有效保护的企业发展策略与计划，以谋求企业自身技术利益及产品利益最大化的一种战略性专利统筹谋划。因而，它具有事前性、预期性、战术性和竞争性。具体说来，企业专利战略是对有关技术及其专利的获得、保护、运用和管理等作出的总体安排和统一谋划，其目的是为了增强企业核心竞争力和实现可持续发展目标的总体部署和根本对策。

1.2.1 企业制定专利战略的意义

企业为了更好地进行技术创新、形成企业竞争力，企业应当积极开展知识产权工作。对于一个研究、开发及生产性企业来说，知识产权工作中一个重要的方面便是专利工作，因为专利工作更加直接地涉及企业技术创新的各个环节。企业专利战略也就是企业从法律、经济和科技的角度，从自身条件、技术环境和竞争态势出发而采取的重要的知识产权战略。

企业专利工作的内容是多方面的，但专利战略是专利工作各项内容中最为重要的问题。因为对于一个企业来说，如果拟定的战略不明确、选定的战略战术不科学、确定的战略步骤不合理，都有可能导致企业技术创新计划的失败和企业专利保护工作的失误，以致影响到企业的生存和发展。

也就是说，如果一个企业没有专利战略或没有科学的专利战略，则将可能使企业处于两种被动局面：一是导致企业不经意间侵犯了他人专利权；二是导致企业自己的技术权益无意识间被他人享有。两者都将导致企业重大的经济损失。这种例子目前仍然屡见不鲜，但比较典型的案例当属我国"地板案"和日本"索尼松下"案了。

【实例 3】

2005 年 7 月，美国 UnilinBeheer 以及荷兰 Unilin、爱尔兰地板工业公司联合向美国国际贸易委员会（ITC）提出申请，状告我国圣象集团等 18

---

[1] 陆新明. 专利战略定义研究 [J]. 知识产权，1996（5）.

家中国地板企业生产的内置锁扣式复合地板侵犯了其专利权,要求ITC依据337条款对侵权产品实施普遍排除令,并对被诉企业的违法行为发布禁止令。其提出的所谓"全球和解"方案极为霸道,要求我国所有生产类似产品的企业不管是国内销售,还是出口其他国家,除了一次性支付10万美元至12万美元的市场准入费外,每销售一平方米还要支付0.65美元的专利费。此举涉及中国5000家地板企业,每年出口量达1.75亿美元,如果支付这笔专利费,很多中国地板企业无疑将无利可图。

"337调查"的后果不仅是交纳专利费那样简单,它可能影响到一个国家所有同类产品的出口,而且可以在被告缺席的情况下根据原告单方面的证据判决。此外,"337调查"申请人没有义务证明对方对美国国内产业造成了损害或损害威胁。

再则,"337调查"对我国企业最为直接的威慑力还在于诉讼费用高昂。"337调查"判决周期一般为12个月至15个月,而且国内精通这一领域的律师很少,企业不得不聘请美国律师,每小时律师费高达660美元,因而诉讼经费大大增加。另外,"337调查"专业性强,它的一些特殊条款使之比反倾销等常规贸易壁垒具有更大的杀伤力。反倾销调查的结果一般是征收5年的反倾销税,而遭遇"337调查"的企业一旦被裁定侵权,将面临排除令或禁止令,且二者可以同时生效。被诉企业所有未经许可的侵权产品将永远无法进入美国市场,"普遍排除令"更规定所有侵权产品不问来源地都将被排除在美国市场之外。

Unilin等三家公司诉中国木地板侵权一案可以视为美国公司诉讼技巧和老到手段的突出典型。事实上,Unilin公司可谓蓄谋已久,为这一指控准备了近2年,聘请专业咨询公司进行调查,并进行了周密策划。此案涉及的中国企业主要分布在江苏、上海、浙江、广东和福建等地。

由于此案影响重大,中国商务部、中国林产工业协会给予了高度重视,并在全球范围内进行诉讼代理招标,美国众达律师事务所和集佳律师事务所中标,并组成中美律师工作团队帮助企业寻找出路。经过一年的抗辩,美国国际贸易委员会行政法官终于作出裁决:由中方委托美国专家设计的"第7号锁扣技术"地板产品未侵犯荷兰Unilin公司的专利权。此结果表明:中国企业用该项"绕道技术"设计制造的地板产品可以继续进入美国市场,并且不用支付任何专利许可费。这意味着已经收取30亿美元专利费的UniLin公司在全世界20多场官司中第一次遭遇失利。

在谈到应对"337调查"的策略时,代理此案的律师认为:不管是成立应诉基金，还是统一步骤，其实都是战术上的安排。创新，关键只有企业开发出具有自主知识产权的产品，才是突破知识产权壁垒的最佳途径。比如，美国专家设计的"第7号锁扣技术"和燕加隆公司发明设计的"一拍即合技术"1号、2号两种锁扣产品不侵犯申诉方的任何专利，不仅为其拥有自主知识产权的新锁扣产品自由进入美国市场敞开了大门，还将大大蚕食 Unilin 的市场。

从上述"地板案"可以看出，即使是后来涉案之后，分别开发了两种可以规避 ITC"普遍排除令"与"有限排除令"的"第7号锁扣"和"1号、2号一拍即合"地板技术，但事实上我们仍无法规避在这两项地板绕道技术诞生之前的产品也未侵犯荷兰 Unilin 公司专利权的侵权诉讼。也就是说，首先，这两项绕道技术只是保住了未来市场，并未绕过现有争议产品的侵权诉讼及其高额赔偿；其次，即使是保留了美国及其他地区的未来市场，但所付出的巨额代理费、设计费仍使我们不能不检讨由于前期工作不到位所付出的本可避免的昂贵代价；再次，上述未来市场的获得仍需我们本该在地板产品进入美国市场前就完成的企业专利工作。也就是说，如果我国的地板企业或地板行业在其地板产品进入外国市场前，就已充分做好了各项专利工作，诸如，检索了相关技术与专利信息，确定了科学、合理的技术策略与专利战术，制定了系统、完整的专利工作规划，进行了行之有效的专利管理工作，那么所有这些争讼都将不可能发生。

上述几方面的专利工作事实上便体现为企业的专利战略。专利战略的科学性也是一个不可忽视的重要方面，因为不科学的企业专利战略也会导致企业技术利益及专利利益即企业经济利益受到严重损害。在20世纪70年代中期，索尼公司在专利战略上的一次重大失误就非常深刻地说明了这一点。

【实例4】

尽管日本索尼公司目前仍在企业综合竞争力方面在世界范围内位于较前的位置，但它在发展史上一次专利战略的失误所导致的竞争力损失恐怕是索尼人久久难以忘怀的。这次失误使它在美国《财富》杂志2007年世界五百强企业排名中比松下公司落后了整整十位，如果没有这次失误，索尼公司（第69位）至少应当是超前松下公司（第59位）十位，而不是落后十位！日本索尼公司早在1975年就推出了"贝他麦克斯"牌录像机，这比其他品牌的录像机足足领先了一年的时间。一年后，同是日本电器大公司的松下公司也推出了自己的 VHS 制式家用录像系统。与索尼公司不愿出售

"贝他麦克斯"专利的策略不同，松下公司在其VHS制式家用录像系统一上市，就开始出售它的专利，松下公司希望通过对其他竞争对手进行专利许可，使它的产品成为广泛采用的标准产品。事实果然如此，由于决策上的失误，使拥有先进技术的索尼公司失去了独占魁首的地位，而松下公司却成了录像机领域的霸主。松下以发放VHS专利许可证的办法，既推广了自己的新产品，又建立了以录像机为基础的工业标准，起到了领导潮流的作用。

索尼公司的根本错误在于其专利战术与策略选择的失误，如果当它在1975年开发出"贝他麦克斯"牌录像机时，便许可众多的生产企业按照索尼公司的专利技术来生产录像机及其适应这一录像机制式的盒式录像带、录像制品的话，也许索尼公司便可控制整个日本甚至大半个世界的录像设备及录像制品的市场。这次失误对于索尼人来说不能不说是一次惨痛的教训，而对于我国企业来说也确实是一个极好的经验，它告诫人们：企业应当建立自己的、科学的专利战略！

上述两个实例分别说明了两个问题，一是任何企业应当在研究与开发之前就建立系统的企业专利战略；二是这一专利战略必须符合提高企业核心竞争力的客观需要。对于我国大多数企业来说，由于历史的原因，大都缺乏企业专利战略意识，因而，在国际经济交往中屡屡遭到知识产权方面，尤其是专利方面的起诉或调查，由此不仅导致了我国企业在国际社会中企业形象及信誉遭到贬损，也导致了我国企业在本已十分微薄的利益中遭受非正常成本性重大损失。

在新世纪来临之后，中国的企业逐渐成长了起来，在失败中总结出了一条十分重要的经验，那就是只有走自主创新之路、自主知识产权之路，才是企业乃至国家强盛的必由之路。然而，这一强盛之路的根本在于两点：一是技术创新；二是知识产权保护。它们就像支撑人的两条腿，无论哪一条腿不发达、不健康，都有可能导致人失去平衡。在知识产权保护问题上，战略的制定对企业发展来说是至关重要的，甚至具有决定性意义，尤其是专利战略的制定更是企业生存与发展的关键！

1.2.2 企业专利战略谋划

企业专利战略从属性上说，它首先是一个工作谋划，是一个为了谋求企业自身技术利益及产品利益最大化，而基于企业自身及市场的技术及权利状况，在遵循市场规范、尊重社会利益的前提下，通过运用专利法律制度，以技术战术、竞争谋略等战略手段来促进企业的技术研究开发、资源合理配置、成果科学管理、专利有效保护的企业发展策略与谋划。

既然是一个企业战略性专利工作谋划,其科学性就应当首先体现在企业针对技术研究与开发的项目、技术水平、技术应用领域、与相关技术的关系等技术因素,结合所有核心技术及相关技术的权利状况等法律因素,进行技术策略与技术战术方面的科学预测与分析,并确定了相应的、行之有效的技术研究开发工作谋划。

其次,应当体现在资源的合理配置上。对于任何一个企业来说,其资源储量都是有限的。因而,一方面现有资源的丰厚程度决定了企业技术研究与开发的成功率;另一方面,现有资源的利用程度也同样决定着这一研究与开发的技术效果。若企业的专利战略使得企业的有形资产资源和无形资产资源都得到了最好的配置,也就是说这两方面的资源都在技术研究与开发中得到了最有效的利用,那么这一企业专利战略显然是科学的。

再次,应当体现在技术创新成果的科学管理方面。因为创新技术成果管理的科学性决定了技术创新的可持续性。成果管理,既包括成果技术信息管理,也包括成果法律状态管理,还包括成果开发利用管理。成果技术信息的管理主要指应当针对所有技术信息及成果信息建立相关的管理规划、管理档案和管理制度;成果法律状态的管理主要指针对现有成果及待开发成果,根据技术市场情况及相关技术成果权利状况,作出技术成果权利状态分析,以确定是通过专利形式来保护成果技术利益,还是通过"Know-how"形式来保护成果技术利益。若确定是以专利形式来保护其成果技术利益的,是申请发明专利、实用新型专利,还是外观设计专利;是申请本国专利、外国专利,抑或多国专利。成果开发利用的管理是指对现有创新技术成果的"二次开发"、中试开发及其产业化、商品化开发的管理,还包括成果权利许可、转让等的成果管理。此项管理的管理规律在于针对技术成果资源及其技术权利资源所进行的资源运营管理。

最后,专利保护的管理是指企业针对已经取得专利权的成果所进行的,旨在使现有的专利成果能够得到专利法律及相关法律充分、有效的保护所进行的管理活动。它包括两个基本方面:一是维护自己的专利技术成果权益不致受到别人的侵害;二是避免自己的研究与开发及成果利用行为侵犯了别人的专利权利。此项管理的主要特点在于维权与争讼。

在企业制定自己的专利战略时,必须从战略上对以上四个方面的创新技术成果管理工作进行谋划,而不能仅就某一方面的工作进行谋划。因为以上四个方面工作是企业专利工作中不可或缺的、相互联系的四项重要的管理活动，因此，企业在制定自己的专利战略时，应当基于以上四个方面管理工作进行战略性专利工作计划和安排。

但是，企业在制定具体的专利战略的时候，针对不同的专利工作应当选择、确定不同的专利策略与战术。这些专利工作往往是在一些特定的活动当中发生，归纳起来这些不同的专利战略主要包括以下几个方面：专利情报利用中的专利战略、技术开发中的专利战略、专利申请中的专利战略、专利运用中的专利战略、技术引进与输出中的专利战略、技术标准化中的专利战略等。这些专利战略将构成企业专利战略的主要方面，或者说企业在构建自己的专利战略体系时应当从这样一些方面入手来进行相应的战略性专利工作的计划和安排。

"专利情报利用中的专利战略"主要是针对专利检索、专利情报分析、专利信息档案管理、近逾期专利的利用，以及技术及技术市场的预测所进行的专利战略工作。具体事项主要包括：技术检索；新颖性检索；同族专利检索；法律状态检索；专利情报分类及分析；专利信息档案管理；专利保护期限的延长及失效专利的利用；利用专利信息进行技术预测与市场预测等。

"技术开发中的专利战略"主要是指企业在技术研究与开发过程中，针对技术项目的遴选、技术目标的确定、技术路径的选择、技术成果的应用等所进行的策略性和战术性谋划。具体内容包括：企业技术开发的特征、新特点和过程的分析；技术开发战略与专利战略的关系的分析；企业研发专利战略的定位，包括定位因素、定位方法；技术开发战略模式的选择；首创型、改进型和引进吸收型模式的分析；技术开发阶段的专利战略；实施研究计划时的专利战略和完成研发计划时的专利战略选择等。

"专利申请中的专利战略"主要是指当企业就自己的创新技术成果拟申请专利时，根据当时的技术及技术市场等多种技术及权利因素所作出的有关专利申请的战略性专利工作计划和安排。这一过程中的专利战略所涉及的主要内容包括：明确申请专利的权利归属的方式；专利申请与否的利弊及决策依据；将发明创造提交专利申请之前的注意事项；专利申请方案的制定策略；优先权战略在专利申请中的利用方式；专利国际申请的作用和申请途径等。

"专利使用中的专利战略"主要是指企业对已经取得专利权的技术成果及其相应权利如何进行有效的、战术性利用所形成的专利战略谋划。这种使用战略既包括专利权许可战略，也包括专利权转让战略。企业专利使用中的专利战略主要涉及的具体内容包括：专利权使用方式的选择；专利权使用范围的选择；专利权的维持与放弃；反侵权战略；专利许可的必要性与可行性；专利权部分许可、局部许可与独占许可战略；专利权的间接转让；专利权使用费的支付策略等。

"技术引进与输出中的专利战略"主要是指企业在技术引进与输出过程中，针对企业拟引进或输出的技术项目的技术目的、技术目标、技术手段、技术条件、技术成果、技术效益等项重要的技术指标，结合本企业生产与发展的客观需要，从专利的角度所做出的策略性、战术性谋划。

"技术标准化中的专利战略"主要是指一个企业，尤其是一个行业，通过推行技术标准化来实现企业竞争力的一种战略性谋划，而这一标准化主要是通过专利联盟及交叉许可等方式来加以实现的。这一战略谋划主要包括两个方面，一个是如何建立技术标准化；二是如何应对技术标准化。

技术标准化问题是我国企业，尤其是外销企业所面临的一个专利方面的凝重话题。过去，由专利联盟所形成的技术标准化只是影响着我国的外销企业，可目前这一技术标准化的专利战略领地的侵袭之势已开始大举进军我国，所以无论是我国的企业，还是行业，恐怕都得做好应对的精神准备、知识准备、技术准备、专利准备和法制准备，以避免像发生在我国DVD案中的惨痛经历不要再发生！

【实例5】

1999年6月，正当DVD开始在市场上流行的时候，6C（由日立、松下、JVC、三菱、东芝、时代华纳六家国际大企业形成的专利联盟）宣布"DVD专利联合许可"声明，要求世界上所有生产DVD的厂商必须向他们购买"专利许可"。

2000年11月，6C又出台"DVD专利许可激励计划"，并开始与中国DVD企业就专利费交纳进行谈判。

2002年1月9日，深圳普迪公司出口到英国的3864台DVD机，被飞利浦通过当地海关扣押，依据是未经专利授权；2月21日，德国海关也扣押了惠州德赛公司的DVD机。至此，专利费之争走上国际贸易前台，逼迫出口量占世界DVD总产量70%的中国DVD企业直面此问题。

2002年3月8日，6C发出最后通牒称，就DVD专利费问题，6C在过去的两年间努力与中国电子音像协会进行了多达9次的谈判未果，所以现在中国DVD企业务必在3月31日之前与6C达成DVD专利费交纳协议，否则他们将提起诉讼。6C的要价是每台DVD收取20美元，在当时中国

DVD 厂商 200 元人民币的利润空间中，6C 就要拿走一多半。

2002 年 4 月 19 日，6C 与中国电子音响工业协会达成协议，中国公司每出口 1 台 DVD，将支付 4 美元专利使用费。2002 年 11 月，持有 DVD 专利的 6C 联盟再次提出要求：2003 年中国的内销 DVD 也得交专利费，要价每台 12 美元。

随后，该协会又与 3C（由索尼、先锋、飞利浦形成的专利联盟）签订每出口 1 台 DVD 播放机向其支付 5 美元的专利使用费协议。其他专利使用费支付情况是：IC 汤姆逊收取每台售价的 2%（最低 2 美元）的专利使用费，杜比每台收取 1 美元的专利使用费，MPEG-LA 每台收取 4 美元的专利使用费（2002 年调整为 2.5 美元）。至此，专利收费风波似乎告一段落。

由此，"生产传统 DVD，不是微利，而是无利。"一家碟机出口大户的内部人士叹道："这已不是一两家企业的现状，而是整个行业的写照。"由于国内企业不掌控 DVD 机的任一项核心专利技术，一台均价 500 元的 DVD，有 6C、3C 等 12 家外资企业伸手要钱，总共每台需要交纳各项专利费用 20 美元。在专利费用大棒的打压下，一方面国有品牌停止出口，另一方面，集中在广东地区的 OEM（贴牌生产）工厂已经开始大量倒闭。中国电子音响协会经过两年的谈判，最终与以日立、松下、三菱电机、时代华纳、JVC、东芝等 6 大技术开发商组成的 6C 联盟就 DVD 播放机专利许可事宜达成了协议。该协会代表了占全国 DVD 产量 90% 以上的骨干企业。协议的达成意味着近来愈演愈烈的一场 DVD 专利纠纷就此告一段落。但冷静地来看，有不少教训值得方方面面认真吸取，而且从长远来分析，中国的企业如不能有效地解决关键技术问题，包括 DVD 产业在内的专利纠纷事件将始终难以避免。

这一场 DVD 专利纠纷带给我们最大的教训在于，企业光有发达的"四肢"而没有"大脑"是不行的。如果不能掌握核心技术和标准，即使企业有市场、有生产能力，最终也还是要受制于人，要仰人鼻息。有关资料显示，我国正在成为世界 DVD 生产和消费大国，约占其总量的 1/4。并且随着 DVD 正在成为影碟机市场的主导产品，国内目前试制生产的相关企业已达 35 家，DVD 的出口也在激增。但由于长期以来，DVD 的核心技术和标准全都被国外企业掌握，国产 DVD 的核心元器件如解码芯片、机芯、光头等都是从国外进口，在国内实际就是进行简单拼装。因此，当"大脑"说"NO"时，"四肢"自然也就动弹不得。欧盟一些国家的海关常以我国企业未获知识产权认证为由对出口到欧盟的我国 DVD 产品实施扣押，面对 6C

联盟发出的最后通牒，我们迅速发展起来的DVD企业一下便遇到了专利技术联盟的坚冰阻碍，至多只能苍白无力地申辩一句：专利费要价太高。

第二个值得吸取的教训在于，企业要学会按国际惯例办事。按照国际惯例，现代企业在设定销售价格时应将专利使用费及技术使用费作为成本，再加上适当的利润设定销售价格。但在我国，目前已经把专利费用纳入产品成本核算的DVD企业数量微乎其微，大多企业为了追逐利润而放弃了专利费的预留。没有预留专利费的企业，自然会在出口上遭到阻碍，只能把目光转向国内。但国内市场绝大多数DVD现在都在近于成本价进行销售，再降价将犹如自取灭亡。况且，此次6C联盟还只是对中国企业的出口部分收取专利使用费，一旦在国内销售也要收费，那问题就更严重了。中国DVD企业乃至整个加工行业都应从这场专利纠纷中吸取教训，作为全球经济的一员，必须学会按国际惯例办事。

应该看到，当前跨国企业在国际产业转移中越来越重视对核心技术的掌握，自己充当"大脑"，而把"手脚"转移出去，通过对技术、标准的控制来影响"手脚企业"，这是一种大趋势。3C也好，6C也罢，它们的结盟和收费行动，乃至又联合宣布"蓝光"技术为下一代光盘刻录的新格式标准，都是这种趋势的一个最近的具体表现。对于中国的产业和企业来说，DVD专利风波的背后实际上隐藏着中国核心技术匮乏的危机，单靠抢占市场份额是不能持续发展的，仅仅停留在"世界生产车间"的水平，制造业强国梦不可能真正实现。

企业技术创新是企业生存发展的根本，而企业专利战略是企业技术创新的根本保证，若是没有企业专利战略，企业技术创新的成果将难以实现其产品效益、企业效益和社会效益，技术创新也将失去研发方向和法律保障。由于企业专利战略服务于企业技术创新工作，因而，科学的企业专利战略一定是符合企业技术创新规律的战略，应当是能够有效促进企业进行技术创新的战略。这就需要企业在制定专利战略时，对技术创新的每一个环节，诸如，专利技术情报建设分析环节、技术研究与开发环节、专利申请环节、专利使用利用环节、技术引进与输出环节、技术标准化等重要环节中的技术规律、生产流程、权利意义、让渡方式、交易关系和联盟作用等重要问题进行综合分析，并结合企业的具体情况选择行之有效的专利战术和策略。

我们将就上述各个环节中的专利战略问题进行系统的分析，针对不同阶段的实际情况及具体案例提出一些分析意见，并提供一些可供参考的战略性建议。最后，还将就企业如何具体制定和实施专利战略，进行一个概括性的介绍，以期读者能够针对一个特定企业，结合其具体的资源状况及技术创新目标，对专利工作进行一个战略性的谋划。

本章思考与练习

一、为什么说技术创新是企业发展的根本？
二、为什么说企业是技术创新的主体？
三、在企业技术创新中专利是如何发挥作用的？
四、企业技术创新的本质体现在哪些方面？
五、何谓"专利联盟战略"？

第二章 专利情报利用中的专利战略

本章学习要点

1. 专利战略性检索的重点为技术检索、新颖性检索、同族专利检索、法律状态检索
2. 专利情报分析的主要分类和方法
3. 专利检索的档案管理战略
4. 专利保护期限的延长、过期专利的利用战略
5. 利用专利信息进行技术预测与市场预测战略

2.1 专利战略性检索

在专利制度促进下，专利文献已经成为有效地记载新技术的信息资源和企业重要的战略资源。专利制度普遍采用以公开技术换取一段时间内的独占性权利的做法，促使发明人积极将新技术申请专利。专利文献是集技术信息、法律信息、经济信息和战略信息于一体的文献。通过专利文献的检索和分析，可以获取与专利技术相关的技术、法律和经济信息，以便对这些信息进行充分的利用。专利文献记载了世界上最全面、最新的技术情报。据世界知识产权组织统计，世界上发明成果的70%～90%首先在专利文献中公开，而不会首先出现在杂志、会议报告等其他媒体上。❶《专利法》不仅要求申请保护的技术具有新颖性、创造性、实用性，并且要求技术公开到所属领域的技术人员能够实现的程度，同时要求申请人按照严格的专利撰写规范来撰写专利申请文件。因此，专利文献记载的技术具有新颖、信息可靠、文件格式规范等特点。在国际知识产权组织的促进下，大多数国家的专利都按照相应的国际标准进行著录项目的录入，这也大大提高了专利的易检索性。这些特点决定了专利文献是进行科技信息工作非常

---

❶ 李建蓉. 专利文献与信息[M]. 北京：知识产权出版社，2002：23.

重要的信息源。

尽管专利信息资源是个无比巨大的技术"宝库",但是进行"宝库"的挖掘需要掌握专利法和专利检索的知识。只有掌握了相关的知识和技巧,才能通过专利检索从大量无序的专利技术文献库中搜索到相关的专利文献。专利检索就是在大量的专利文献中进行有关专利文件的查找。专利情报分析是指对来自专利说明书、专利公报中大量的、个别的专利信息进行加工及组合,并利用统计方法或技术手段使这些信息具有纵览全局及预测的功能,并且通过分析将原始的专利信息从量变到质变,使它们由普通的信息上升为有价值的情报。❶专利情报分析能将纷杂的专利信息有序化,从而便于企业掌握技术发展的脉络,以便及时根据企业的需要调整经营策略。

在企业制定相应的专利战略前,必须进行企业外部技术环境的分析。通过专利检索有利于掌握技术的发展动向、了解竞争对手的专利布局以及为制定专利战略和实施专利战略进行准备。不论企业采取什么样的专利战略,在企业确定专利战略、实施专利战略以及运用专利战略的过程中都必须重视专利检索。根据检索的目的不同,可以将专利检索分为技术信息检索、新颖性检索、法律状态检索、同族专利检索等。在企业确定专利战略前通常要进行技术信息检索、法律状态检索和同族专利检索,针对个别尤为重要的专利还要进行新颖性和创造性检索。企业在引进专利技术时或者对技术创新中研发的技术成果申请专利时,要用到专利的新颖性和创造性检索。进行专利防御战略中,新颖性和创造性检索也非常重要。进行专利战略性检索前首先应进行必要的准备工作,根据不同的检索目的确定检索目标,然后进行专利检索。

2.1.1 检索前的准备

专利检索可以借助于现有的网上公共资源,也可以利用商业的数据库。但不论利用何种资源进行专利检索都必须进行检索的准备工作。通过检索前的准备工作确定检索的技术领域、检索用数据库,确定具体检索的内容,如确定是仅进行技术信息检索,还是在进行技术信息检索的同时进行同族专利检索以及重要专利的法律状态检索。

企业的检索人员在进行检索前的准备工作时,要将检索的目的转化成具体的检索课题。如某产品的专利检索可转化成某产品的专利分布和技术

---

❶ 专利技术鉴定及文献利用 [EB/OL].(2008-02-29)[2008-11-16]. http://www.njjy.gov.cn/siteId/4/pageId/12/columnId/151/articleId/328/Display Info.aspy.

发展的课题，这样将制定专利战略过程中的问题转化成具体的可供检索的课题。进行检索前要谨慎进行检索课题的分析，以避免后期发现有漏检的项目，而重复检索。根据企业制定专利战略的需要，通常检索的准备工作主要包括以下几个方面。

1. 确定检索目标

在进行专利战略性检索时，必须明确检索的目标。通常要根据企业的实际需要来确定。如果企业仅关心某件具体产品的专利情况，就没有必要对与产品有关的所有领域进行检索。如企业希望了解运动水壶的设计情况，只要对运动水壶和水壶的外观设计专利进行检索，而不需要对水壶的材料进行检索。这就要求检索人员将检索的战略目的转化成检索课题后，分析该检索课题与检索目的是否匹配，以满足检索目的的需要。由于不同行业的企业所处的技术领域的区别，导致企业在进行专利战略性检索时的侧重点不同。例如，我国广东顺德的大量企业非常关心产品的外观是否侵犯他人的外观设计专利权。对于这些企业而言，就应该重点检索相同或者相同用途的产品外观设计专利以及外观设计专利的法律状态。

专利战略性检索通常涉及的技术范围非常广，有时文献量非常大，但企业不应仅仅关心技术信息，专利的法律状态和同族专利的分布情况也是企业在确定专利战略时所必须掌握的。对于高技术领域内的一些企业，如集成电路企业在制定专利战略时，非常关注相关产品的专利在国外申请和授权的情况，因此对于同族专利的申请和授权的跟踪检索尤为重要。对于技术跟随型企业而言，通过检索，及时了解先进技术的分布情况以便主动寻求许可，抢先获得技术产品的转化优势。因此进行专利战略性检索的侧重点有时不完全相同。

2. 数据库选择

专利检索必须借助于一定的专利文献资源。通常高质量的检索对检索系统的要求也比较高。在选择检索系统时，通常要结合检索目的选择数据库或者检索系统。目前，可用于中国专利信息检索的数据库主要是中国专利检索系统（CPRS）。用户也可以通过网络 www.sipo.gov.cn 检索模块在线检索中国专利。我国知识产权局网站上的一些专题数据库也可以提供一些免费的服务。在线检索中国专利可以获取专利著录项目、专利全文、专利的法律状态等信息。其中专利说明书检索服务提供的入口包括文献号、申请人、发明人、专利分类号、发明名称、文摘、申请日、公布日、IPC分类号等 16 个检索字段。

如果需要对同族专利信息进行检索，欧洲专利局的 esp@cenet、epoline 系统和印度专利局均可以提供快捷的同族专利检索服务。这些系统免费为公众提供包括欧洲专利在内的世界上接近 80 个国家和地区专利的著录项目、文摘、说明书、法律状态、同族专利等多种专利信息服务。同时欧洲的 esp@cenet、epoline 和印度专利局以及美国的专利商标局的网站可以提供专利的引文检索。

3. 基础知识的准备

在进行专利数据库资源选择的同时，也要求检索人员熟悉专利文献，熟悉专利的编码体系、相应的检索数据库、了解数据库的检索入口，掌握国际专利分类表（IPC）和专利的分类方法与分类原则。由于专利分类具有一定的主观性，而日本和美国的专利数据尽管给出了专利的国际分类号，但在检索相应的日本或者美国的数据时，还要注意其所采用的不同于 IPC 的分类方法和规则。专利的编码体系与专利制度有密切的关系，只有充分了解所检索国家的专利制度，才能从检索出的专利文献中挑选出想要的文献。如美国专利文献中包含防御公告，这种文献并不是专利，而是发明人避免其他人将该项技术申请专利限制自己的使用，而主动公开技术的文件。因此，在产品出口美国时，如果仅检索到防御公告，则意味着该产品在美国没有申请专利。

4. 确定检索的种类

主要根据专利战略的需要确定是否进行技术追溯检索、专利法律状态检索、专利族检索等具体内容，以便在进行检索时合理安排，避免重复，浪费时间。通常情况下进行专利战略性检索应先进行专利的技术信息检索，利用技术信息检索后的专利号再进行专利的同族专利检索。针对检索出的专利进行分析后，对主要专利进行分析的同时，检索出其相应的法律状态信息。当进行专利战略性检索时，对于对企业尤为重要的专利也应进行新颖性和创造性检索，以便进一步进行技术分析，指导企业专利战略的制定。

进行以上准备工作后，还应设计一些检索用的表格，以便记录和分析专利检索结果。

2.1.2 专利技术检索

对专利技术信息的检索也被认为是技术追溯性检索。所谓技术追溯性检索，是指要了解某一技术的发展状况时，通过对某一特定的技术主题的专利文献进行检索，找出与该技术主题有关的所有专利，从而实现对该技术主题发展现状的全面了解。[1]技术追溯性检索要求将与检索技术相关的所有技术尽可能全面地检索出来。通常技术信息检索，需要将企业所关心的产品、方法、装置或者与用途有关的专利全部检索出来，为企业分析该技术提供尽可能多的专利资源，以便企业对所采取的专利战略及时进行调整。因此不仅仅要检索到与检索产品直接相关的产品、设备或者方法，更要仔细将相关的具有类似功能或者用途的技术也查找出来。在进行专利技术信息检索时，应首先采用本国语言和专利系统进行初步检索。根据初步检索出的专利文件进行分析，然后再进行下一步的检索。通常技术追溯性检索按照以下步骤进行。

1. 课题分析

分析检索课题，确定主要的检索主题时，要尽量地给出较宽的技术主题范围，避免漏检。我国的《审查指南》要求，在发明主题部分写明发明所属的类型即发明为产品、装置、方法、用途中的一种，单纯写"某某技术"作为技术主题是不被允许的。但是，由于我国有3类不同类型的专利，有时一个发明既可以申请发明专利，又可以申请实用新型专利，有些产品既可以申请外观设计专利，也可以申请实用新型专利。如果某类小家电的外观设计是主要的检索目标，则需在外观设计类专利中进行查找。但也不排除有些专利的改进可以申请实用新型专利，而且实用新型的附图与外观设计的图片或者照片接近，因此要注意相关的图片的检索。在进行技术信息检索时要根据检索课题，进一步限定检索的技术主题。例如，检索自行车的手柄的改进，确定的技术主题为自行车用手柄，但是不能仅单纯地在自行车的手柄通常的分类范围 B62K 11/14，B62K 21/12 里进行查找。因为在专利分类表中的如下大组 B62B 3/00，即：有一个以上带运输轮的车轴的手推车；其所用转向装置。所用设备的技术主题中还包含小类 B62B 5/06 手动附件，例如手柄杆。也就是说，手推车的手柄与自行车的手柄相比较，功能接近。因此，手推车手柄的改进也有可能直接影响自行车手柄设计的新颖性和创造性。确定的技术主题应扩大到"手柄"与"车"相关的内容，而不应局限在自行车的范围内。

2. 确定检索的专利主题

在进行技术追溯性检索时，要区别不同的技术主题，即产品、方法以及用途专利的检索不同。通常情况下，如果某项产品申请专利，则发明的

---

[1] 李建蓉. 专利信息与利用 [M]. 北京：知识产权出版社，2006：296.

名称与该技术主题相同。如"折叠自行车",其发明名称与其技术主题即为"一种自行车"。因此可以直接通过专利名称字段输入"自行车"进行初步检索。这样使得检索既准确,又快捷,尽管还需要进一步的检索,不必担心会遗漏掉相关的技术主题。而如果在摘要检索字段中检索"自行车"可获得2901个发明专利,15545个实用新型专利将会进一步地扩大检索结果的范围,检索到一些与发明主题"自行车"相关度比较小的专利文献,增加了专利检索的工作量。与此相反,如果要检索产品的方法专利,则注意尽量不要采用发明名称为入口的检索,以避免漏检。通常检索时将专利的主题、检索词与IPC分类号组合使用,以便使检索的结果更符合要求,避免阅读大量不相关的专利文献。

3. 专利分类号

通常认为IPC的国际分类号的每一个小组名称为一个技术主题,因此检索工作人员必须熟悉IPC和IPC专利分类的规则。按照分类表将给出的相关检索主题按照IPC的分类规则进行分类,找到该技术主题所在的分类位置,给出正确的分类号。通常的做法是先使用检索词检索,找到几篇最相关的文献,帮助检索人员确定给出的分类号以及确定分类号是否正确。如果需要,检索人员也要应用日本、美国或者欧盟的专利分类方法进行专利的检索。

4. 选择检索系统

尽管《专利合作条约》(PCT)给出了专利检索的最低文献要求为八国两组织的文献,即1920年后的法、德、苏(俄)、瑞士、英、美、日、韩(2007年4月后)、欧洲专利局和专利合作组织出版的专利说明书,以及以英、法、德、西班牙语种公布的其他国家不要求优先权的专利文献以及近5年的100多种科技期刊。但是由于进行技术检索主要是获得与相关的技术有关的一切信息,建议进行技术检索时采用专门的数据库,检索到尽可能全的数据范围。如果利用网上的免费资源进行检索,建议采用 esp@cenet 和 epoline 进行检索。欧洲专利数据库收录的专利信息比较全,已经达到了接近80个国家的共5600万件专利。尽管欧洲专利局部分专利没有文摘和说明书,但已经是目前收录专利信息最全的免费数据库。

进行检索时,通常要先选择中国的专利文献库,由于这样没有语言问题,可以最快了解要检索的技术在我国的授权情况。通过阅读相关的中国专利文献,理解技术,为进行下一步检索进行准备。在检索完中国专利数据库以后,通常按照企业最关心的市场情况进行检索。其中,欧洲专利局的数据库、美国专利商标局、日本专利商标局的数据库是经常被检索的。

5. 选择检索词

通常的专利信息库和网上资源都有固定的检索词入口和检索入口格式。国家知识产权局网站不能提供全文的检索词检索服务，仅能提供摘要的检索词检索、名称检索、发明人、申请人、专利申请号、专利公开号、专利分类号等16个检索入口并给出了相应的输入方式。在摘要中填入不同的词，如上位的概念和具体的概念可能检索出的结果完全不同。尽管通常认为上位概念的范围大，但在专利检索中要具体分析。如就"惰性气体 and 激光"这一上位概念进行检索所获得的结果为59个发明专利，并没有采用"氦 and 激光"这个关键词检索后获得70个发明专利的专利数多。检索"惰性气体"后的结果为1922个发明专利，检索"氦"为448篇发明专利文献。为避免漏检，要采用上位和具体的技术进行全面检索。进行专利技术信息检索时最好采用全文检索，并且进一步将检索词与IPC分类号匹配以便全面的检索出与课题相关的专利。

6. 检索的具体步骤

首先进行预检索或者简单检索。通常先检索中国专利数据库，获得技术的基本信息。在进行检索的初期，先通过阅读检索课题，理解要检索的技术。根据对技术的理解，先检索出几篇或者与课题技术完全相同的专利文献。仔细研读检索出的文献，阅读文献的技术内容和权利要求，核对所检索出的文献的技术主题与检索目的是否一致。

进行初步检索后，根据获得的信息，核实确定的检索词，重新给出检索词，并通过阅读专利说明书扉页，根据扉页给出的INID代码了解要检索技术主题的基本IPC分类，以便进一步进行专利分类表的阅读和检索。

进行专利分类位置的查找，以检索出的专利分类号为线索，阅读IPC分类表，找出技术主题可能的所有分类情况。将查找出的专利分类与给出的检索词匹配，进一步检索。检索阶段主要是根据已经检索出的IPC分类号和检索词进一步给出技术所处的IPC分类。通常要找出要检索的技术所涉及的可能的所有IPC分类，再结合技术主题同义词或者近义词进一步确定技术主题并在国际分类表上找到IPC专利分类号所在的位置。

确定检索式，即在IPC分类表上输入最接近和相关的专利分类号并且在名称或摘要或全文字段处输入要检索的检索词及检索词可能的同义词。根据分析给出相应的检索号与检索词的组配，并最终确定检索式。采用最终检索提问式进行检索。

阅读检索到的专利文献,若发现存在问题,则应修正检索提问式,重新进行检索。

7. 检索报告

检索后检索人员应根据检索的课题和检索的结果给出检索报告。通常检索报告要具备以下内容:

1) 检索的课题、申请检索的单位或者部门;

2) 委托单位给出的或者上级部门下达的检索线索或者检索目的的材料;

3) 采用的检索提问式;

4) 检索到的具体结果:该部分一般是给出一个大致的表格或者数据,具体的专利文献以附件的形式给出;

5) 检索结果的说明和简单分析;

6) 检索单位或部门信息。

【案例1】可折叠自行车的检索

1. 课题分析

可折叠自行车是一种便携的自行车,方便用户在乘坐地铁时携带。对自行车产品而言,主要是产品发明专利、自行车的结构的改进可以申请实用新型,对自行车外观的改进也可以申请外观设计专利。因此,要在发明、实用新型和外观设计专利中进行全面的检索。不仅仅要检索涉及自行车的内容,对于摩托车的可折叠或者手推车的可折叠的改进部分都是要检索的。

2. 简单检索

在www.sipo.gov.cn/sipo网页的摘要检索字段内输入"可折叠 and 自行车",得到发明专利46件、实用新型专利401件、外观设计专利2件。阅读相关的文献,发现可折叠自行车包括自行车的车身、车把、脚蹬等部件。此外自行车也包括三轮自行车,有些摩托车的相关特征也可能与自行车相关。本检索课题应为双轮自行车,不包括单轮或者三轮及四轮自行车。根据初步检索出的结果分析得出主要的专利分类号为B62K 15/00。

3. 选择检索词

在进行专利检索时,不仅仅检索"可折叠 AND 自行车",也应检索"车蹬 OR 车把 OR 车身"。考虑到摩托车或者手推车也可能有折叠的设计,选用"折叠 and 车"进行检索,检索到741件发明专利、4473件实用新型专利和27件外观设计专利。简单分析发现检索出的内容包含了大量的童车的内容,有些与本检索课题不相关,需要进一步缩小检索的范围。

4. 确定检索的分类号

查找到相关的主要分类表，如下：

B62J 自行车鞍座或座位；自行车特有的而不包含在其他类目中的附件，例如载物架，自行车保护装置

B62K 自行车；自行车架；自行车转向装置；专门适用于自行车乘骑者操作的终端控制装置；自行车轴悬挂装置；自行车跨斗、前车或类似附加车辆

小类索引

自行车种类

  以结构为特点的：

    车轮数量：单轮自行车；双轮自行车；多于两个车轮的   1/00；3/00；5/00

    有发动机的   11/00

    跨斗，前车   27/00

    可转换的；可折叠的   13/00；15/00

  以用途为特点的：

    用于运输的；用于儿童的   7/00；9/00

  其他种类   17/00

自行车部件

  车架；车轴悬挂装置   19/00；25/00

  转向机构；终端控制装置   21/00；23/00

B62K 11/00 摩托车；机器脚踏车；小型摩托车（不是形成车架一部分的整流罩或流线型部件入 B62J；发动机到车轮的传动装置的传动入 B62M）

B62K 13/00 可转换成或改制成其他类型自行车或陆地车辆的自行车（一般可转换的车辆入 B60F 5/00；装有稳定乘骑用附加车轮的自行车架或支架入 B62H 1/12）

B62K 13/02 · 成串列的

B62K 13/04 · 成三轮自行车的

B62K 13/06 · 成四轮自行车的，例如两辆自行车并排连在一起的

B62K 13/08 · 车架

B62K 15/00 可伸缩或可折叠的自行车

B62M 乘骑者驱动的轮式车辆或滑橇；动力驱动的滑橇或自行车；专门适用于这些交通工具的传动装置（一般传动装置在车上的配置或安装入

B60K；传动装置构件本身入 F16)

由以上 IPC 分类表的内容分析看出，可折叠的自行车的主要分类号为 B62K 15/00。但是一些主要部件的可折叠设计也是本课题要检索的内容。因此选择 B62K 15/00 为专利的分类号。其他主要分类号多为大组分类号，将其与检索词匹配进行检索。采用 B62K 15/00 检索到 236 篇专利文献。

5. 检索系统的选择

选用 http：//www.patentic.org/NATION3.DLL，即上海集成电路专题数据库进行检索。可主要检索国内专利的申请情况。

6. 确定检索式

根据以上的分析，按以下的顺序逐步检索：

（折叠 AND 自行车）

（"B62K 15/00"）

（折叠 AND B62J) OR（折叠 AND B62K)

（折叠 AND（车 AND B62M））

最后采用检索式（折叠 AND 自行车）OR（"B62K 15/00"）OR（折叠 AND B62J) OR（折叠 AND B62K)（折叠 AND（车 AND B62M））进行检索。最终检索到 1798 篇专利文献。

由于技术信息检索注重检索的全面性，因此，检索出的有些文献与检索课题不是非常相关，还需要进行进一步的数据清洁和分析。

2.1.3 同族专利检索

同族专利是由具有共同优先权的在不同国家或国际组织多次申请、公开、批准的内容相同或基本相同的专利申请组成的一组专利。[1]因此，确定同族专利的关键因素为优先权。国际知识产权组织将具有共同优先权的由不同国家公布的内容相同或基本相同的一组专利申请或专利称为一个专利家族（patent family)。将专利族中的每件专利文件称作同族专利（patent family members)。如下为一个简单的同族专利。

1）专利申请号：CN200530117932，外观设计的名称为：鼠标，申请日为：2005 年 08 月 04 日。

其在先的优先权基础专利为：US 29/229876，申请日是 2005 年 05 月 11 日。

中国专利 CN200530117932 与在先的美国专利申请 US 29/229876 为简

---

[1] 李建蓉．专利信息与利用 [M]．北京：知识产权出版社，2006：327．

单同族专利。

2）专利申请号：CN200610093146，发明名称：电光装置、其制造方法及电子设备，申请日：2006.06.22。

其优先权为：JP181542/2005，申请日 2005 年 06 月 22 日；JP90367/2006，申请日 2006 年 03 年 29 日。中国专利 CN200610093146 和在先的两个日本专利构成了同族专利。

2.1.3.1 同族专利简析

专利技术在一个国家获得授权必须满足该国的专利法的规定。因此不同国家的专利法的差异使得即使是以有优先权为联系的专利申请也并不一定完全相同。例如，哈佛鼠属于一种动物品种专利，在美国可以获得授权。但是在中国，动物品种被中国《专利法》第 25 条明确排除在可以授权的专利范围之外，动物品种是不能获得专利授权的。但是动物的基因在我国是可以授权的。因此，具有相同的发明主题的哈佛鼠基因的发明可以作为在先的优先权基础，即哈佛鼠的基因可以在我国申请专利，并可以要求在先的申请作为优先权基础。因此在同族专利的检索和分析过程中，切不可认为专利族中的专利都是完全相同的，也需要对说明书和权利要求书进行详细的分析。

2.1.3.2 专利族的类型

根据限定的专利族的成员可以将专利族分为不同的类型：❶

1）简单专利族（simple patent family）：指一组同族专利中的所有专利都以共同的一个专利申请为优先权；

2）复杂专利族（complex patent family）：指同一专利族中的所有专利至少共同具有一个或共同的几个专利申请为优先权；

3）扩展专利族（extended patent family）：指同一专利族中的每个专利与该组中的至少一个其他专利至少共同具有一个专利申请为优先权；

4）国内专利族：指由于增补、后续、部分后续、分案申请等原因产生的由一个国家出版的一组专利文献，但不包括同一专利申请在不同审批阶段出版的专利文献；

5）仿专利族：也叫智能专利族、技术性专利族或人为专利族，即内容相同，但并非以共同的一个或几个专利申请为优先权，而是通过智能调查归类组成的一组由不同国家出版的专利文献。

---

❶ 李建蓉. 专利文献与信息［M］. 北京：知识产权出版社，2002：17.

例如，美国专利 US7146602 的优先权为 SI9800241、US69800903、US72095201 和 IB9901553。美国专利 US2007032549 的优先权为 IB9901553、SI9800241、US69800903、US72095201 和 US58163706。显然，专利 US7146602 和专利 US2007032549 属于复杂同族专利，而 IB9901553、SI9800241、US69800903、US72095201、US58163706 和专利 US7146602 和专利 US2007032549 均为专利家族的成员。

2.1.3.3 同族专利的作用

通常情况下，除了仿同族专利由于没有优先权作为联系的基础，检索主要通过技术主题进行外，其他同族专利属于一组具有相同或者接近的发明技术主题，用相同或不相同文种在不同国家多次申请、多次公开或基本相同的一组专利。所以对专利族检索和分析可以获得以下的信息：

1) 通过同族专利了解竞争对手的技术市场分布

同族专利以优先权为联系基础，因此一般情况下，专利的权利人相同或者是专利权转让的受让人。据此，查找相关专利的专利族即可掌握相同的专利权人对该项技术的市场分布和合作伙伴或者技术受让人的分布。并且专利族所拥有的专利数量越大也意味着这项技术对权利人的重要性越大。

2) 关注同族专利在不同国家的审批有利于监测该技术可能的动向

同族专利由于是按照《巴黎公约》在申请后 12 个月内或 6 个月内以原申请文件为基础向其他国家提交的专利申请，对于一些技术，发明人在 12 个月内可能进行了技术的改进，因此通过对同族专利的对比分析可以掌握发明的更新动向。

对于同族专利的审查而言，一般可以通过检索在先申请的审查情况，以帮助分析在后申请专利的授权前景。如某项关于产品的在先申请以不具备新颖性而驳回，则在后申请的原优先权基础部分被驳回的概率非常大。

3) 借助于同族专利减少语言障碍

在阅读专利文献时，经常受到语言不同的干扰，如果能够查找到相同主题的同族专利，将对于理解该技术有非常大的帮助。

2.1.3.4 同族专利检索

同族专利的检索通常要从一个已经查找到的专利号入手，就是已经查找到了在先申请或者在后申请的申请号、文献号，即已经找到了或者知道专利家族的一个成员。同族专利的检索可以在专利技术检索和分析之后进行，也可以针对某一个竞争企业的专利进行检索，以确定竞争对手的主要市场的分布。在这种情况下，以申请人为检索入口进行检索，以检索出的文献号、优先权号为基础进行同族专利的查找。

免费检索同族专利的数据库主要是欧洲专利局和印度国家信息中心的数据库。另外，利用德温特数据库进行同族专利检索也非常方便。其中，可通过欧洲专利局网站（http：//www.espacent.com）或者利用中国国家知识产权局的网站链接。

在利用esp@cenet进行同族专利检索时，一般要有确定的检索依据，检索入口可以选择专利申请号、优先权号、文献号等。将相应的专利公开号、申请号等填入下图的相应字段位置进行检索。在检索到的专利的界面点击Patent Family按钮，就会列出所有的同族专利。见图2-1和图2-2。

图2-1 欧洲专利检索界面

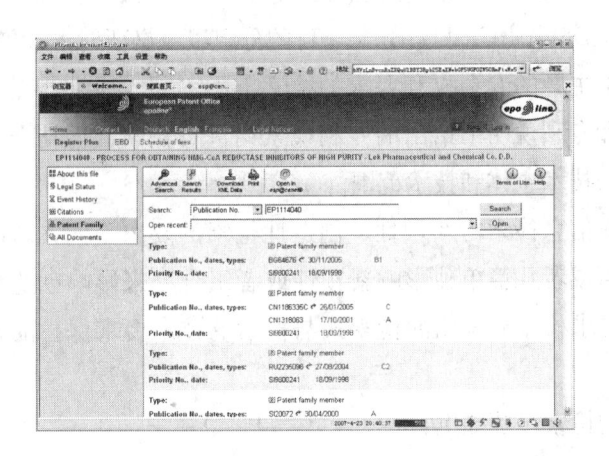

图2-2 同族专利检索结果

2.1.4 专利新颖性、创造性检索

对于企业而言，专利的新颖性和创造性检索是在有新的技术成果或侵权诉讼时进行的检索。我国的《专利法》要求专利技术必须具备新颖性、

创造性和实用性。新颖性是指在专利的申请日以前没有同样的发明或者实用新型在国内外出版物上公开发表过、在国内公开使用过或者以其他的方式为公众所知，也没有同样的发明或者实用新型由他人向国务院专利行政部门提出过申请并且记载在申请日以后公布的专利申请文件中。创造性是指与申请日以前的技术相比，该发明有突出的实质性特点和显著的进步，该实用新型有实质性特点和进步。已有的技术是指申请日以前在国内外出版物上公开发表、在国内公开使用或者以其他方式为公众所知的技术，也即现有技术。

通常，进行新颖性检索需要有一个文本作为检索依据。如果是新的技术成果，则应将该成果写成技术交底书的形式以便检索。针对侵权诉讼的检索应根据专利权利要求展开。专利的新颖性、创造性检索不仅要求检索人员具备专利检索的基本知识，也要求检索人员具备所检索技术的一般技术技能，是"所属领域的一般技术人员"，以便对检索出的文献进行对比分析和判断。进行新颖性检索需要满足最低文献量的要求。因此，要尽量选用比较全的数据库进行检索。

对于专利权利要求的检索要以整个权利要求为整体进行。即当权利要求为技术特征 A+B+C+D 时，要以整体即技术方案为对象进行检索，而不是以单个的技术特征为检索对象。但是有时不能查找到整个权利要求所记载的技术方案的对比文献，则应将技术特征组合再次进行检索，如 A+B+C、A+B+D、A+C+D、B+C+D 的分组以及必要时继续细分。

不同技术主题的专利权利要求的检索范围不同。通常会先按分析的专利权利要求和专利说明书给出的专利检索词进行检索，再结合专利的分类号给出检索的技术主体和技术范围。

专利技术信息检索与新颖性、创造性检索的要求不同，新颖性检索只需检索出一篇或者几篇单独影响新颖性或者组合起来影响创造性的文件即可。因此，要求检索时采用的检索式与检索的技术要求保护的技术方案相匹配。

新颖性的检索步骤如下：

1) 阅读技术文本及有关信息　如果有明确的技术方案，应分析技术主题和技术特征，也要了解技术的背景和专利解决的技术问题以及取得的主要效果。这对于正确地理解技术领域、技术主题、进行 IPC 分类和确定检索要素都是非常必要的。

2) 确定技术主题　新颖性检索的技术主题不仅仅是专利权利要求中前

叙部分限定的内容，要根据权利要求和说明书进一步进行分析，给出确切的检索主题。如一种棉织机减震器，其特征是在钢板上粘有黏弹性材料，两者结合为一体。该权利要求的技术主题为：以钢板上粘有黏弹性材料并且结合为一体为特征的棉织机减震器。

有时仅根据技术方案确定技术主题比较困难，需要结合技术方案、解决的技术问题或者主要技术特征给出检索词。进行检索时尽可能全面检索，将要分析出的检索词的同义词、近义词罗列出来，以避免漏检。

3) 确定所检索技术主题的 IPC 分类号　根据检索词初步检索出的专利文献进行简单分析。注意检索词间的逻辑运算是否正确，并按专利文献给出的国际专利分类号为参考，确定所检索技术主题的 IPC 分类号。与技术信息检索不同，技术信息检索要检索出一切与技术相关的文献，而新颖性检索要检索出影响检索文本的技术特征新颖性的文件。

4) 将技术方案中的技术要素进行细分后再次进行检索，必要时进行分类号与关键词的组合检索。

5) 分析检索式是否存在漏检的可能，如果可能，则针对该可能进行检索。

6) 分析检索结果，找出对比文献。

技术的新颖性、创造性的分析按照《专利法实施细则》和《审查指南》的规定进行，本文不再重复。

【案例2】新颖性检索

已知发明的技术方案为：一种浴室取暖器，主要包括器座，其中在器座内设红外线加热灯，其特征在于所述器座上设有一负离子发生器。

首先进行技术主题分析，本发明的技术主题为：一种带有负离子发生器的红外取暖器。

检索"负离子发生器 and 取暖器"，检索到多功能空气清洁机，专利号 87103040.3。该发明明确给出了一种可以取暖的带有负离子发生器的清洁装置，包含上述技术方案的全部技术特征。因此上述带有负离子发生器的浴室取暖器不具有新颖性和创造性。

上面的检索比较简单，如果不能直接检索到对比文件，就要分析专利分类表，并逐渐扩大检索范围。或者根据专利的技术特征逐步进行检索，以便找出单独影响新颖性或者创造性的文献。新颖性检索通常要反复检索直到检索出相关或者相近的对比文献。

2.1.5 法律状态检索

专利的法律状态是企业制定专利战略非常重要的信息。一项专利如果仅仅公布而没有获得授权,就仅为公众提供了技术方案而没有获得任何排他性权利,任何人都可以使用。通过专利的法律状态检索也可以检索出专利的著录项目变更情况,以了解专利申请是否被撤回、视为被撤回、专利是否被授权、授权专利是否有效、专利权人是否变更以及专利法律状态相关的其他信息。

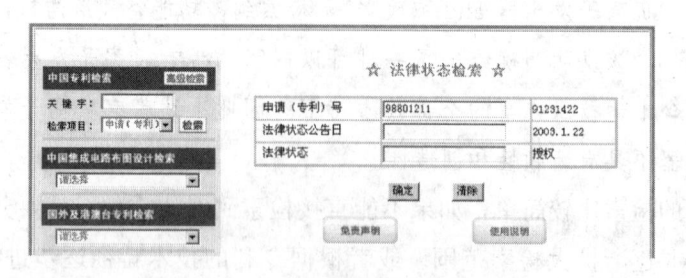

2.1.5.1 中国专利法律状态的检索

1) 专利法律状态检索包括的内容

中国专利的法律状态检索可以获得专利的有效性、专利是否被撤回或者视为撤回、专利的驳回以及专利权的终止的信息,以及专利的无效、专利权利的转移情况。

2) 专利法律状态的检索

国家知识产权局网站上给出的专利法律状态检索有三个检索入口:申请(专利)号、法律状态公告日和法律状态,见图2-3。可以利用以上三个检索入口组合检索出需要的专利。如在法律状态一栏填入"驳回",申请号一栏填入"2005",则可以获得2005年申请的专利在公布后被驳回的情况。法律状态包括:专利权有效、专利权有效期届满、专利尚未授权、专利申请撤回、视为撤回、驳回、终止、无效、专利权转移等。在进行专利战略性检索时,通常采用的检索入口是申请号。因为在进行专利技术检索后已经获得了专利的基本信息,因此直接输入专利的申请号就可以检索专利的法律状态。

需要注意的是,任何系统都不是实时在线更新的,一般专利公报的出版时间为一周。如果企业想了解最近的法律状态,则还需要向专利局查询该专利的登记簿。

图2-3 中国专利法律状态检索

2.1.5.2 美国专利法律状态的检索

美国专利的法律状态检索要通过美国专利商标局的网站。美国专利的法律状态可以分为 4 部分内容：

1）在 www.uspto.gov 的页面上选择 PATENT 进入 eBusiness–online，然后再点击进入 Patent Electronic Business Center 后选择美国的专利公报 "Patents Official Gazette"，可检索到专利公报上专利授权、外观设计授权、植物专利授权、再公告专利、再审查专利等信息。见图 2–4。

图 2–4　美国专利公报检索

2）在 www.uspto.gov 的页面上选择 PATENT 按钮，进入 Patent Electronic Business Center 界面后选择 search Assignments 按钮。在弹出界面进行专利权转移的检索。可以专利的申请号、专利号、公开号、受让人、出让人等为检索入口。见图 2–5。

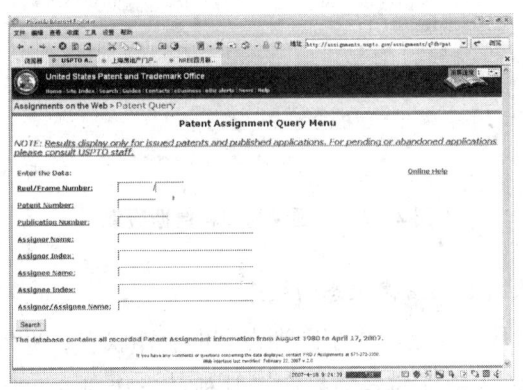

图 2–5　美国专利权转让检索

3）在 http：//www.uspto.gov/main/patents.htm 页面上选择 Expired patent 可以检索到过保护期的专利，在 Extended Patent Terms 检索到依照美国《专利法》第 155 条和第 156 条的专利保护期限的延长情况。

选择 Withdrawn patents 可以检索到撤回的专利。

对美国而言，企业专利的保护时间不是完全从授权日起算或者从专利申请日起算的，有些专利如药品、食品和颜料等可以申请专利保护期限的延长。因此还要根据需要进行延长专利保护期的检索。

4）在 http：//portal.uspto.gov/external/portal/pair 页面上可以检索到专利的应用相关的情况。其中，包括 Transaction History、Fee、Publication Documents等信息。

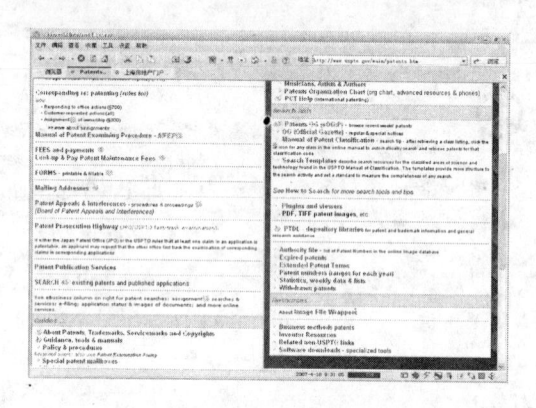

图 2-6　美国专利法律状态检索

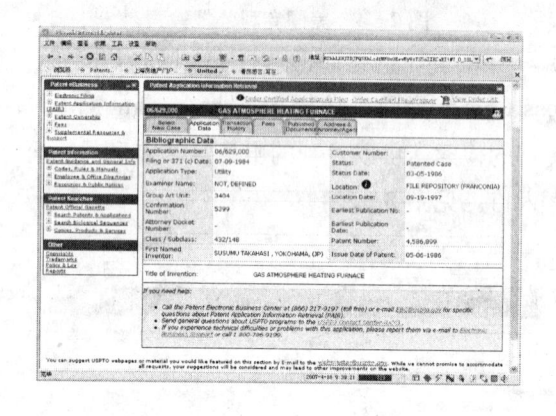

图 2-7　美国专利资料数据检索

2.1.5.3　欧洲专利法律状态的检索

1）欧洲专利局网站上给出了欧洲专利的法律状态。进入 esp@cenet 专利检索界面后，输入检索的专利号或者其他的字段进入检索后，可获得如下的界面。其中 INPADOC legal status 即为专利的法律状态。见图 2-8。

图 2-8　欧洲专利的法律状态

2) 欧洲专利的法律状态检索也可以通过 epoline 进行检索。进入网站 www.epoline.org 进行检索，见图 2-9。可以检索到 Legal Status（法律状态）、Event History（事件历史）、Citations（引用文献）、Patent Family（同族专利）、All Documents（审查过程文件）等。

图 2-9　epoline 检索到的专利法律状态

2.2　专利战略性分析

专利检索是从大量的专利文献中找到与专利战略相关的文件，但是检索后还要进行专利战略性分析。专利战略性分析的目的就是将专利检索后获得的大量的纷杂的专利文件进行加工整理，为企业进行专利战略的制定提供依据。随着专利制度的不断完善和发展，专利检索与分析已经同企业的技术研发决策、企业的经营管理战略的制定紧密联系起来，已经成为企业生产经营决策的重要依据。

企业依据检索到的专利信息可以进行技术发展预测、竞争对手的技术布局等分析工作，这些都是企业制定专利战略所不可缺少的信息。专利信息分析的主要作用体现在：

1. 了解技术的发展

技术的发展是遵循一定的规律的，正如人类经历的蒸汽机时代、电器时代和目前处于的信息时代一样，技术的发展与生产力的发展、社会的发展是相适应的。通过对记载技术信息的专利文件进行分析，可以了解创造过程的轨迹，也为进一步的技术预测提供一定的依据。

2. 寻找解决技术问题的方案

专利文件记载了大量的技术信息，并且具有格式统一的特点。对于所属领域的技术人员在遇到技术难题时，可以通过阅读专利说明书中所述的专利要解决的技术问题和具体的技术方案来获得技术启示，以便解决技术难题。

3. 了解竞争态势

通过专利技术分析，可以掌握竞争对手在不同国家或者地区的市场活动或者技术许可的动向，也可以通过对申请专利的人员的情况进行分析，以确定竞争对手在技术创新上投入的人力和科研实力。有些技术进口前进行的专利分析，可以为技术引进选择更佳的方案提供依据。

【案例3】引进阴极电泳漆技术的选择❶

某涂料公司决定从国外引进阴极电泳漆技术。有关技术情报表明，当时世界上有两大阴极电泳漆生产体系，一个是美国的PPG公司，另一个是奥地利公司的维阿诺瓦-斯托拉克公司。该选择哪一家公司呢？该公司通过中国专利局对奥地利公司五年间在欧洲、美国、日本等国获得的30余项专利的查阅、分析，又经与其他国家同类专利技术比较，发现奥地利公司虽小，但技术开发速度惊人，技术水平居世界前列。该公司找到了引进技术的准确目标，很快引进了奥地利公司的技术，填补了国内空白。

2.2.1 专利信息分析需注意的问题

然而，并非一切专利信息对企业的专利战略都能起到至关重要的作用，企业进行专利分析应注意以下问题。

1. 对不同行业和产品而言，专利的作用不同

某些企业的技术可以采用除专利保护以外的保护方式，如"可口可乐"的配方，至今还是世界上最有经济价值的商业秘密。因此，对于一些不会产生使用公开的技术，完全可以选择商业秘密保护。企业通过检索专利和

---

❶ 陈湘玲. 技术引进中的专利信息分析与应用[J]. 中国信息导报, 1996 (6).

专利分析，不能把握这类产品最新技术的脉搏。以集成电路制造业进行表面平坦化工艺所使用的抛光液为例，抛光液可以看作是一种复杂的组合物或者化合物。抛光液含有的化成成分非常多，基本的组分包括氧化剂、缓冲剂、稳定剂、腐蚀抑制剂等，以上每组化学试剂还可由不同的组分组成。对于这样的配方如果采用专利保护，即使通过审查获得授权也非常难行使专利权利。试想制造抛光液的公司有什么权利进入净化度要求非常高的集成电路企业取证呢？即使拿到侵权销售的抛光液，要想确切证明抛光液产品中的每一种组分的含量在专利权利要求的范围内也是非常困难的。对于这类产品一般一个成功的配方要一个课题小组经过几个月甚至多达几年的时间才能配置成功，还要经过大量的生产性试验，研究成本之高可想而知。但是如果查找到相关的专利，就可以此为基础进行选择发明的研究。这既可缩短研究时间，又有效地减少了研究失败的风险。因此该类产品通常会采用商业秘密的保护，申请专利并非首选。因此检索到的专利不一定代表最先进的技术。

2. 应在全面检索的基础上进行专利战略性分析

企业专利战略是企业经营管理战略的重要组成部分。制定相应的战略不仅要掌握基本专利所代表的技术方向，更要结合同族专利分析竞争对手的专利布局和专利的法律状态。从技术的角度讲，有些专利是非常先进的，但是如果申请人无力自主实施产业化而进行了技术转移，就会发生专利权的转移。企业准确地获得专利权人的信息，以明确竞争对手的具体专利分布在制定专利战略中是非常重要的。这就要求企业不仅仅关心技术信息，还要关心专利的法律状态和同族专利信息。

3. 并非所有技术都记载在专利文献中

有些企业在解决技术难题时往往希望通过查找现有的技术，特别是专利技术来解决。但是有些情况下，即使进行了大量的检索工作却劳而无功，这主要是由于并非所有的技术都记载在专利中。一些基本的发现和原理是不在专利法授权范围内的。某些企业热衷于"交钥匙"型的技术转让，认为转让来的技术直接可以带来效益。但是从另一个方面看，如果企业仅仅获得的是交"钥匙"后的全装修房子而不再继续研究，必然导致"房子"年久失修，使企业处于被动的状态。我国有些企业由于缺乏基本专利，往往感到处于国外技术强势企业的包围中，认为必须进行技术创新。而经过检索发现大量的外围专利也掌握在强势企业手中，认为自己的创新没有门路。这种情况下就需要企业必须不断地关注基础研究领域的研究成果。这些研究成果很有可能是以原理、发现等内容存在的。而这些原理和发现是不受专利法保护的客体。如果企业能够与研究所和高校等科研能力强的部门一起进行基础领域的研发并及时将研发成果专利化或者产品化，则必然可以为企业的发展打开大门。

2.2.2 专利分析的方法

专利信息蕴含大量的技术、法律、经济信息，因此专利分析的目的不同，采用的分析手段和分析方法也有区别。从技术角度讲，专利文献中所蕴含的技术信息可以分为微观和宏观两个层面。宏观层面是指国家通过对专利信息的分析可以掌握各行业的发展态势以及技术总体水平。微观层面是指企业通过专利分析可以了解自己在技术方面所处的位置，并了解竞争对手的专利布局和技术现状。本文仅针对企业的专利信息分析进行介绍。

通常情况下，企业专利信息分析包括定性分析和定量分析两大类。专利的定性分析着重于对专利技术内容的分析。企业需要对与技术研发相关的专利技术进行定性分析以借鉴或者防止侵权。定量分析主要是对检索后的专利信息加以提炼和整理，得出一定的分析数据来说明某种态势或者现状。定量分析直观性好，在数据充分的情况下对企业的技术决策有非常大的参考价值。定性分析与定量分析对于企业的专利战略而言是不可分割的，企业既需要进行专利的定性分析，也需要进行专利的定量分析。

2.2.2.1 专利的定性分析

专利的定性分析主要由技术人员，即至少是专利法意义上的"所属领域一般技术人员"进行。对企业而言，进行专利的定性分析必须由具备相当技术能力的人员作出。这主要是因为专利的定性分析不仅仅是要了解已经公布的技术，更重要的是要能够得到专利技术方案对本企业的作用，可能对本企业的技术给出的指导或者借鉴。

【案例4】埃坡霉素研发中的专利定性分析❶

埃坡霉素是一种从非洲土壤中发现的具有抗癌作用的化合物，且活性强，水溶性好，不良反应少。某公司有意将埃坡霉素作为研发方向，使之成为未来的主打产品。然而专利分析的结果如下：

1) 埃坡霉素B、C、D、E、F（均为合成的埃坡霉素类似物，生物活性比天然发现的埃坡霉素A更好）都已由美国和欧洲的一些药物大公司申请了化合物专利，且除埃坡霉素B外，其中埃坡霉素C、D、E、F已经在中国公开；

---

❶ 巢雄辉. 从三则案例看药品研发中专利论证的必要性 [J]. 药学进展, 2005, 29 (9): 428-429.

2) 结构略有不同的异埃坡霉素也由国内某单位在中国申请了化合物专利；

3) 埃坡霉素 A 的化合物专利没有被查到，姑且可以当作公知，但其生物活性低，化学结构不稳定，无研究价值，这一点从目前 100 多份专利中很少论及埃坡霉素 A 的实际现状中也可看到。

上述情况表明，要想在埃坡霉素（包括类似物）上做文章，如果不能找到在生物活性或者其他某个方面强过埃坡霉素 B、C、D、E、F 的新化合物，就必然遭遇专利壁垒，使得以后药品不可能在欧美主流市场获得批准。若只考虑中国市场，虽也不失为避开专利纠纷的一种取向，但会因价格昂贵而销量有限，投资风险大，投入收益比低。异埃坡霉素虽是不存在欧美专利问题，但其效果与埃坡霉素 B、D 相比是否具有优势尚不得而知。其他方面的文献证实，埃坡霉素 B、D 已在美国、欧洲进入 II 期临床。异埃坡霉素的研发在时间上已经落后于埃坡霉素 B、D，倘若效果上没有优势，竞争结果也可以预见。

以上述专利论证为基础，再从药物角度和技术角度综合分析评价，公司只得做出暂停研发埃坡霉素的决策。

2.2.2.2 定量分析

专利的定量分析是通过将专利按照一定的分类或者一定的定性分析结果归类后给出的一组数据或者图表形式的分析结果。通常情况下的定量分析是将检索到的专利信息按照专利分类、申请人、发明人、所在国或者专利的同族专利、引文等进行计量，除去与要分析的结果不相关或者不重要的内容后得出的情报。如下图 2-10 所示的历年专利申请动向图，是按照某技术每年的申请量的情况做出的。

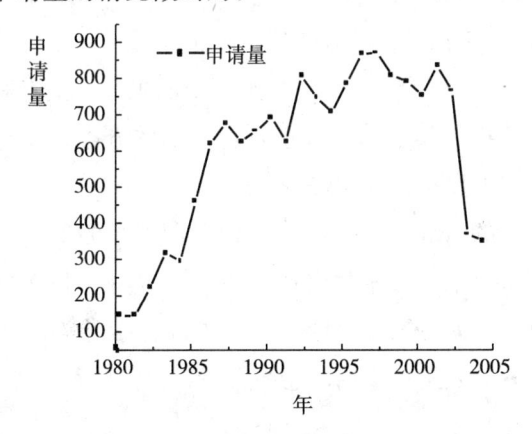

图 2-10 专利定量分析

有些专利分析如专利的引文分析，既属于对专利技术的分析，也属于对专利引用数量的分析，因此既属于专利定性分析，也属于专利定量分析。专利引文分析是指大多数的技术都是在一定的技术成果的基础上产生的，通常会在专利说明书上引入在先的技术作为比较。美国明确规定专利说明书必须标明发明专利中所引用的背景知识中的已知专利号。我国《专利法》也要求专利说明书应当给出技术背景和对比文件。因此，通过分析专利的被引用情况就可以判断专利技术是否重要。从专利的防御角度讲，要想通过专利来保护在技术上的优势而不被技术规避，就要不断地完善发明使基本专利得以保护，因此，核心专利必然被多次引用。一般而言，重要的专利被其他专利引用次数远大于一般专利。通过引文分析不仅能够了解专利间的关系，也能了解技术领域的专利技术发展轨迹。此外，专利信息分析大多采用图表形式来表征信息分析的结果。

2.3 专利技术档案

专利档案是指由检索到的专利文献、专利检索报告和专利分析报告等文档的档案。企业在进行专利检索、专利分析并形成专利检索报告和分析报告时要付出大量的人力和时间。企业专利档案的建立、整理、维护和管理对企业实施专利战略也有非常重要的作用。

通常，专利档案工作主要是将检索到的专利文献进行整理。这同样需要编写案卷目录、卷内目录。可采取以下方式建立专利档案[1]：

1）在专利档案整理立卷过程中，可以按照"以专利项目进行分类，以文件特征进行立卷，按文件形成时间顺序排列，予以编目（案卷目录和卷内目录）、著录及赋予档号"的方式进行；

2）也可以参照《归档文件整理规则》中的规定，按专利项目名称组织档案保管单位，不再对其中的文件进行进一步的分类、立卷，直接向收集归档的文件赋予档号以后就组织保管单位。

在项目比较大的情况下，采用第一种专利档案的形式。这样由于项目比较大，检索或者收集的技术信息比较多，可以将专利文献和非专利文献区分开来分别立卷，如专利文件卷、论文卷、标准卷等。如果列入卷内的文献量非常大，就需要进一步给出卷内目录，并给出著录和档号。

---

[1] 杨培鹰. 企业知识产权档案的收集与整理 [J]. 机电兵船档案，2006 (2)：8-10.

专利文献是记载着具有新颖性和创造性的技术方案,专利与企业的生产经营有密切的联系。在进行专利技术分析时,需要将相关专利的权利要求制作成卡片,见下表2-1。通过制作卡片便于针对具体的权利要求进行分析和判断。通过技术分析填入相应的表格,也可以掌握目前该技术解决的技术问题、技术方案、是否在保护期内等,为企业采取相应的措施提供依据。

表2-1 相关专利技术分析表

专利号		申请日	
发明名称		公开日	
发明人		剩余保护时间	
分析人		分析日期	
引用技术		优先权	
发明目的(或解决的技术问题)			
技术效果描述			
权利要求			
可能的借鉴或者可能的影响			

对与企业技术有密切关系的专利的检索和跟踪,有利于企业了解可能的技术发展动向,以便快速地根据新的技术的发展或者新的可能的技术的发展进行决策。通常,需要将检索的信息制作成技术档案的形式。如表2-2,为专利的技术引用表,通过专利技术的引用表的制作,可以使企业了解对于一项技术的主要公司的技术所处的位置,也便于企业定位自身的技术情况。这不仅为企业的技术创新提供更多的信息,也为企业后续的战略管理保留了重要的战略信息。

表2-2 技术引用表

引用公司 被引用公司	A	B	C	D	E	其他	合计
A							
B							
C							
D							
E							
其他							
合计							

面临激烈的市场竞争，企业要正确地预测主要技术的发展情况。有些企业制作年度专利申请或者授权的档案表（见表2-3）进行专利的跟踪。通常表2-3称为技术年度情况表。当企业进行专利检索和跟踪并进行相应的专利数据的档案处理后，可以通过表中的数据预测技术发展趋势。

表2-3 技术年度情况表

年份 分类	2004	2005	2005	2006	其他年份
技术类别1					
技术类别2					
技术类别3					
其他类别					
专利总数					

同族专利的分析，可以采用表格的形式也可以利用专门的专利分析软件，通常需将同族专利的优先权关系图表化，见表2-4。[1]同族专利图表化的信息也是专利档案的一个内容。

表2-4 同族专利分析表

序号	专利申请信息				文献信息				专利族分析		备注
	国别	申请号	申请日	分类号	主标识	公布号	公布日	标识	日期	优先权	优先权项	
1												
2												
3												
4												

注：在部分优先权的情况下，需标注具体享有优先权的权利要求的序号。
主标识为一组字符以便区分专利和优先权。

2.4 近逾期技术分析战略

专利对于技术的保护是在一定的时间和地域范围内的。充分利用时间、地域对专利权利的制约，结合企业或者个人自身的技术优势和现有设备，是进行二次创业的一个非常便捷的途径。

---

[1] 李建蓉．专利信息与利用［M］．北京：知识产权出版社，2006：334

2.4.1 专利保护期

通常，专利的保护期限检索是专利法律状态检索的一种。国家知识产权局网站 www.sipo.gov.cn 上的"法律状态查询"就可以检索到中国专利的法律状态情况。该检索的输入检索字段为：申请号、法律状态公告日、法律状态。专利的保护期限可以根据专利申请日推测出来，但有时会发生专利在审查过程中的撤回或者视为撤回，也有可能发生授权后的放弃和无效。因此，如果企业认为该专利技术和企业经营战略直接相关，则应对该技术的保护期进行检索并定期检索该专利的法律状态信息。有些制造医药产品的公司一般会在专利保护期限内进行与产品相关的技术研究，等到专利技术的保护期一届满立刻组织生产。还有非常多的专利并没有到保护期满就被放弃，美国在1983年到1985年间的专利有接近50%提前失效。显然这些提前失效的专利必然进入社会的公有领域成为任何人都可以免费使用的技术。

尽管中国的专利保护期限检索非常简单，通常仅检索法律状态并与申请日匹配即可计算出剩余的保护期限，但是对于美国、欧盟专利而言，还可能存在专利的延长，因此必须进行专门的检索，以避免侵权。欧盟的新药品专利保护期延长为自药品开始销售后的6~10年。美国专利的保护期限比较复杂，其中以1995年6月8日以前申请并授权的专利为限：自授权日起17年届满；1995年6月8日以后申请的专利，自申请日起20年届满。根据1984年通过的《哈奇-韦克斯曼法案》，当专利药（不包括生物制剂）的专利保护期满后，普药仅需完成生体相等性（bioequielence）试验即可申请上市；但为保障原开发药厂的权利，若原开发药厂就该专利药正申请新的专利，其专利权将可延长期限（以5年为限）。此外，若原开发药厂对普药厂提起诉讼，也可自动延期30个月，普药的审查则因此需延缓30个月方能上市。

【案例5】辉瑞药品专利的保护期限延长[1]

2004年美国联邦巡回上诉法院作出判决，印度一家仿制药生产商侵犯了辉瑞制药有限公司对降压药物 Norvasc 所拥有的专利。这个裁决对于辉瑞来说可以算得上一个重要的胜利。这起由美国联邦巡回上诉法院裁决的诉讼受到业界密切关注，因为仿制药生产商 Dr. Reddy's 公司采取了对辉瑞 Norvasc 专利药品的仿制。辉瑞最初对 Norvasc 的专利于2003年已经到期，

---

[1] [EB/OL]. (2004-03-02) [2007-05-15]. http://www.nanfangdaily.com.cn/southnews/tszk/nfrb/nfcf/gjcj/200403020068.asp.

但根据《药品价格竞争与专利权期限补偿法》，辉瑞的专利获得延长，其专利有效期被推迟至 2006 年 7 月。因此印度公司侵权。

根据美国的《专利法》和《药品价格竞争与专利权期限补偿法》的规定：
1. 药品专利的延长专利期限最多为 5 年；
2. 以实际申请日为准，不记入临时申请的申请日；
3. 申明外国优先权的以在美国的申请日起算。

2.4.2 失效专利

广义的失效专利泛指因法律规定的各种原因而失去专利权的专利。专利失效将不再受专利法律保护，但是专利所记载的技术方案仍然具有技术性，专利失效后，技术就成为公知技术。

广义的失效专利的来源包括：

1. 公布后的撤回或视为撤回

根据专利法的规定：专利申请人应提交完备的专利申请文件，并且其身份和著录格式应符合专利法规定，应在自申请日起若干时间内缴纳申请费。对于已经公开的发明专利申请，应在自申请日起若干时间内提出实质审查要求并缴纳实质审查费、应在获得授权通知书后若干时间内办理专利登记手续，否则将被视为放弃取得专利权的权利。因为各种原因，很多申请人没有满足上述的某些要求，在未获正式授权前就终止了专利申请。但在专利申请被放弃时，申请人已经在提交申请时按规定提交了专利说明书、附图等文件。对于公开后、授权前撤回或者视为撤回的专利技术方案，他人可加以参考利用而不对其构成侵权。

2. 专利权人未按期缴纳费用

对于专利权人而言，专利权人有缴纳维持费的义务。缴纳维持费通常是指在整个专利期限内，专利权人为维持专利权的有效性而按期向专利局缴纳的费用。这种费用属于定期交费，每隔一定时间，如美国自专利批准之时起每几年缴纳一次，我国每年缴纳一次。每年缴纳一次的维持费也称为年费。世界上大多数国家都规定专利权人必须履行缴纳维持费的义务，并规定无正当理由而不按时缴纳维持费的，即视为自动放弃专利权。许多国家规定的维持费数额初期时较低，随着专利有效时间的推移，金额不断增加。这构成对专利权人越来越重的负担。这是为了促使专利权人实施其专利，为社会创造财富。但有些专利具有超前性，暂不具备实施条件，有些专利是非职务发明，专利权人自身财力、物力、人力、时间等有限，难以实施，又未能转让专利权或找到合作伙伴共同开发，最终不堪日益增加的维持费而放弃。这样因各种原因欠费也形成了失效专利。

3. 专利无效

专利无效是指专利授权后，由于专利不满足授权的实质性条件被专利部门按照专利无效程序进行审查后宣告专利不再受专利法的保护。专利如果被宣告全部无效，则视为专利自始不存在。因此如果检索到某专利全部无效，则该专利技术不再受专利法的保护，为任何人都可以使用的公知技术。

4. 保护期满

各个国家的专利制度不完全相同，尽管存在着各种可能的保护期限的延长，例如美国和欧洲的药品专利的延长，任何专利都是在一定期限内享有专利法的保护。专利的保护期限届满，专利技术即进入公有领域成为任何人都可以使用的技术。

2.4.3 失效专利的价值性分析

尽管失效专利已经失去了专利法的保护，成为社会公众可以无偿使用的财富，但是其中很多专利仍然具有技术方面或市场方面的开发利用价值。因此，通过专利文献检索及时掌握这些专利何时届满或失效的信息，并不失时机地在生产中加以应用，就可以无须付出购买许可的昂贵费用而获得很大的经济效益。对于大量的浩如烟海的失效专利，评价一个技术是否有开发价值是非常复杂的问题。

以药品专利为例，目前在全球市场销售居前 100 种的西药当中，有 50 多种药品在 2000～2005 年期间，专利保护期届满。❶其中，许多产品有超过 10 亿美元的销售额。美国也至少将有 20 种药品在 5 年内专利保护期限届满，它们在美国市场的销售额达到了 213.12 亿美元。在这 20 种畅销专利药中排名前 4 位的药物合计占总销售额的 1/2。这些药物一旦过了专利保护期，则意味着大家都可以仿制生产，故对专利所有人来说无疑是大块利润的流失。尽管会有新的专利药产生，但这些到期专利药的市场价值并未殆尽。因此，可以认为专利产品的市场需求情况是分析专利价值的一个重要方面。

然而有些专利的申请或者授权比较超前，即市场尚未形成或者完善时，专利技术已经接近保护期届满，甚至有的权利人看不到市场前景主动放弃专利的维持，使专利进入公有领域。对于这部分专利，就需要综合分析技

---

❶ 生物制药产业研究报告［EB/OL］. (2005-10-2)［2007-05-15］. http://blog.bioon.cn/user1/3009/archives/2005/17551.shtml.

术、市场的趋势、消费趋势等，相对于有市场的过期药物而言，判断的难度更大。四川省某实业有限公司收购了一个生产企业，设备齐全但缺乏技术，查了"失效专利光盘"上一项因年费未缴而失效的人造板材新技术，该公司结合保护天然木材资源这一趋势，进行该技术的产品化。❶只花费了两个月时间，该公司运用这项技术生产出人造板材。这项产品既符合保护天然木材资源的潮流，又充分利用了企业的现有生产条件，为企业带来了效益。

专利文献蕴含的技术信息浩如烟海，企业需要根据自身的实际情况加以利用，选择适合的有用技术，量体裁衣。如四川省新长征密封件厂购买了失效专利光盘检索后，发现了一种前几年开发的，而现在已经失去专利法保护的密封件技术，他们在不添加任何设备的情况下将这种技术稍加改造，并加以实施，结果新产品的客户订货量较以前至少增加了一成。

失效专利的价值并非只有以上简单的几个方面，有些企业对基本专利的分析目的，大多在于能否为进一步的技术研发提供可靠的依据。对于高新技术企业而言，对这部分基本专利的研究和利用也非常重要。

站在企业的角度看，失效专利也有很多是没有多大价值的技术。也就是说，并非所有失效技术对企业而言都是金山。实际上，评价一个项目是否有开发价值是不很容易的，因为项目能否成功，既取决于项目本身，也往往与对该项目的运作有很大关系。但不可否认，失效专利对一些企业进行二次创业和战略转移具有很强的实践意义。

世界每年都有大量的专利技术由于各种原因失去专利法的保护。在这些失效专利中，有相当一部分发明创造仍具有很高的使用价值，特别是一些基础发明，其使用寿命一般都很长。如美国菲利普石油公司 1953 年研究成功的聚丙烯生产工艺，至今还被美国以及世界上各主要石油公司广泛使用。

对失效专利的利用应是按照一定的计划实施的。企业首先应确定自己的管理战略，与此相匹配确定企业的专利战略或者技术跟踪活动。当找到适合企业的项目时，应进行综合分析和评价后立项。通常立项在相关的专利保护期届满前，待专利的保护期届满，企业的产品已经做好上市的准备，就可以选择最好的时机上市，占领市场。对于适合企业的失效专利，则不必考虑产品上市的时机问题。

---

❶ 使用专利光盘产生直接经济效益的例子不胜枚举［EB/OL］．(2003 - 8 - 23)［2007 - 05 - 15］．http://www.foodqs.com/news/jszl01/200382316029.htm.

有些失效专利技术投入少，成本低廉，非常适合二次创业采用。例如，南通某石油化工厂某工人，1999 年因企业亏损改制下岗，2000 年他利用有关有机高分子化学的失效专利的信息，投资 1 万元生产出一种用于油漆的化工助剂产品，并凭这个产品成功打入山东、江苏市场，签约苏州立邦漆有限公司，月销售额 10 万元以上。❶还有些外观设计专利，尽管已经过了保护期，但是设计本身具有的工业实用性依然存在。我国南方的一些小企业在进行产品外观设计时往往会借鉴美国、欧盟、日本等国失效的外观设计，这样一方面为设计人员提供了更多的参考，另一方面也使产品直接满足欧美消费者的需求，适应欧美消费者的审美要求。

从以上的介绍可以看出对失效专利的利用大体上分为两种：

1) 直接按照专利文件给出的技术方案或者在改进的基础上实施专利

这类实施方案对企业而言，技术创新能力要求相对较低，企业的投入也相对低，适合有相关生产条件的企业或者有技术的个人采取。

2) 利用专利技术信息再次研发

这属于在原有技术的基础上的再次创新或者模仿创新。对于技术含量高、技术更新快的企业而言，简单地采用失效专利可能使企业处于劣势，但是在跟踪技术和技术分析的基础上，在专利保护满前即进行创新研究，等到专利届满，企业也有新技术产品研发出来。如此，企业既可以在研发成功时申请改进的发明专利保护，又可以在保护期届满时迅速实现产品的市场化。

【案例 6】失效专利的利用❷

日本一位叫石川的工厂主，准备投资生产一种轻型隔热建筑材料，当时国外有些厂商已在日本获得了有关这种材料的专利，但有效期即将届满。石川掌握了这些信息后，立即毫不迟疑地着手进行准备，结果待上述专利的有效期一过，立即大规模地制造、销售根据上述专利研制改进成功的新型建筑材料，被日本发明协会誉为日本中小企业合理利用专利文献的典型。

2.5 技术及市场预测战略

2.5.1 行业技术预测

通过专利文献信息的检索和分析，可以了解技术和产业发展状况，掌

---

❶ [EB/OL]．[2007－05－15]．http://www.foodqs.com/news/jszl01/200382316029.htm．
❷ [EB/OL]．[2007－05－15]．http://lib.web.shiep.edu.cn/xxtb3.htm．

握技术演变，从而进行技术预测。进行专利技术分析一般依靠制定基于专利分析的技术发展路线图，展示技术发展的脉络，从而发掘专利技术和技术空隙以探索技术开发方向，或者改进现有产品、工艺和设计，规避在先技术和寻找替代技术。企业计划进入一个领域或者想要在自己已进入的领域有所作为，必须全面了解该技术领域发展状况，包括该技术领域的热点研究问题有哪些，基础专利技术以及各项技术的发展情况可能产生哪些新的发展趋势等。

2.5.1.1 专利技术生命周期的预测

通常专利技术的发展是有自己的规律的，存在一个技术生命周期。❶在技术产生的初期，专利申请的数量比较少，但是技术逐渐成形，也有可能出现核心专利技术。随着技术不断被采用，更多的资金投入到技术的进一步研发和产业化的过程中来，将出现一个专利申请量迅速增加的过程。随着时间的变化，对该项技术研发达到极限，在目前的技术手段基础上很难再继续有新的成果，因此专利申请量会出现一个持续上升之后的下降。

目前一些高新技术的更新速度比较快，随着新技术的出现，现有的专利技术被新的技术取代，使得这个方面出现一个专利申请量下降的过程。当然有些技术伴随着新基础理论研究成果的发展，也可能找到新的应用领域或者新的生长点。技术生命周期的预测通常采用图表的方式，见图 2-11。图中的 X 轴给出的是一段时间内专利申请量的情况，Y 轴给出的是相应一段时间内的申请人数量的情况。一个技术可能的发展过程分为：技术起步阶段、发展阶段、成熟阶段、衰退阶段和再发展阶段。进行技术生命周期的预测通常需要对技术所属的领域做一个简单的分析。考虑应用技术的市场情况，更要结合行业内产品的生命周期。如果专利申请持续增加而产品的市场却在减少，则要注意是否是由于专利申请的审查程序所致。即专利授权所需的审查需要一定的时间，因此专利申请的速度比技术市场更新的速度相对滞后。因此不仅要注意技术的最新动态的发展，也要分析市场情况，仅依靠技术生命周期的分析可能存在一些偏差。

---

❶ 刘平，吴新银，戚昌文. 专利地图在企业研发管理上的应用［J］. 研究与发展管理，2005，17（2）：47.

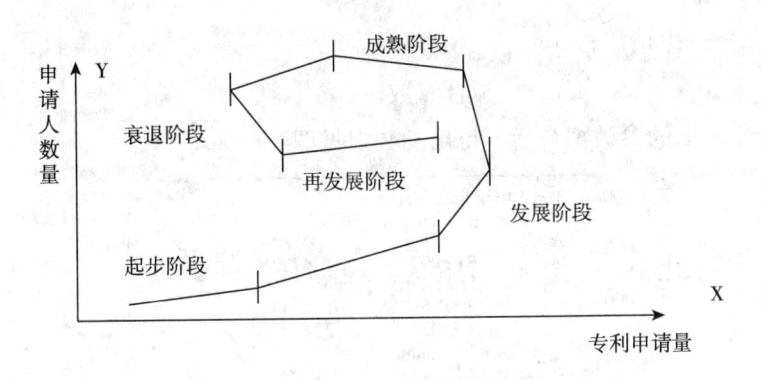

图 2-11 技术生命周期图

通过专利技术生命周期的预测可以获得行业的技术发展趋势、主要优势企业的技术分布和基本专利（essential patent）信息。通过分析，能够掌握目前相关技术领先者和企业主要竞争对手的专利研发活动和研发情况、技术研发的热点。

以对 H01L 小类的分析为例。H01L 小类主要包含半导体器件的分类，图 2-12 为 H01L 小类的中国发明专利和实用新型专利的申请量的变化情况。通过检索可知，这个小类的总专利申请量已经达到了 42961 件。从图 2-12可见，专利的申请量在 2000 年后增长迅速。为进一步预测专利申请数量的变化情况，采用 Boltzman 函数进行数据的拟合。

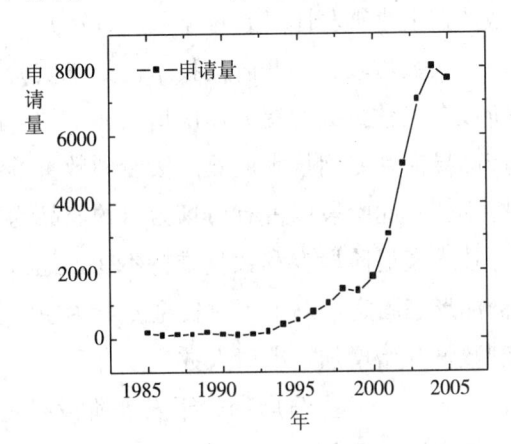

图 2-12 H01L 专利申请量情况

拟合式为：

$$y = \frac{A_1 - A_2}{1 + e^{(x-x_0)/dx}} + A_2 \qquad (2-1)$$

式中　y——专利申请量；

x——申请年；

A_1、A_2、x_0、dx——拟合参数。

选用以上的参数拟合后，得出的数据见图 2-13。

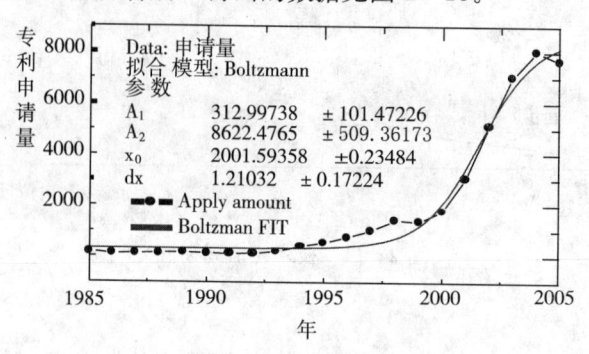

图 2-13 专利申请预测

根据拟合后给出的参数可以预测出在 2006 年的专利申请仍将呈上升的趋势。由于专利制度中存在国际申请（PCT 申请）和以在先申请为依据的享有优先权的申请的制度，使目前检索出的 2005 年的数据不完全可靠。有些申请可能依《巴黎公约》在 12 个月内进入我国或者依 PCT 在国际申请提出后 30 个月进入我国，加上发明专利申请公开也是在申请提出后的 18 个月作出，因此 2005 年的数据不完全可靠。这也说明专利申请的预测工作是一个动态过程，要不断随时间进行新的修正。

按照《专利地图在企业研发管理上的应用》的分析，[1]通常在技术起步阶段专利数量和申请人数均较少。此阶段技术尚处于实验开发阶段，未商品化。技术发展阶段专利数量大幅提升，申请人亦增加，此阶段表示第一代商品问市多为产品导向。专利技术成熟阶段专利数量继续增加，申请人或发明人数量维持不变，此阶段以占有市场为目的商品为主，以商品改良设计型专利为主。技术衰退阶段专利数量维持不变，经市场淘汰，仅少数优势厂商生存，商品形态固定，以小幅改良型专利为主，技术无进展。技术再发展阶段专利数量开始增加，申请人数量亦有所增长。此阶段通常有新的技术发展方向出现，在其生命周期处于发展阶段时可加大研发投入，处在技术衰退期应减少研发投入。

通常历年专利动向图和技术生命周期图均只能大致了解技术发展趋势和所处阶段，而不能准确判断一项技术在未来数年的发展趋势，如技术现

---

[1] 吴新银. 专利地图在企业研发管理上的应用 [D]. 武汉：华中科技大学，2006：33.

在所处阶段、未来数年每年大致专利申请、专利技术的成熟期，即申请量饱和期大概在什么时候到来等。如果企业想进一步准确了解未来数年技术的发展趋势，可利用S型曲线。如表2-5所示。S型曲线源于描述有机生物生命循环的过程，在有机生物生命初期，生长较为缓慢，但经过一定时间会有一段快速成长时期，接着进入成长迟缓期而达到某一极限为止。S型曲线源于模型分析中的类比方法，其可类比并套用在技术生命周期上。经由S型曲线技术预测，我们可以预测该项技术何时可能饱和；该新技术饱和时的参数如何；目前该项技术的生命周期如何等。表2-5中列出一种常用的类比型曲线数学模型。根据公司类型，选择以Pearl类比模型，将开始时间如1999年平移至$x=1$处，将下一年的时间如2000年平移至$x=2$处，以此类推下去找出一组参数l、a、b，使得模型值与实际值的绝对值误差最小。根据找到的参数l、a、b作型曲线，这样就可相当准确地掌握未来数年技术发展趋势、目前技术所处阶段，以及当趋势线开始平行x轴时的y值，即得到在何年将进入专利累计数量的成熟饱和期以及成熟饱和期专利累计总数为多少。由于S型曲线技术预测主要是利用已有资料进行预测，如能利用以后更新的资料，每年进行修正，可使预测结果更准确。

表2-5　S型曲线类比数学模型

模型	Pearl 模型
数学模型	$y=l/(1+ae^{-bx})$
图形	(S型曲线图)
模型性质	明显、快速增长率的技术扩散预测
适用情况	$y(0)=l/(1+a)$
参数	y：预测参数，x：变量（通常为年申请量），l、a、b：模型参数

在应用上述方法相当准确地了解一个技术或产业所处的生命周期阶段后，就可针对该阶段制定相应的技术创新或专利战略。

2.5.1.2　专利数量测算法预测

对于专利技术的预测也可以利用一些统计参数对技术发展的不同阶段进行度量。如技术生长率V：

$$v=a/A \qquad (2-2)$$

式中　a——当年发明专利申请数（或授权数）；
　　　A——追溯5年的发明专利申请累积数（或授权累积数）。

连续计算数年，v 值递增，说明该技术正在萌芽或生长阶段。这一阶段的技术处于技术上升阶段。

技术成熟系数 α：

$$\alpha=a/(a+b) \qquad (2-3)$$

式中　a——当年发明专利申请数（或授权数）；
　　　b——当年实用新型专利申请数（或授权数）。

连续计算数年，α 值递减，反映技术日趋成熟。

技术衰老系数 β：

$$\beta=(a+b)/(a+b+c) \qquad (2-4)$$

式中　a——当年发明专利申请数（或授权数）；
　　　b——当年实用新型专利申请数（或授权数）；
　　　c——当年外观设计专利申请数（或授权数）。

连续计算数年，β 值递增，预示该技术日渐陈旧。

新技术特征系数 N：

$$N=\sqrt{v^2+\alpha^2} \qquad (2-5)$$

式中　v——技术生长率；
　　　α——技术成熟系数，是反映某项技术新兴或衰老的综合指标。

N 值越大，新技术特征越强，预示它越具有发展潜力。

但是在采取以上的公式进行专利信息分析时要注意，这种分析方法不适用于一些发明。对于生物和化学类技术，通常是不能获得实用新型专利保护的，因此，以上的一些数据对于这些技术而言，就会存在一定的误差。

【案例7】半导体制造中的物理沉积技术

选择欧洲专利局的数据，利用 http：//ep.espacenet.com，选择 Worldwide。检索年限从1980年开始，按年检索当年公布的文献数量。

半导体制造中的物理沉积技术主要的专利分类表：

H01L 21/00　专门适用于制造或处理半导体或固体器件或其部件的方法或设备

H01L 21/02　·半导体器件或其部件的制造或处理〔2，8〕

H01L 21/04　··至少具有一个跃变势垒或表面势垒的器件，例如 PN 结、耗尽层、载体集结层〔2〕

H01L 21/18 ····器件有由周期表第Ⅳ族元素或含有/不含有杂质的AⅢBⅤ族化合物构成的半导体，如掺杂材料〔2，6，7〕

H01L 21/20 ····半导体材料在基片上的沉积，例如外延生长〔2〕

H01L 21/203 ·····应用物理沉积的，例如真空沉积，溅射〔2〕

选用分类号 H01L 21/203 进行检索。检索后的数据见下图，并按照式2-2进行计算。计算结果见图2-14。

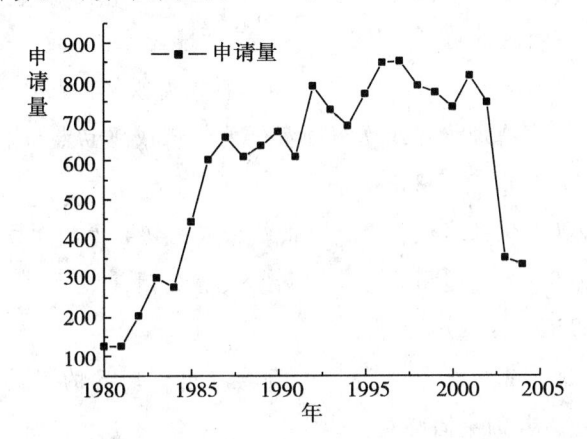

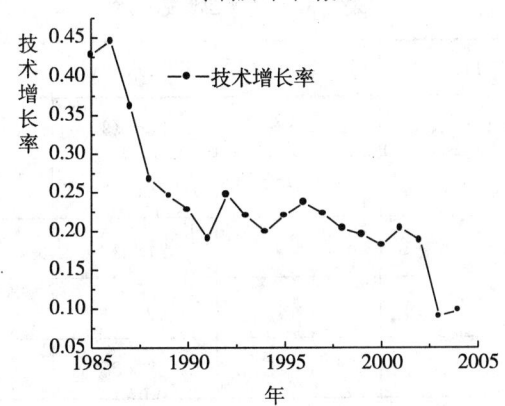

a) 专利历年申请图

b) 专利技术增长率图

图2-14 随时间变化的专利申请量和技术增长率

由图2-14的结果可知，目前该技术的生长率呈下降的趋势，也就是预示着该技术已经成熟，且技术处于向衰老区发展的趋势。对应地，检索我国的专利申请情况，发现1995年前仅有6件相关专利申请。而在2000年后呈上升趋势，截至2004年已经申请了94件专利。

2.5.1.3 技术分布鸟瞰图

利用检索后的专利数量制作技术分布鸟瞰图,可看出整个技术领域的技术分布。技术鸟瞰图一般采用技术类别表与技术的申请量间的关系表示。在分析技术鸟瞰图的同时也要注意分析专利技术年代,这样有利于分析和预测技术的发展趋势。

【案例8】锯的技术鸟瞰图

锯通常由锯床和锯切装置以及附件和刀具构成。依此,对锯进行简单的技术鸟瞰分析。选择中国专利数据库。将检索结果表示成发明专利数量+实用新型专利数量的情形。按以下分类表得出结果。

锯(外科手术锯入 A61B 17/14;锯木料或类似材料入 B27B)

B23D 45/00 有圆锯片或摩擦圆盘锯的锯床或锯切装置(有旋转圆盘的剪床入 B23D 19/00 至 B23D 25/00)

B23D 49/00 锯条直线往复运动的锯床或锯切装置,如弓锯

B23D 59/00 专门适用于锯床或锯切装置的附属装置(一般机床的润滑和冷却入 B23Q 11/12)

B23D 61/00 锯床或锯切装置的刀具(用于套孔的刀具入 B23B 51/04);用于这些刀具的夹固装置

表 2-6 技术鸟瞰表

	B23D 45/00	B23D 49/00	B23D 59/00	B23D 61/00	其他
2000~2005	10+13	10+8	26+51	7+8	
1995~1999	3+6	3+5	6+13	4+5	
1990~1994	1+5	0+9	1+4	1+0	
1985~1989	0+2	0+1	0	1+0	
合计	14+26	13+23	33+68	13+13	

通过以上的表格可以看出,在这个方面的专利主要集中在锯的附件装置的改进上。由于锯这种工具已经是非常成熟的产品,因此对于锯的改进的余地不大,但是对锯的附件改进有利于提高工具的性能和使用寿命,也可能使维修更简便等。

由专利技术分析可清楚地看出目前该技术领域的专利主要集中用来解决哪些技术问题、想达到什么样的技术目的、技术发展趋势等,特别是能

清楚把握技术发展趋势。

2.5.2 行业未来市场预测战略

专利的申请和专利权的维持都必须缴纳相当的费用,因此对于发明人而言,通常只有具备商业价值的专利,才会被申请并且维持。又由于专利法具有极强的地域性特点,申请人要想使专利技术获得保护,就必须在相应的国家获得授权,因此通过对专利的申请国的分析也可以了解到企业的主要市场范围。利用专利检索后专利文献所蕴含的经济信息进行市场预测有利于了解行业的发展动向。有些专利的公开比产品商品化早,因此可以利用专利文献预测未来市场的变化。事实表明,通过专利文献跟踪市场动态往往比进行市场调查更具有预见性,企业可据此制定更富远见的发展战略,以便主动地迎接市场变迁。

【案例9】世界钟表市场的变迁❶

1975年,世界钟表市场经历了一次大转折,传统的机械钟表受到了电子石英钟表的冲击,许多企业由于没有预见到这一变化,未及时调整企业产业结构,蒙受了很大的经济损失。实际上,专利文献早在20世纪70年代初就预示出钟表市场的这场突变。1970年(原)联邦德国公布了第一件电子表专利,接着1971年又出现了液晶显示产品的专利申请。如果企业能随时跟踪专利文献,从中捕捉与自己相关的专利信息,完全可以避免因错误估计消费形势而造成的决策失误,以及由此造成的经济损失。

在选择技术开发目标时,对于一些开创性的专利技术,其市场预测有独特的规律。❷但要注意有些前所未有的技术和产品,消费者对它一无所知,不能对其进行市场调查和预测。对于专利技术的开发目标来说,有些主要依赖于技术预测;有些只能在产品做出来以后,通过向潜在的买主宣传其真正的价值,开辟新的市场;并且因为预测工作本身含有一定的不确定性和偏差,可能带来风险,从而会影响企业的成败,因此,发明、设想或者建议可能从基层提出,也可能要经过有各个单位负责人和专家参加的会议讨论后提出,但最后决策的仍是企业的最高领导人。

2.5.2.1 利用专利IPC分类分析进行预测

IPC分析图采用直方图表示❸。IPC的分类表是对一定技术的主题的分类。因此,IPC分类图就是通过表示该小类或组专利数量的多少与专利申

---

❶ [EB/OL].[2007-05-15].http://lib.web.shiep.edu.cn/xxtb3.htm.
❷ 刘尚华.现代企业知识产权战略之专利战略[EB/OL].[2007-03-24].http://blog.china.alibaba.com/blog/gzguozhi/article/b0-i399969.html.
❸ 刘平,吴新银,戚昌文.专利地图在企业研发管理上的应用[J].研究与发展管理,2005,17(2):49.

请人之间的关系的。通过对某一技术领域的专利或专利申请按国际专利分类号进行统计，可得知该技术主要集中在哪些部类以及各部类专利在该技术领域中所占的比重，也可推测出主要企业的该类技术研发投入程度。这有助于判断企业的主要技术分布和相同技术领域的技术实力。对主要竞争公司的专利或专利申请作 IPC 分析，还可发现这些公司的热点申请领域。这些热点领域通常为研发投入较大的领域且公司往往在该领域有一定的优势。图 2-15 是某技术领域主要竞争公司申请专利的 IPC 分类图，可知索尼公司在此领域的热点申请领域为 G11B 7/00，其在该领域投入较大且有明显的优势。在进行 IPC 专利分析时，注意要选用尽可能全的数据库。否则给出的分析结果可能不准确。

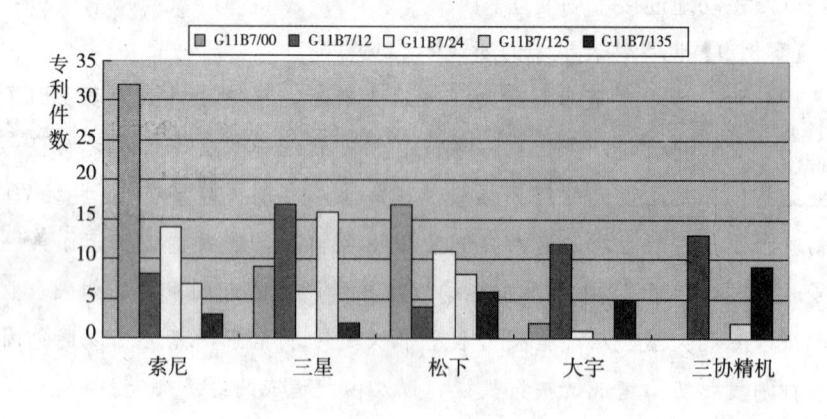

图 2-15 IPC 分类表

2.5.2.2 专利申请公司的发明人情况分析

专利信息分析不仅仅能了解专利的技术情况，也可了解专利技术的市场分布、技术人员和技术合作动向等信息。在专利的说明书扉页中都明确给出了发明人的姓名。一般发明人是具备一定技能的技术人员。因此，通过对专利申请公司的发明人的分析也可以估计到公司的主要技术人员数量。

公司发明人表示如图 2-16 所示。通常横坐标表示各公司、纵坐标代表各公司的发明人数。另外，根据发明人出现在专利文献上的时间，可将发明人分为原发明人和新发明人且分开来统计，发明人总数为原发明人数和新发明人数之和。通常，为了显示清楚，将原发明人和新发明人用长条图表示，总发明人用折线图表示。其主要作用是通过公司发明阵容的新老比较，查看公司近期在该技术上投入的人力和物力情况。公司原发明人数较多，新发明人数较少，表示该公司后期投入不是很强、公司引进人才较少。反之，如果公司原发明人数较多，而新发明人数也很多，则表示该公司持续投入，引进人才较多。

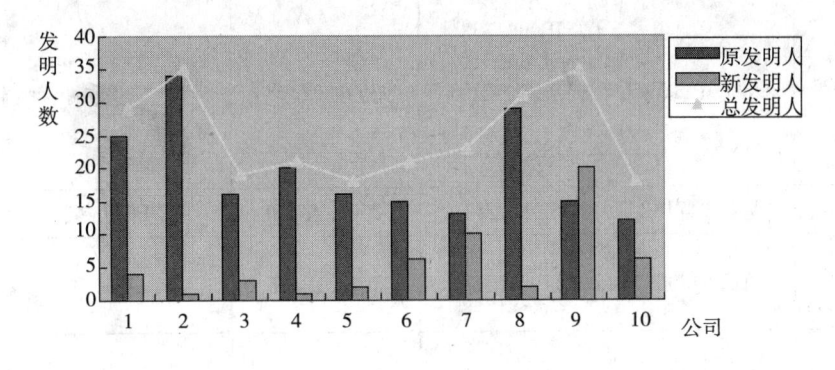

图 2-16　专利发明人图

2.5.2.3　同族专利的分析

通过对同族专利的检索可以获得某竞争对手或某企业的专利国家分布情况，从而预测出该企业可能的市场分布。当然通过对同族专利进行深入的分析也可能获得关于专利技术授权的一些情况，以便分析技术的稳定性。

【案例10】药品辛伐他汀的分析

辛伐他汀是血脂代谢调节类治疗药物，英文名称为"simvastatin"，由美国 Merck 公司于1987年制造和销售了含有该成分的药品。利用欧洲专利局专利文献信息库（http：//ep.espacenet.com）的高级检索界面，输入"simvastatin"，进行专利检索。可以检索到一些与"simvastatin"相关的文献。其中 EP1114040B 专利为其中一个。现检索到的 EP1114040B 的部分同族专利见下表。

表 2-7　同族专利分析

序号	专利公开号	优先权号	申请时间	国　别
1	BG64676	SI9800241	2005.11.30	英国
2	CN1186335C	SI9800241	2005.01.26	中国
3	RU2235098	SI9800241	2004.04.27	俄罗斯
4	SI20072	SI9800241	2000.04.30	斯洛文尼亚
5	SI 1114040T	SI9800241 EP99941797 IB9901553	2005.08.31	斯洛文尼亚
6	US7146602	SI9800241 US69800903 US72095201 IB9901553	2006.11.28	美国

续表

序号	专利公开号	优先权号	申请时间	国别
7	US2007032549	IB9901553 SI9800241 US69800903 US72095201 US58163706	2007.02.08	美国
8	WO0017182	SI9800241	2000.03.30	PCT 申请
9	AT2843967	SI9800241 IB9901553	2004.12.15	奥地利
10	AU766630B	SI9800241 IB9901553	2003.10.23	澳大利亚

通过对上述辛伐他汀相关一个专利的同族专利的结果看，该专利以在先的 SI9800241 专利为主要的内容基础并向多个国家申请。因此申请人的这一专利现已在美国、中国、俄罗斯、英国、奥地利、澳大利亚等国获得了专利授权。因此，可以得出，该申请人可能将其后的该药品的产品市场扩大到这些国家。

有些行业的公司并不是自己实施专利生产产品，而是通过技术许可而收取许可费。因此要注意结合专利的法律状态进行分析。对美国的一些专利的转让情况的分析也可以了解技术市场的一些变化。

2.5.2.4 专利技术领域累积

一个公司在某个方面的技术实力是一个公司在技术市场获胜的前提。通过制作专利技术累计分析图，常用如图 2-17 所示的雷达图表示企业专利情况。其中每条线表示一个技术领域；图的一角表示技术领域的一个公司，角顶相对于中心的高度表示该公司在该技术领域上累积专利数量的多少。该图可较直观地看出每个技术领域中各竞争公司的专利数量。从而推知各竞争公司在该技术领域中的实力强弱及其主要技术分布，并可依此进行技术追踪。如图 2-17 可见，公司 1 在技术领域 B 有较强的实力，公司 2 在技术领域 A 有较强的实力，公司 3 在 3 个分析的技术领域均有较强的实力。显然当图线呈凸多边形的情况下，各个企业对该技术技术实力势均力敌。如果出现凹多边形，则表示有的企业处于明显的劣势。专利技术累积图较采用表格分析数据更直观。

表 2-8 技术累积表

	公司1	公司2	公司3	公司4	公司5	公司6
技术领域 A	11	21	30	21	24	19
技术领域 B	20	14	33	10	23	17
技术领域 C	4	7	21	2	16	12

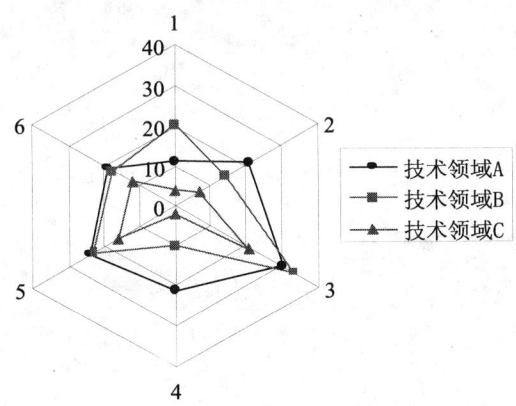

图 2-17 专利累积图

参考文献

1　李建蓉. 专利文献与信息[M]. 北京：知识产权出版社，2002.
2　李建蓉. 专利信息与利用[M]. 北京：知识产权出版社，2006.

本章思考与练习

一、如何进行专利技术检索？

二、新颖性检索与技术性检索的区别。

三、如何检索美国药品专利的保护期限？

四、IPC分类号在专利信息分析中的作用。

五、如何利用专利累积图分析专利信息？

第三章 技术开发中的专利战略

本章学习要点

1. 企业技术开发的特征、新特点和过程介绍
2. 技术开发战略与专利战略的关系分析
3. 企业研发专利战略的定位,包括定位因素、定位方法
4. 技术开发战略模式的选择,首创型、改进型和引进吸收型模式的分析
5. 技术开发阶段的专利战略、实施研究计划时的专利战略和完成研发计划时的专利战略选择

3.1 技术开发战略与专利战略

3.1.1 企业技术开发简介

企业技术开发是企业技术创新的重要组成部分。近年来,我国的技术开发投入量有较大幅度提升。一些企业纷纷成立研发(R&D)机构,进行模仿创新、改良创新和集成创新。部分知名企业如华为、海尔等已经具备了较强的技术研发能力,但相对国外发达国家技术开发水平,总体上还存在一定的差距。

目前,技术创新主要分为:技术推动模式、市场需求拉动模式、技术与市场交互作用模式等。但不论如何划分技术创新的类型,企业技术研发始终是技术创新的重要组成部分。以技术创新的交互作用模式为例❶,见图 3-1。在这种模式下企业的技术研究开发是在根据市场需求确定研究项目后,基于知识和技术发展而进行的重要的技术创新环节。广义上的研究开发(R&D)也包括图 3-1 中的研究项目确认、研究开发、设计和生产制造等过程。

---

❶ 王道平.[EB/OL].[2007-05-18]. www.ctihn.com.cn/html/yy/jscx/hd.ppt.

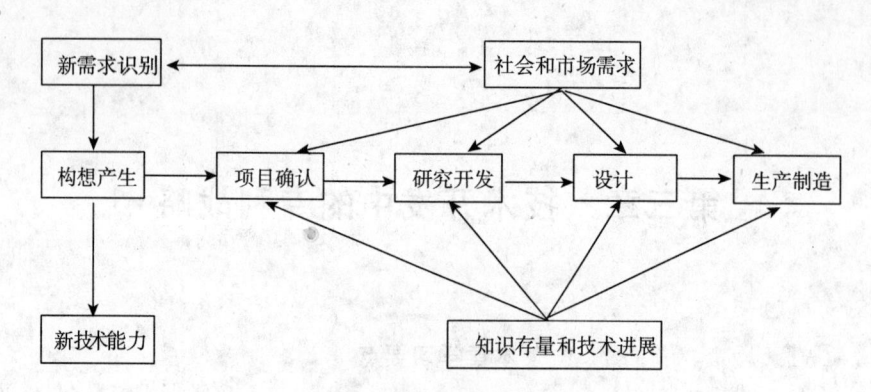

图3-1 技术创新过程的交互作用模式

2005年欧盟委员会公布产业研发排行榜中的1400家企业的研发经费总额为3150亿欧元，占全球私营企业研发投入的50%。可见，研究开发在企业的经营活动中占据重要的位置。而相应的研究成果不仅可以转化成专利、商业秘密等知识产权成果，而且在研发过程中也必须充分利用现有的技术。据统计，有90%~95%的最新技术首先反映在专利文献上，专利文献的利用可以缩短研发时间60%，节省40%的研究和开发费用。美国有人对技术创新做过调查，表明："不利用专利文献，凭空构想，只有1%~3%的方案能够成功。"

3.1.1.1 企业技术研发的特征

目前，成功企业（包括跨国公司）发展的特点就是始终把技术领先作为发展经营的基础。因此，企业会投入大量的经费进行R&D。在企业中，技术中心及其技术开发体系具有举足轻重的地位。2005年12月，欧盟委员会公布《产业研发投入报告：动向与展望》，欧盟企业戴姆勒·克莱斯勒公司（Daimler Chrysler）位居全球R&D排行榜榜首，其他前十的位置也被美国、日本、德国的企业占有，见表3-1。❶报告同时指出，制药与生物技术、汽车及其零部件以及IT硬件是R&D投入最多的3个领域。

表3-1 全球研发投入总额最多的10大公司

排名	国家	公司	研发经费（亿欧元）
1	德国	戴姆勒·克莱斯勒公司	56.58
2	美国	辉瑞制药有限公司	56.53
3	美国	福特汽车制造公司	54.44
4	日本	丰田汽车公司	54.22

---

❶ 欧盟委员会公布《产业研发投入报告：动向与展望》. [2008-11-18] www.sipo.gov.cn/sipo2008/dtxx/gw/2006/200804/t20080401_353096.html

续表

排名	国家	公司	研发经费（亿欧元）
5	德国	西门子公司	50.63
6	美国	通用汽车公司	47.82
7	美国	微软公司	45.5
8	日本	松下电器公司	44.19
9	美国	国际商用机器公司（IBM）	41.67
10	德国	大众汽车公司	41.64

R&D 投入除了以上所述的具有投入量大的特点外，R&D 过程是对技术进行研究和开发的过程，由于技术研究或者开发本身具有不确定性，R&D 也具有非常大的风险。并不是所有的 R&D 都能给企业带来效益。总结研发失败的原因，很多企业都认为是盲目研发，甚至研发成本已经大于研发的效益所致。有研究表明❶，若将 R&D 按时间区分为从理论研究到应用研究阶段、开发研究阶段和产业化阶段三个阶段，R&D 在理论研究到应用研究阶段的成功率一般低于 25%，开发研究阶段成功的可能性为 25%～50%，产业化或商品化阶段的成功率一般为 50%～70%，三个阶段的投资大体为 1∶10∶100。上海地区曾对 7 个高新技术产业的研发进行过调查，其在相应的三个阶段的投资比例为 1∶103∶1055。作为技术创新组成部分的 R&D 行为具有以下的特征。

1. 创造性

如果 R&D 所获得的技术成果，对所属领域的一般技术人员而言，属显而易见，即一般的技术人员均已经掌握的技术，则该技术不具备创造性。企业通过 R&D 行为，就是要创造出新的资源以及对生产要素的重新组合，这必然伴随着对技术改进与提高的创造性活动，这是技术创新的最基本特征。另外，从 R&D 成果而言，不管创造程度如何，可以说所有的 R&D 成果都应具有一定程度的独创性，或是创造出全新的功能价值，或是对原有功能价值的增加或革新。

2. 累积性

R&D 都是要以现有的或者已经掌握的在先技术成果为基础。在企业创新实践过程中，大量的成功创新往往是渐进的，是点点滴滴累积而得的。因此。尽管有些 R&D 产生了技术的质的飞跃，但其研发过程也仍是一个

---

❶ 加速科技创新，促进科技成果转化 [EB/OL]．[2008-11-18]. http://www.cycnet.com/zhibo/wusi/804.htm．

渐进的过程。

3. 收益性

R&D一旦成功，将有可能给企业带来很大收益。据研究，在发达国家，有29%的技术创新企业的销售增长超过50%，47%的技术创新企业的出口增加了50%以上。诸多的理论研究及实践均已证实：企业的持续不断的技术创新是企业在激烈市场竞争中能够处于不败之地的法宝。

4. 风险性

R&D并不是想当然给企业带来收益，只有成功的R&D，才能为企业带来利益。R&D是一项风险系数很高的创造性的技术经济活动。正因为存在风险性，企业在R&D过程中始终必须有严密的组织、控制和决策，以将风险性降到最低。

3.1.1.2 企业技术研发（R&D）的新特点

1. R&D战略地位提高

在20世纪80年代以前，一些公司的最高决策者只把研发作为"成本"对待。但目前成功的公司逐渐认识到，研发是企业整体的组成部分，没有研发战略和相应的管理，就没有企业的竞争力和发展前途。研发被提到了战略的地位，并将研发与商业战略融为一体，强调研发的迅速商业化和企业间的技术联盟。❶

通用电气公司R&D中心被认为是全球涉猎面最广，水平最高的R&D中心之一。它在几乎所有的主要科学和工程领域都有自己优秀的专业队伍，是通用电气公司的核心部门。通用电气公司有关人士说，如果把现有的12个业务部去掉1~2个对整个公司影响不大，但没有R&D中心，通用电气公司将元气大伤，甚至寸步难行。

2. 多方参与R&D，建立企业技术研发联盟

研发战略联盟既指为某具体项目而建立起来的"虚拟企业"，也包括双方或多方合资建立的研发机构。实施"强强联合"可以交换彼此的技术资源，分摊研发成本，提高R&D成功率，获得更大的投资效应。

技术已经成为企业生存和发展的基础，对技术的垄断就是对市场的垄断。2000年三大汽车公司丰田、大众、通用就实质上统一汽车和零部件的设计和开发系统达成基本协议，在计算机上交换信息，迅速建立起联合开

---

❶ 李艳，房向明. 跨国公司R&D特点研究[J]. 北京理工大学学报（社会科学版），2001，13（1）：68-71.

发机制,从而使在统一下一代技术开发竞争中处于优势地位。[1]

3. 企业内部的多部门参与 R&D

越来越多的企业认识到：研发和市场营销并不是分裂的对立关系,而是相互渗透,互相联系,互为前提和补充的有机整体。美国国防部 1986 年在著名的 R-338 报告中提出了"并行工程"(Concurrent Engineering)概念,并将之概括为对产品及其下游的生产和支持全过程中实施的并行一体化设计的系统方法。技术研发不能脱离市场营销的有效支持,同样,市场营销的成功也离不开研发的贡献。R&D 与营销一体化也成为当代大公司 R&D 活动的一大特色。近年来大公司在研发方面不仅重视营销部门的参与,而且要求公司各部门从研发项目选择开始就积极参与研究开发。即 R&D 已成为一个"全体"活动。

【实例1】爱立信 R&D 观念转变[2]

如果企业的 R&D 不是以市场为导向,而仅仅是为研发而研发,则新产品或者新技术并不能带来足够的收益,相反会变成一种累赘。

在 1999～2002 年间,爱立信拿出大量经费投入研发。一般而言,500 强的研发资金约占营收的 8%～10%,可是在十年以前,爱立信在无线产品研发上的投入就超过了 13%。2000 年爱立信为无线产品支付的研发费用为 200 亿瑞典克朗,占企业营收的 15.5%；2001 年研发费用超过 250 亿瑞典克朗,占 20%；2002 年研发费用更是达到 420 亿瑞典克朗。这不仅增加了爱立信的成本,而且有一些研发甚至脱离了爱立信的发展目标,更为可怕的是,这种对技术的追求,成为企业文化,似乎企业仅仅拥有最多的技术或专利就可以。当爱立信新任 CEO 思文凯上任后,彻底改变了爱立信公司的这种情况。他的目标就是要将爱立信从"技术至上"的思维,转变为"客户至上"。要想完成这种转变就必须把新概念传输到爱立信的每一个角落。"爱立信公司曾经拥有一个强大的'工程师'形象,三五年前或者十年前,我们的销售方式是由一个工程师将产品卖给另外一个工程师。"

企业是以盈利为目的的实体,技术研发是某些企业不可缺少的重要环节,但是如果过于重视企业的研发,忽略研发与其他经营活动的结合,必然导致企业的决策和经营出现偏差。

---

[1] 技术标准与知识产权的关系 [EB/OL]. [2008-11-18]. www.66wen.com/o3fx/faxue/faxue/061026/23763.html

[2] 创新需要创收 [EB/OL]. (2006-15-18) [2008-11-18]. http://www.bjdj.gov.cn/Article/ShowArticle.asp?ArticleID=17643.

3.1.1.3 R&D过程的分析

不同企业的R&D模式不同。本文仅对自身具有一定R&D能力的大中型企业R&D模式进行分析。对于这类企业,优化自身R&D管理模式对于实施有效的R&D非常关键。企业通过引导顾客为企业创造市场,从获取的顾客表示需要、附属需要、真正需要、相关需要、潜在需要等对顾客消费心理进行多层次深入分析,不仅注重产品实体的R&D,还要关注产品的服务与销售等环节的开发。企业还应运用并行工程进行多部门共同产品开发,达到加快产品上市时间,提高产品质量的目的。企业应与供应商、销售商、顾客、竞争对手联合开发,进行有效的风险分担。以上企业的各部门和企业的联合开发以及风险承担等各个部分间的关系如图3-2[1]所示。

由上述分析可知:企业的R&D过程不是单纯的知识增长,也不是简单的技术突破,而是企业通过技术提高、提供新产品或新技术,进而实现企业的经济效益的一个不可缺少的过程。

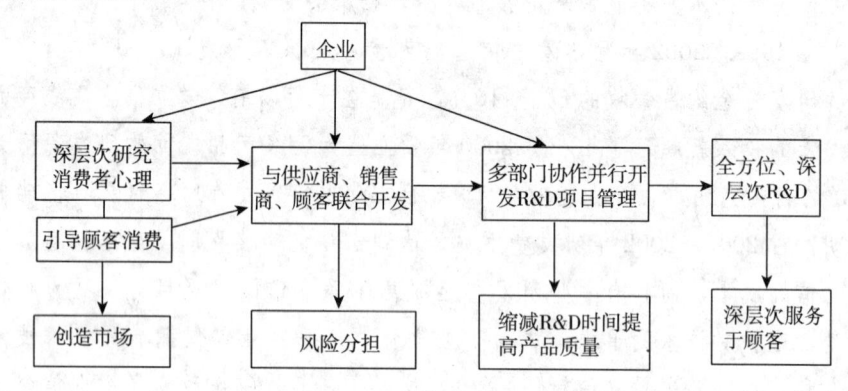

图3-2 企业自主创新R&D模型

3.1.2 技术开发战略与专利战略的关系

技术进步已经是高技术企业在激烈的市场竞争中为了生存和发展所必须依靠的法宝。R&D是企业获得自主知识产权的必经途径。越来越多的高技术企业把通过R&D获得更多的专利或者商业秘密作为是技术创新所追求的目标。企业专利战略作为对现有技术和新技术保护相结合的战略与企业的R&D有着密切联系。

企业专利战略是指企业面对激烈的市场竞争环境,从发展战略的高度,自觉主动地运用专利信息,研究分析竞争对手,利用专利制度提供法律保

---

[1] 李金海,刘炳胜,戚安邦. 国外R&D管理模式的演进对我国的启示[J]. 科学学与科学技术管理,2006,6:48-52.

护和其他条件,促进企业技术开发和自主创新;在技术竞争和市场竞争中,为争取竞争优势,有效地保持企业的合法权益,谋求最大经济利益,获取企业的长期生存和不断发展而制定和实施的一种整体谋略。❶ 专利战略的类型按照态势来分,可以简单分为进攻型专利战略和防御型专利战略。不论采取哪一种专利战略,企业的专利战略与企业的 R&D 战略一样,均是企业战略管理的重要组成部分。企业应根据自己在行业和市场竞争中所处的位置,确定适合自己的研发战略。按照波特的观点,企业的竞争战略主要分为成本领先、产品歧异和目标集聚三种战略,而产品歧异则是建立在企业重视研发的基础之上的,研发是企业产品创新的基础。根据国内外企业 R&D 的实践经验,从不同的角度出发,可以将企业的 R&D 分成不同的类型。但不论如何划分,企业 R&D 都离不开对专利战略的运用。

企业专利战略与企业 R&D 战略均对企业的发展起到极大的影响作用,但两者不同,见表3-2。企业的 R&D 战略主要是提升企业的 R&D 能力和实现企业各个生产要素间的协调。R&D 战略主要以市场为导向,进而提升企业技术转化为产品和现实的生产力,并提升企业随市场变化时的技术应变能力。从以上分析看,R&D 战略是提升企业核心竞争力的一个关键因素。专利战略主要是保护 R&D 战略研发后所获得的成果、激励 R&D 和保障 R&D 成果转化成现实生产力。

表3-2 企业 R&D 战略与专利战略对企业的作用比较

R&D 战略	专利战略
研究和开发能力	保障 R&D 战略可持续实施
提升企业 R&D 的能力	激励 R&D
提升将技术转化为产品或现实生产力的能力	保障 R&D 成果转化为现实生产力
组织协调企业各生产要素,进行有效 R&D 的能力	保障技术、人才等智力性生产要素有序、协调
企业随市场变化技术的应变能力提高	拥有自主专利,相对主动

结合 R&D 过程,企业的专利战略体系主要包括:专利调查、专利申请、专利实施、专利防御、专利诉讼等5个大的部分,见图3-3。其中在确定研发项目、研究开发阶段、产业化和销售各个阶段都要不断进行专利的分析与调查,但是在不同的阶段专利调查的目的不同。在立项前的调研

---

❶ 徐家力. 略论中国企业的专利战略 [N]. 光明日报,2006-02-13(8).

决策阶段，进行专利信息检索是为了获得相应的竞争者的专利分布，并为获取研究成功可行性提供技术依据；在研究开发阶段进行的专利分析与检索的目的比较多，包括以下部分：

1) 了解竞争对手的技术，避免重复开发；

2) 主要是对获得技术成果与现有技术对比，找出技术成果的专利性，以确定是否申请专利以及申请何种类型的专利；

3) 对其他企业的专利技术进行分析，找出竞争对手的专利权利要求（claims）为避免产品侵权进行技术规避设计（design around）提供依据；

4) 利用专利的地域性特征，使用不在我国享有专利权的技术。除美国、菲律宾外，大多数国家采用的是先申请制。由于一般的国家的《专利法》均存在延期审理的制度，即不可能在申请日当天授权，如我国发明专利申请后要在18个月期满后公开，3年内申请实质性的审查。因此，对于企业而言，在产品进入中试或者试销时，仍要注意专利检索。如果有其他人或公司有相同技术主题的发明提前公布或实用新型的授权，将直接影响到企业在中试和试销阶段是否侵权。在产品的销售阶段和技术创新的扩散阶段，专利调查主要用于防止侵权，即防止被仿冒。由图3-3可见，专利战略体系与企业R&D均是企业为提升核心竞争力而实施的企业战略，并且两个体系交织在一起，是企业经营不可分割的组成部分。

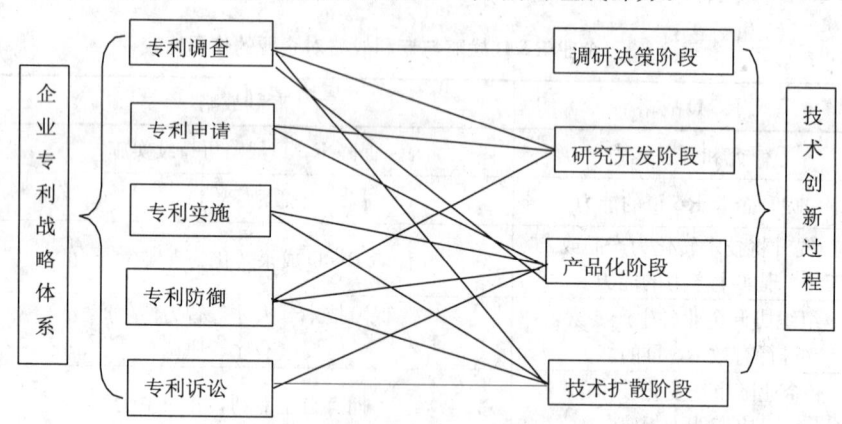

图3-3 企业专利战略与技术创新的关系

企业的R&D战略和专利战略互相促进、互相影响。企业的R&D战略和专利战略均为企业面对激烈的市场竞争的环境，从企业发展战略的高度制定的。

3.1.2.1 企业专利战略是制定和实施R&D战略的有力保障

企业R&D战略的实施与企业的专利战略密切相关，见图3-3，专利战略在企业的R&D战略中发挥了巨大的促进作用。在进行R&D战略的同时，实施企业专利战略不仅是企业获得自主实施R&D战略、获得成果的重要保障手段，更是企业形成持续R&D战略、占领市场竞争制高点的有力武器。企业实施R&D需要专利战略的支持，具体体现在以下几个方面。

1. 实施专利战略为企业制定R&D战略提供依据

对企业而言，除了了解市场的情况外，自身具备的条件是实际制约制定和实施R&D战略的主要因素。企业根据自身的专利战略。若已经在某些技术领域获得专利授权，必将为企业进一步的R&D提供技术支持。如果企业并没有相关的专利基础，企业制定R&D战略也必须在充分分析竞争对手的专利布局的情况下才能展开。如果进行的研发漠视专利检索和信息分析，很有可能研究成果落入别人的专利保护范围内。通过专利检索与专利信息分析，为了解竞争对手的技术水平和经营方向、决定经营策略、以及避免重复投入等提供有力的依据。

以药品研发为例，药品的研发属于高风险的投入。药品研发周期长、投资大、法律问题复杂、不可预见因素多。在经济全球化的格局下，投资的收益一定要通过某种手段来保证。因此，具有排他性的专利就成为保证药品企业投资收益的重要选择。若花费巨额资金，巨大人力，耗上5~10年时间，研制出没有知识产权的药品，由此背负难以批准上市或因侵犯别人的专利而赔偿的风险，显然不是明智之举。所以，药品研发前的专利检索非常重要。

【案例2】专利检索避免重复投入❶

浙江某药业集团为经营投入上千万元的经费，耗时几年时间，投入大量的技术人员参与新药的研制，研发出了一种治糖尿病特效药——罗格列酮。正当该药业集团筹备该产品上市工作时，收到葛兰素史克公司的一份法律声明律师函。葛兰素史克公司对罗格列酮药品在中国已经申请了专利，并且该专利（ZL98805686）已于2003年7月2日获中国专利授权。经分析该专利的保护范围覆盖所有含罗格列酮及其所有药学上可接受形式的化合物的药物制剂。浙江某药业公司遂停止了罗格列酮药品的上市工作。

---

❶ 景元利．专利保护的相关案例［EB/OL］．［2007-05-15］．http：//www.cnpharm.cn/www/yyb/yyb_view.jsp? pp_id=23614.

分析此案例，企业在研发或研发立项之前，务必注意检索专利和进行专利信息分析，尽可能地避免无价值的重复研究。

2. 专利战略为企业实施 R&D 战略提供信息资源

企业的专利信息收集和分析是企业专利战略不可缺少的组成部分，而任何企业的 R&D 又必须是以一定的信息和知识为导向的。因此在制定和实施 R&D 战略中，必须充分分析、定位所将进行的 R&D 研究的技术，预测新技术发展方向和市场趋势，为企业的经营和发展服务。企业的技术进步离不开各种信息，而专利文献是集科技、经济和法律为一体的信息源。目前全世界已公开和批准的专利申请已达 6000 多万件，每年还以 200 万件的速度递增，每年发明成果的 90%～95% 都能在专利文献中查到。这些科技信息不仅数量巨大，而且传递快捷，内容广博，系统详尽，实用性很强，可以为企业全面掌握有关技术领域的发展状况，启迪技术创新思路。

【案例 3】紫杉醇合成的方法专利分析[1]

由于紫杉醇的全合成工艺复杂，对于设备和技术条件有限的企业而言，要进行紫杉醇的全合成是不现实的。但目前了解到一些国家的制药企业通过半合成方法来解决紫杉醇资源的匮乏并取得了成功。美国药典中已将半合成方法得到的紫杉醇与天然提取得到的紫杉醇合并成一项标准。如果采用由 10-去乙酰基巴卡亭（10-DAB）来进行半合成，可得到比紫杉醇性能还优的多烯紫杉醇。利用本身即有紫杉醇侧链存在的先导化合物进行结构改造，无需打断侧链再接新侧链，而只需进行一些小基团的转化将其转变成紫杉醇，就可以实现用半合成方法得到紫杉醇的目的。美国、欧洲都有关于半合成紫杉醇的专利，但是只有方法专利。因此，只要在方法上有所创新，不侵犯专利权，那么生产的产品就可销到美国和欧洲，而不会产生专利纠纷。通过专利检索和定性分析，分析了几十份专利，专利所述的起始原料均便于获得。经过试验，也证实这些专利是可行的。但是在进行 R&D 时要清楚找到不同于专利方法的制作方法，否则就是侵权行为，而且根据方法专利的延伸保护，产品也不能上市。某企业经过大量的探索研究和试验，终于找到了一种新的方法，而且在工艺流程、反应步骤、参数控制和产品质量方面优于原有专利，在反应收得率上与原有专利相当。

3.1.2.2 实施企业专利战略是促进企业 R&D 的重要保障

对企业而言，科研工作者和技术人员的创造性劳动成果以专利的形式

---

[1] 巢雄辉. 从三则案例看药品研发中专利论证的必要性 [J]. 药学进展, 2005, 29 (9): 428-429.

得到承认，可以进一步调动他们投身创造性工作的积极性。同时，企业获得其技术研发成果的专利权，能有效地防止其他企业在专利保护期限内实施该技术。当然，企业实施 R&D 战略获得成果也可以获得其他形式的知识产权保护，例如研发的软件可以获得版权保护，技术诀窍可以采取商业秘密保护，芯片设计企业的布图设计可以申请布图设计登记以获得集成电路布图设计的保护，新的植物品种也可以按植物新品种保护条例的规定获得保护。不管获得的保护的形式如何，企业实施 R&D 战略是企业获得知识产权保护的一个重要的途径。

冯晓青在其《企业知识产权战略》中指出❶，企业实施专利战略能有效地促进企业 R&D，其主要根据在于专利制度赋予企业的专利保护功能以及由此衍生出的激励发明创造功能。特别是在进行技术创新的同时，通过实施专利战略，能够为技术创新成果提供强大的专利保护网络和信息支持网络，避免在新技术产品投入市场后被他人仿制。专利保护是企业以技术优势进入市场并得以生存、发展的重要保证，加强企业专利保护则是企业实施技术创新工程的重要内容。有人甚至用"一条专利，一块金砖"来形容企业通过技术创新获得专利的重要价值。对企业来说，申请专利保护是技术创新的重要目的，也是技术创新成果的主要体现形式。实施专利战略促进企业技术创新主要体现在以下几个方面。

1. 专利保护和激励企业技术 R&D

专利保护机制的基础是激励技术进步，专利制度本身可以看成是一种激励发明创造的法律制度。通过对企业的发明创造赋予专利权，企业可以依法禁止他人擅自实施专利，从而可以达到独占市场、获得可观的经济效益的目的。企业通过专利保护的手段从市场中不仅可以收回研究开发成本，而且可以从对技术和市场的独占中获得丰厚的回报。这就必然能够激发企业从事专利技术开发、从事技术创新的积极性。

对于发明人而言，《专利法》明确规定了职务发明创造的发明人或设计人的奖酬条款，他们不仅能在专利证书和专利申请文件上署名，而且可以得到一奖二酬的物质奖励，这大大调动了科技人员从事发明创造的积极性。

2. 专利保护是企业对技术创新成果形成市场优势的重要保障

技术创新成果产生后，其本身并不能形成市场优势，成果所有人也不能直接获得竞争优势，因为此时它还没有获得充分的法律保护。虽然企业

---

❶ 冯晓青. 企业知识产权战略 [M]. 北京：知识产权出版社，2005：138-158.

可以通过技术秘密的形式获得事实上的保护，以及相应的市场竞争优势，但并非所有的技术都能获得技术秘密的保护。技术秘密对有些企业不能成为企业技术成果保护的主导形式。企业通过专利保护形式，形成自己独到的市场竞争优势，发挥该技术成果在商业中的价值。正是在这个意义上，可以认为专利保护是企业对技术创新成果形成市场优势的重要保障。

3.1.3 技术研发专利战略的定位

企业要想获得技术研发和专利战略的成功，就应根据企业研发的具体内外部环境情况正确定位企业的研发及专利战略。此外，企业还应适应环境变化，除了要对企业所处的内外环境有深入的了解外，在进行战略综合分析时，还必须对自己的竞争能力、竞争优势进行全面的分析。定位是指在一个已知的坐标系里，空间实体都具有惟一的空间位置。专利战略的定位是指企业根据自己的环境、资源等优势在专利战略的类型坐标中寻找最适合自己的位置。企业在制定和运用专利战略时，首先要解决的问题就是专利战略的定位问题。企业究竟应该采用哪种类型的技术研发专利战略，应当依据企业发展与专利的相关程度的大小，以及企业的具体情况分析。

3.1.3.1 企业技术研发专利战略定位因素分析

任何企业不是孤立存在，而企业战略也只有充分考虑了企业环境的外部因素和企业自身的内部因素的情况，才能作出合理的、适当的决策。

通常企业在进行战略定位时，要考虑的内部因素主要见图 3-4。其中，企业资本实力、企业研发能力和市场开拓能力是影响企业决策的主要因素。而研究开发经费的充裕程度、企业可用资金、盈利能力和财务稳定性是企业资本实力的主要体现。企业的研究开发能力体现在企业的研发实力、受重视程度、研发人员的数量和质量，同时也和组织效率、组织弹性、敏感度等均有一定的联系。

```
                        ┌─ 企业研发经费充裕度
                        │
            ┌─ 企业资本实力 ─┤─ 企业可用资金
            │           │
            │           ├─ 盈利能力
            │           │
            │           └─ 财务稳定性
            │
            │           ┌─ 企业研发实力
            │           │
            │           ├─ 研发部门受重视程度
            │           │
  内部因素 ──┤─ 企业研发能力 ─┤─ 研发人员的数量和质量
            │           │
            │           ├─ 技术人员及工人素质
            │           │
            │           └─ 组织效率、组织弹性、敏感度
            │
            │           ┌─ 专利的实施许可能力
            └─ 市场开拓能力 ─┤
                        └─ 产品的市场占有率
```

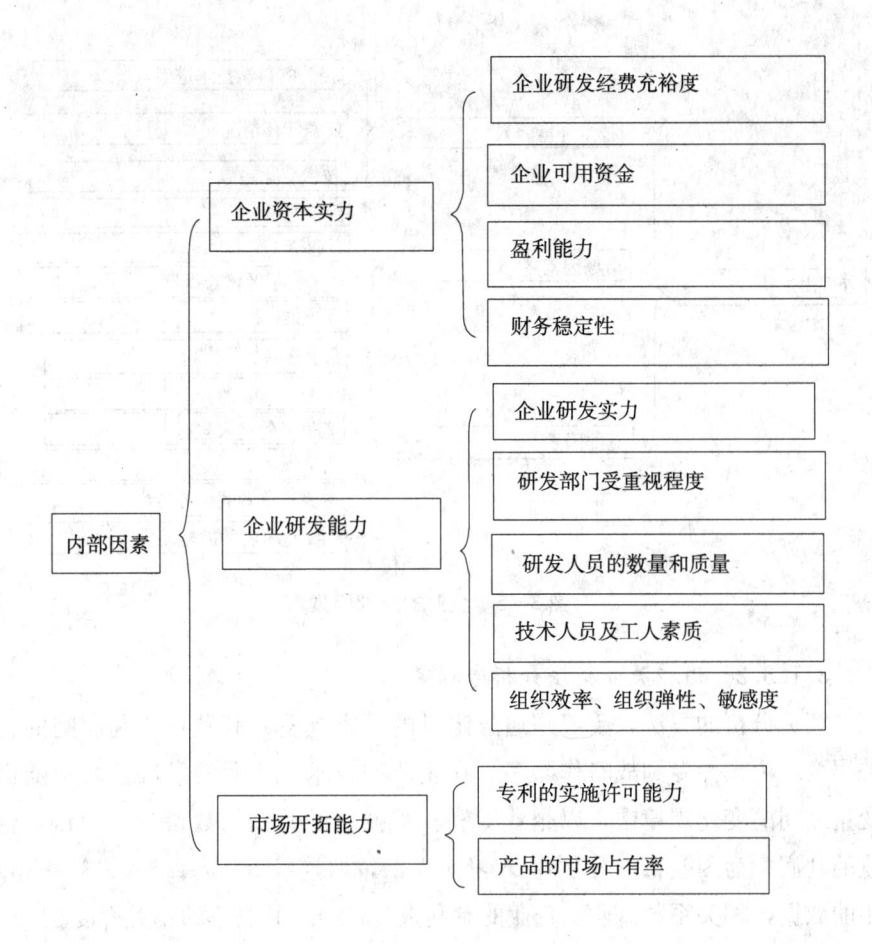

图 3-4　企业的内部因素

企业战略定位的外部影响因素包括如图 3-5❶所示的技术环境因素、市场因素、竞争因素外，还包括政治因素、社会稳定因素等。

进行企业的战略定位必须要考虑企业所处的内外部环境，并且要随着相应的环境的变化能够做出适当的调整。以下内容将重点分析企业技术研发专利战略的定位。

---

❶ 刘平，鲁卿．基于 SWOT 分析的企业专利战略制定研究 [J]．管理学报，2006，3 (4)：464-467.

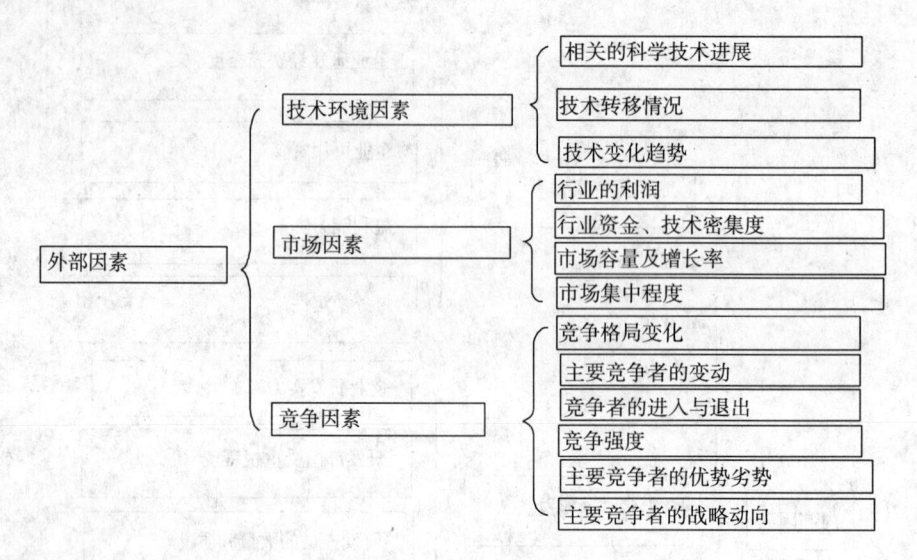

```
外部因素 ┬ 技术环境因素 ┬ 相关的科学技术进展
        │             ├ 技术转移情况
        │             └ 技术变化趋势
        ├ 市场因素 ┬ 行业的利润
        │         ├ 行业资金、技术密集度
        │         ├ 市场容量及增长率
        │         └ 市场集中程度
        └ 竞争因素 ┬ 竞争格局变化
                  ├ 主要竞争者的变动
                  ├ 竞争者的进入与退出
                  ├ 竞争强度
                  ├ 主要竞争者的优势劣势
                  └ 主要竞争者的战略动向
```

图 3-5　企业的外部因素

3.1.3.2　用相关分析法分析专利定位

相关分析的方法，主要是通过定量的研究企业专利数量与利润间的相关程度，为选择专利战略作参考。在企业的技术与企业的发展这两个随机变量之间的变化规律中，以企业专利获得授权的专利的数量为自变量，企业的利润率为因变量，分别用 x 和 y 表示，取连续 n（$i=1, 2, 3, \cdots n$）年的数据，相关系数 r 表示企业的专利数量跟企业利润率的相关程度。

设：

$$L_{xx} = n\sigma_x^2 = n\left[\frac{\sum_{i=1}^{n} x_i^2}{n} - \left(\frac{\sum_{i=1}^{n} x_i}{n}\right)^2\right] = \sum_{i=1}^{n} x_i^2 - \frac{\left(\sum_{i=1}^{n} x_i\right)^2}{n} \quad (3-1)$$

$$L_{yy} = n\sigma_y^2 = n\left[\frac{\sum_{i=1}^{n} y_i^2}{n} - \left(\frac{\sum_{i=1}^{n} y_i}{n}\right)^2\right] = \sum_{i=1}^{n} y_i^2 - \frac{\left(\sum_{i=1}^{n} y_i\right)^2}{n} \quad (3-2)$$

$$L_{xy} = \sum_{i=1}^{n}(x_i - \bar{x})(y_i - \bar{y}) = n\sigma_{xy}^2 = \sum_{i=1}^{n} x_i y_i - \left(\sum_{i=1}^{n} x_i\right)\left(\sum_{i=1}^{n} y_i\right)/n \quad (3-3)$$

根据相关度定义：$r = \dfrac{\sum_{i=1}^{n}(x_i - \bar{x})(y_i - \bar{y})}{n\sigma_x \sigma_y}$，得：

$$r = L_{xy}/\sqrt{L_{xx}L_{yy}} \quad (3-4)$$

式中，r 为相关系数；r 取决于分子 L_{xy} 与分母 $\sqrt{L_{xx}L_{yy}}$ 的比值，当 L_{xy}

为正，则 r 为正，表示 x 和 y 为正线性相关；当 L_{xy} 为负，则 r 为负，表示 x 和 y 为负线性相关。企业可根据 r 的数值，判断专利和企业发展的相关程度，制定相应的专利战略。r 相关系数的计算是由样本的资料来进行的，样本量不同，相关系数也会不同。

1. 专利领先战略

一般的，当相关系数接近 1 时，即可认为专利与企业的发展为高度相关，表示企业的专利数量和企业的利润率关系十分密切，企业应定位于专利领先战略，进行大规模的研发投入，争时间、抢速度、抢在竞争对手前面占领技术制高点。定位于领先战略的企业相应的应该采用主动的专利战略行为，主要采用专利调查战略、专利申请战略、专利实施战略，当然也会涉及专利防御战略和专利诉讼战略。最主要的是主动积极调查最新技术进展，申请发明专利，实施专利，并且随时打击专利侵权。

2. 专利追随战略

相关系数较大时，专利与企业的发展为显著相关，表示企业的专利状况跟企业的利润关系密切，企业应定位于专利跟随战略，应保证相当规模的投入，紧跟先行者的步伐；通过对已有技术的改进和完善，及时对本行业的先行者（一般是实行专利领先战略的企业）做出竞争反应，限制或消除先行者专利对本企业发展的影响。追随战略相对领先战略来说是一种防御性的定位，多数情况下采用专利防御战略和专利诉讼战略，也有必要采用专利调查战略、专利申请战略、专利实施战略。实施这些战略主要是收集强大竞争对手的所有信息，再伺机做出反应，防止受制于人。在专利行为上相应地也跟领先战略者不同，更多地应该着力于宣告专利无效、文献公开、证明先用权等防止被指控为侵权。

3. 专利模仿战略

相关系数较小，专利与企业的发展的相关程度低，或者表示专利与企业利润不相关。企业的专利状况跟企业的利润率的相关度低，企业可以采取专利模仿战略。这种类型的企业可以不进行大量的研发投入，依靠技术仿制来满足企业结构升级换代的需要。

相关分析的方法可以帮助企业进行简单的定位。但不可忽视的是，如果企业属于上升阶段或者研发能力不断增强的阶段，则企业的专利数量不断发生变化，可能会有一些偏差。此外，专利申请数量也与研发的投入有直接的关系。企业的利润情况是一个综合因素作用的结果，单纯从专利与利润的相关角度进行分析，容易产生偏差，需要根据其他的定位方式加以补充分析。

3.1.3.3 利用公司定位综合分析表定位企业的专利战略

公司定位综合分析表通常以表格形式表示,见下表 3-3。表中 O 表示企业已采取的行为,X 为企业不采取的行为[1]。公司定位综合分析表主要根据以下 4 种行为:

1) 该技术领域的公司是否拥有自己的专利;
2) 是否引用别人的专利;
3) 是否引用自己的专利;
4) 是否参考其他公司的技术。

以这四个方面为主要指标分析企业在某个产品的专利方面所处的位置。根据公司对专利技术的自主拥有、引用他人专利、自引用专利和参考他人技术四个指标,公司最后被定位为进攻性、自主开发型、防御型、跟随型、过渡型五个类型中的一种,见表 3-3。对于进攻型的企业而言,处于技术上领先的地位,企业拥有专利,并且专利技术不断发展,即围绕核心技术不断有升级的新专利技术,但是企业也借鉴或者不可避免地使用其他企业的专利技术。

这种分析方法能够通过分析专利或者技术的领先者、技术追随者帮助确定企业自己的专利战略;通常进攻型和自主开发型的公司是技术的领导者,而防御型和跟随型为技术的追随者。此外,通过专利引用技术定位分析,也可找出自己的主要竞争对手,特别是相同类型的公司。

表 3-3 竞争公司定位综合分析表

定位	专利	引用	自引用	参考
进攻型	O	O	O	X
自主开发型	O	X	O	X
防御型	X	O	X	X
跟随型	O	X	X	O
过渡型	X	X	X	X

3.1.3.4 利用 SWOT 进行企业专利战略定位[2]

SWOT 分析是美国的安索夫在 1956 年提出来的,就是将与研究对象密切关联的内部优势因素(strengths)、弱势因素(weakness)和外部机会因

---

[1] 刘平,吴新银,戚昌文. 专利地图在企业研发管理上的应用 [J]. 研究与发展管理,2005,17 (2):47.
[2] 刘平,鲁卿. 基于 SWOT 分析的企业专利战略制定研究 [J]. 管理学报,2006,3 (4):464-467.

素（opportunities）和威胁因素（threats）进行分析，并依照一定的次序按矩阵形式罗列，然后运用系统分析的研究方法将各因素相互匹配起来进行分析研究，从中得出一系列相应的结论。SWOT分析法作为一种企业战略分析的方法，对企业所处的环境和形势进行深入的分析，充分认识、掌握、利用、发挥有利条件和因素、控制或化解不利因素和威胁，达到扬长避短，实现企业战略管理的目的。

SWOT法对企业的研发专利战略定位一般应按以下的流程：

1) 分析企业所处的内外部条件的因素；

2) 在做出进行研发的决策后，进一步分析与专利战略制定有关的因素；

3) 选择关键因素；

4) 确定S、W、O、T；

5) 做出战略选择方案；

6) 选择匹配的研发专利战略。

当企业选择关联因素时，此时的关联因素与企业所处的行业和所要研发或者进一步研发的产品的特点有密切的联系。❶由于企业的研发战略与专利战略是密切结合的，需要对有关的关键因素进行选取，可以通过调查法和专家经验法等方法确定各个因素的权重，选定权重较大的作为关键因素。例如高新技术企业，结合其对技术要求的特点——"高、快、灵"做出反应。"高"指产品技术含量高、附加价值高、员工文化素质高、经营风险高；"快"指产品更新换代快、市场发展快、企业成长快，相应地，企业稍有失误，垮得也快；"灵"指企业对科学技术发展反应灵敏、对市场外界条件变化感应灵敏、对组织结构的设置、管理制度、技术手段和方法的选择及生产工艺的安排，都更为灵活。基于上述特点，从上述关联因素中选择出企业制定专利战略应考虑的关键因素一般有：企业研发经费充裕度、企业研发实力、研发部门受重视程度、专利的实施许可能力、技术转移的趋势、政府产业政策变动趋势、市场容量及增长率、主要竞争者的优势劣势、主要竞争者的战略动向与经营手法等。

进行关键因素分析即对选定的关键因素考察指标进行具体分析，确定S、W、O、T等各要素，并且按照如图3-6列出SWOT战略模式象限图，运用系统分析方法确立SO、WO、ST、WT，4种战略模式。

---

❶ 刘平，鲁卿. 基于SWOT分析的企业专利战略制定研究[J]. 管理学报，2006，31(41)：464-467.

SO 战略	WO 战略
利用机会 发挥优势	利用机会 克服劣势
ST 战略 发挥优势 克服威胁	WT 战略 逃避威胁 减轻劣势

图 3-6　SWOT 战略模式象限图

　　SWOT 定位方法，是企业对自身的优势与劣势充分了解的基础上，结合预测产品的发展趋势，对竞争对手的技术状况以及对该产品的生命周期作出客观评价后，制定切实可行的专利战略。在上述一般关键因素中，资本实力、市场竞争环境等是企业专利战略制定必须考虑的重要关键因素。基于此，研发企业专利战略选择见表 3-4。[1]

表 3-4　企业研发专利战略选择

企业优势、劣势特性	战略模式	专利战略类型
拥有强劲的技术研究开发能力、资本雄厚、市场开拓能力强	SO 战略	以进攻型专利战略为主。如基本专利战略、专利收买战略、专利技术和产品输出相结合战略、产品输出国专利申请战略、专利与标准相结合战略等
拥有强劲的技术研究开发能力、资本雄厚	ST 战略	以防御型专利战略为主。如引进专利战略、购买专利权战略、公开文献战略等
资本实力不强、技术研发实力弱、市场开拓能力较强	WO 战略	进攻型与防御型专利战略相结合。如专利交叉许可战略、外围专利战略等
科研经费严重不足、技术研发实力弱	WT 战略	以防御型专利战略为主。如开发外围专利战略、利用失效专利战略

　　企业的优势、劣势直接制约着企业专利战略的制定及实施。从上表可以看出，适宜的专利战略可帮助企业最大限度地发挥企业的优势、利用机会、克服威胁、有力对抗和排挤竞争对手、以较小的投入获取最大的经济利益并能增强企业自身的核心竞争能力。

---

[1] 刘平，鲁卿. 基于 SWOT 分析的企业专利战略制定研究 [J]. 管理学报，2006，3 (4)：464-467.

【案例 4】海尔公司的 SWOT 分析

海尔擅长利用自身优势，在产品的研发过程中，注重产业间的纵向合作及横向合作，"双动力"洗衣机的一项关键技术就是直接委托其他企业研制的。2001 年，为了改善洗衣机的洗净度，海尔通过对国外技术的检索，最后确定采用"双动力"方式，这一方案的技术难点是生产能产生"双动力"的电机。海尔通过专利检索，发现韩国 C 公司曾生产过类似电机，于是，他们委托 C 公司开发电机，实施委托开发战略。与此同时，海尔开始着手撰写专利文件，使 C 公司开发的电机均在海尔的专利保护范围之内，电机问题迎刃而解，"双动力"洗衣机顺利面世。为迅速打开国内外市场，海尔积极在国内外申请专利，抢占市场先机，得到 530 多项专利的保护，在短短几年时间里国内市场销售超过 100 万台，而且大批进入日本、美国等发达国家市场。

从 SWOT 分析的视角来看，海尔在开发此产品中实施的专利战略正是应用 SWOT 分析的成功范例。关键因素选择海尔企业内部具有自身的优势及劣势，在外部市场环境中也存在着大量的机会和威胁，与企业实施专利战略密切关联的因素如下。[1]

1. 内部因素

1) 企业的资本实力。海尔的企业研发经费充裕；企业盈利；财务稳定性好等。

2) 企业的开发能力。研发部门的技术实力强；研发部门在企业中备受重视；注重企业技术人员的培养；有较高素质的技术人员及工人；组织效率不是很高，较为忽视团队建设。

3) 企业市场开拓能力。专利的实施许可能力强；企业产品的市场占有率高。

2. 外部因素

1) 政治环境因素。国内政治稳定，国际政治环境比较稳定。

2) 经济环境因素。人均国民收入水平不断增长，比较稳定的政府财政政策、货币政策及对外经济政策。

3) 技术环境因素。本行业技术不断进步，注重生产技术革新。

4) 行业市场因素。政府产业政策支持企业发展，行业边际利润率低，行业资金、技术密集度高。市场容量饱和。

---

[1] 刘平，鲁卿. 基于 SWOT 分析的企业专利战略制定研究 [J]. 管理学报，2006，3 (4)：464-467.

5) 竞争环境因素。竞争格局在变化，不断有竞争者的退出与进入，竞争强度加大。

在确定了主要的内外部影响因素后，进行关键因素分析，从而确定企业开发此产品的 S、W、O、T。

1. 内部优势

1) 海尔品牌，海尔有属于自己的世界级品牌。2004 年，海尔蝉联世界品牌 100 强，而其排名，则从 95 位上升到 89 位。这有利于企业的新产品上市后能够迅速打开市场。

2) 强大的产品开发能力，海尔企业 2004 年平均每天申请 2.5 件专利。

3) 独具特色的企业文化，始终保持创新的文化基因。

4) 资本雄厚。

5) 研发经费充裕，海尔每年的自主技术投入，已经达到了年销售收入的 6%。

2. 内部劣势

1) 人力资源。过度追求指标，海尔将指标核定到人，忽视团队建设；过于注重个人主义实现，在海尔集团，每一个岗位、每一位员工都挂具体的指标，没有指标考核的岗位是不需要设立的岗位，没有指标考核的员工是不需要雇用的员工。

2) 靠引进技术起家，先天劣势，基础专利不多。

3. 外部机会

1) 政治经济环境。我国正在实行知识产权战略，政府正在为企业做强、做大、做久，创造良好的环境。

2) 国内市场。中国是家电行业最大的消费国，消费电子市场潜力巨大。

3) 用户需求。用户不断涌现新的需求，适者生存。

4) 法律环境。我国正在逐步建立公平竞争的法律环境，有利于企业的正常有序发展。

4. 外部威胁

1) 市场环境。家电行业现在处于买方市场，国内外市场处于饱和状态。

2) 行业环境。行业内部危机，家电行业内部价格战使得企业利润不断降低。

3) 竞争对手。国内外竞争对手也在不断研发，企业的技术优势稍纵即逝。

综合分析以上的情况后，总结出海尔的 SWOT 图见表 3-5：[1]

表 3-5 海尔企业 SWOT 因素矩阵框架

	内部优势 S	内部劣势 W
	海尔品牌、强大的产品开发能力、独具特色的企业文化、资本雄厚、研发经费充裕	人力资源 基础专利不多
外部机会（O） 政治经济环境、国内市场、用户需求、法律环境	SO 战略 发挥内部优势 利用外部机会	WO 战略 利用外部机会 克服内部劣势
外部威胁（T） 市场环境、行业环境、竞争对手	ST 战略 发挥内部优势 回避外部优势	WT 战略 减少内部优势 回避外部优势

从上面的分析可以看出，海尔资本雄厚、具有较强的技术开发能力及市场开拓能力，可以实施基础专利战略、委托开发专利战略、产品输出专利申请战略、标准战略等相结合的模式。

表 3-6 海尔"双动力"洗衣机专利战略选择

企业优劣势特性	战略模式	专利战略类型
资本雄厚 具有较强的研发能力 市场开拓能力较强	SO 战略	以进攻型专利战略为主 基础专利战略、委托开发专利战略、产品输出专利战略申请、标准战略

3.2 技术开发专利战略模式的选择

研发战略的制定和实施专利战略紧密联系，而专利战略和研发战略必须要随着企业的内部和外部环境而不断调整，专利战略与企业的研发战略相适应，不同的研发战略所采用的专利战略也是不完全相同的。对于企业而言，这三种战略并不是完全分开的。也就是说，在企业实施 R&D 战略过程中，这三种战略存在着相互转化的关系。根据不断变化的市场信息、不同竞争对手的不同情况以及同一竞争对手情况的变化，及时调整 R&D

---

[1] 刘平，鲁卿. 基于 SWOT 分析的企业专利战略制定研究 [J]. 管理学报，2006, 3 (4): 464-467.

战略，形成"强者攻、中者守、弱者跟进"的灵活战略。❶ 以福星制药为例，该企业的不同产品就采用了不同的 R&D 战略，有些产品采用模仿型 R&D 战略，也有产品采用首创型的 R&D 战略。

3.2.1 首创型研发战略

所谓首创型研发战略指的是基本核心技术产品首创的、根本性的创新，一般还包括该产品新的市场和技术领域的开辟，是一个从无到有的创新过程。这种研发战略的实施，需要充分掌握市场信息、正确预测市场前景、对某一技术领域有充分了解，并投入大量的资金与技术力量，比较适合于一些资金技术力量都较为强大的企业，或者是在一些新兴行业。例如，美国的微软公司，开发研制了先进的 WindowsXP 操作系统，几乎垄断了整个计算机操作系统软件市场。

3.2.1.1 首创型研发战略特点

首创型战略的特点是：

1) 创新难度大，方向难把握，缺少可参照的系统，决策信息不足，决策困难，费用高而且不可预见，有试验性，损失和浪费严重，风险最大，成功概率小于失败的概率。一旦创新开发成功，获利极大，正因为如此，才激励人们去勇于率先创新。

2) 这种类型的 R&D 要求企业具有雄厚的研发实力和技术创新能力。

3) 首创型的 R&D 能够使企业充分利用自身创造出的新知识和新技术来主动、积极地通过技术变革不断创造新市场。

4) 从事此类研发活动的企业重视的是基础研究，即通过不断的知识创新来提高企业的竞争地位。

从首创型研发战略的特点来看，要想在技术领域保持领先地位，必须要有很高的科技水平、雄厚的科技基础和资金实力，丰富的创新经验、抗风险能力和信息处理能力等。

首创型研发战略实施成功后，获得了专利保护的技术成果，可以在一段时间内垄断技术优势、知识产权优势和首先占领市场的优势。这些优势被认为是后进入者的进入壁垒，从而保证率先创新者在一段黄金时期获取高额利润。该利润足以弥补其因率先创新而付出的代价，且远远高于其研究开发的经费支出。首创型研发战略多数出现在最发达国家，美国被认为是 20 世纪率先创新最多的国家，目前人们公认其在高技术领域，如信息技

---

❶ 企业专利战略存在的误区［EB/OL］．［2008-11-18］http：//www.sipo.gov.cn/sipo 2008/yl2003/200804/t20080402-365280.html．

术、航空航天技术、生物技术、微电子技术、计算机软硬件开发技术等方面处于世界领先地位。发展中国家也可能有某些技术处于世界领先水平，但从总体上来看，发展中国家在科研水平、科研基础、创新经验、资金和开发能力等方面不具备竞争优势，在高新技术领域远远落后于发达国家。

【案例 5】Intel 公司领跑 CPU 技术[1]

技术领先成功的典范是美国 Intel 公司。该公司设计和生产电脑处理器的核心芯片——CPU。按照著名的"摩尔定律"，电脑的主处理器的功能每一年半增加一倍，而生产成本则成比例降低。Intel 公司正是通过技术领先战略，不断地开发出新的 CPU 芯片。过去的 286、386、486，当前的奔腾、奔腾Ⅱ，一代代的著名芯片，都是 Intel 公司开发出来的，在计算机的硬件生产方面占据绝对统治地位。世界各国大电脑公司绝大多数采用 Intel 的芯片。然而，尽管 Intel 公司通过技术领先战略领导着计算机 CPU 芯片的潮流，它本身仍处于两难的境地。飞快的奔腾使得微软公司、各大电脑厂商和广大用户疲惫不堪，人们甚至希望 Intel 公司的步伐慢下来，让现有产品保持较长的市场生命，以获取足够的利润。然而 Intel 公司却慢不下来，摩尔定律是个客观规律。一种芯片还来不及全面普及，又必须开发新的产品，因为还有一些著名的大公司紧随其后，稍有延误就可能被别人超过。

3.2.1.2 首创型研发战略中的专利战略

首创型研发模式是以基本专利战略为主的战略模式。基本专利战略对高新技术而言，通过预测未来技术发展方向，将技术核心基础研究作为基本专利保护，从而控制整个技术市场，尽可能"封杀"竞争对手进入市场的通道，并向对方已有市场进行进攻，实现垄断市场的目的。

基本专利战略中的基本专利，往往是企业那些划时代的、先导性的核心技术或主体技术，具有广泛应用的可能性和获取巨大经济利益的前景。例如，MP3 专利中的文黄专利，就是一个系统级的专利，任何 MP3 产品都可能涉及该专利。企业通过申请基本专利享有强而有力的专利权，这种法律赋予的垄断权即可以转化成排除竞争对手和最大限度地占有市场份额的法宝。然而，企业基本专利战略的运用效果却受到一些条件的制约。基本专利中的基本发明在实用化时，往往需要一系列技术配套措施。如果基本专利权人不注意及时开发外围专利，在基本专利技术内容公开后被他人抢先开发，获得外围专利后，基本专利的权利人反而会受他人控制。为了避免企业基本专利战略的孤立运用，企业采取以下策略是十分必要的：

---

[1] [EB/OL]．[2007-02-28]．http://post.baidu.com/f? kz=76346699.

1) 基本专利发明人应尽快开发外围专利，以便在基本技术领域筑起牢固的专利保护网；

2) 应采取多种手段和途径，阻止在基本技术周围残留未开发的领域被他人获得专利；

3) 由于基本专利有一定保护期，为长期占据垄断优势，应当对产生基本专利的技术作一定的技术贮备，以便在基本专利期限届满时，通过取得改进专利仍能起到保护作用。

【案例 6】"小小神童"洗衣机专利网[1]

海尔集团"小小神童"洗衣机，第一次申报专利即达 12 件，根据技术开发与专利申请相结合的战略，从外观到内部结构所有新技术的应用均通过专利申请方式获得了市场保护。"小小神童"洗衣机至今已推出第九代产品，从自动型、全自动型、电脑型到透明视窗，每一代产品都形成了全面专利保护，共获国家专利 26 件，在国内微型洗衣机市场中，占有 98% 以上的市场份额。

外围专利战略是企业围绕基本专利技术，开发与之配套的外围技术，并及时申请专利，获得专利权的一种战略。外围专利战略有两种实施形式：

1. 拥有基本专利的一方在自己的专利周围设置许多原理相同的小专利组成专利网，抵御他人基本专利的进攻。围绕基本专利，积极进行技术创新并及时将研究开发成果申报专利，这既是对专利保护功能的充分运用，也是有效保护基本专利的重要手段。大量外围专利的设置，形成以基本专利为中心，周边专利为网络的专利网，就如同在技术战场上布下层层"地雷阵"，迫使竞争对手放弃竞争或进行许可谈判。

2. 在他人基本专利周围设置自己的专利网，以遏制竞争对手的基本专利。企业如果能把基本专利与外围专利结合起来，就能够最大限度地保护自身力量，获得竞争优势。但基本专利创立是受条件限制的，对于那些不具备开发基本专利条件的企业，如果发现竞争对手形成以基本技术为核心的专利网使自己难以开发时，可以绕过对方的基本专利，挖掘对方"空隙"技术，积极开发外围技术构建自己的专利网，与基本专利分庭抗争。

如大庆石油管理局十几年来累计申请专利 450 件，授权 342 件，2000 年申请专利 65 件，授权 102 件[2]。该局钻井研究所的"固井泥浆返高冲洗控制器"，曾获 1997 年国家知识产权局颁发的专利优秀奖，并在相关技术

---

[1] 专利战略的邻先者海尔 [EB/OL]．[2008-11-18]．http://www.sipo.gov.cn/sipo/ztxx/zscqbft/zgqyyipzl/200605/t20060531_101425.htm.

[2] 胡神松：企业技术创新与专利战略研究 [D]．武汉理工大学硕士研究生论文，1996：29.

领域申报了4个小专利，使该专利形成专利网，至今已经使用550多支，仅1999年就使用了137支，产值130万元。实际上，缺乏经济实力的企业完全可以采用包围他人基本专利的策略，使拥有基本专利的企业缺乏开发的空间。这样为了能拥有更大的市场，那些企业不得不购买或寻求获得许可使用外围专利。

外围专利战略的主要目的是在对手的强大攻势下，通过专利防御措施，保护自己已有的市场，并渐渐"蚕食"对方市场。其特点是"以小制大"、"以守为攻"，适合于一些占有一定市场但资金技术力量又相对薄弱的企业。

从专利网战略的运用看，拥有基本专利的一方应当注意：

1. 基本专利和外围专利可以同时申请，以避免基本专利公开后，其他企业对外围专利申请的竞争。当然，根据自身特点，有时可以先申请外围专利，再申请基本专利。如美国杜邦公司就常常采用此战略，阻止他人利用某项技术。在有的情况下，取得专利权的目的并非是为了自己实施，而是进行技术储备，为了防止竞争对手利用该项技术取得竞争优势，或是为突破竞争对手的技术封锁，作为与竞争对手进行专利技术交叉许可的筹码和资本。由于竞争的加剧、技术更新换代速度的加快，参与市场竞争的主体必须有相应的技术储备并通过专利保护获得独占权。

2. 实施新技术需要增加投入、淘汰现有设备，因而在现有技术仍具竞争力的情况下，专利权人往往暂缓实施新技术，而等待适合实施的时机，以便达到最佳的经济效益。例如，日本的一些大公司早在20世纪80年代中期就已取得了多画面彩电的专利，但直到90年代初才投放市场，为的是最大限度地赢得利润。❶

【案例7】Exxon公司茂金属催化剂专利网❷

茂金属催化剂是单活性中心催化剂，由其制备的聚合物性质也不同于Ziegler-Natta催化剂制备的聚合产品，如茂金属聚乙烯具有透明度高、韧性强、杂质含量低等特点，但也存在茂金属聚乙烯分子量分布过窄，难于用现有的加工设备加工制品等问题。因此，需要对茂金属聚合产品进行改性，如加入常规的聚烯烃产品以改善加工性能。在Exxon公司1994～1997年申请的中国专利中，涉及茂金属聚乙烯、聚丙烯产品及制品的共有15件，内容包括薄膜、纤维、无纺织物、软管、包装材料、模型或挤出成型品等。由上述Exxon公司在中国申请的茂金属催化剂及产品专利的概略分析可以看出，该公司的茂金属专利是相互联系的，形成了有效的专利保护网。

---

❶ 胡神松.企业技术创新与专利战略研究[D].武汉理工大学硕士研究生论文，1996：29.
❷ 徐明.研究型企业的专利战略与技术保护[J].当代石油石化，2003，11（8）：44-46.

3.2.2 改进型战略

改进型的研发战略是指企业在对其他率先创新者的创新技术或创新产品进行分析研究的基础上,吸取经验和教训,吸收和掌握率先创新的核心技术和技术秘密,并进行改进和完善,进一步开发和生产有市场潜力,有竞争能力的产品。改进型的研发仍是一种渐进性创新活动。改进型的研发重点在于对国外先进技术,尤其是高新技术知识的学习、理解、消化的基础上,进行改进和创新,即在率先创新的启发下,可能在工艺过程和产品的结构等方面进行改进和创新,其目的是要比首创者做得更好,形成自己的特色、品牌和开发新市场。

3.2.2.1 改进型研发战略特点

改进型的技术研发有以下特点:

1) 紧跟性 改进型的技术研发为了避免新技术开发前期的不确定性风险,减少投资重大损失,是对首创者进行观察、学习和紧跟。

2) 开发性 包括对新技术的开拓和市场的开拓。通过 R&D 活动有时会对高新技术领域产生重大的技术突破。模仿创新在很多情况下也需要有较高的投入,尤其对无法引进的导入期或成长期的高新技术创新。

3) 观察、学习和积累 模仿创新的本质特点就是观察率先创新者研究开发动向,学习其优点以获得启发,研究其不足,并予以改进,不断地积累创新经验。

4) 注重过程创新 发达国家的率先创新一般对制造技术和产品创新投入较大,而对中间加工过程(工艺过程)投入不足,这给模仿创新者留下了较大过程创新空间。模仿创新者可省去对新技术探索和新市场开拓的大量经费,避免较大的风险,集中精力和资源在过程创新方面取得改进成果。

5) 具有普遍性 大量的事实表明,在技术创新中,率先创新的比例要比模仿创新小。大多数都是紧随率先创新者之后的完善性改进创新。这一点在发达国家与发展中国家中都一样,只不过发展中国家为实施经济追赶更注重模仿创新。

与领先型的 R&D 相比,采用改进型 R&D 战略的企业在基础研究和开发新技术方面的能力通常较弱,而企业为了降低技术创新的风险和成本,其 R&D 战略主要是通过跟踪市场领先者的研究成果来获取信息,并将主要精力集中在应用研究和新产品 R&D 方面,意欲在新产品生命周期中的成长期的初期将新产品投入市场,试图通过不断创新来扩大市场份额,以保持 R&D 投资利润的长期最大化。此类企业的竞争优势是具有较强的开发能力与工程技术能力，通过规模经济和范围经济来降低生产和经营成本。它的知识来源主要是依赖于企业外部的研究型大学和科研机构，其内部的R&D战略目标是利用较强的应用能力和新产品开发能力来缩短发明与技术创新间的"时滞"，通过迅速占领市场来获得利润。因此，在众多竞争对手的情况下，为了在竞争对手尚未生产出同类产品之前抢占市场，企业就必须加快产品进入市场的速度，即投入较多的人力、财力和物力来争取短期内完成R&D。与领先型的R&D战略相比，在市场竞争中，模仿型R&D战略更多的处于被动状态，即企业只能不断地适应外部市场和环境，却无法通过技术变革来创造一种市场和市场环境，而是采用仿制战略，以较低的成本开拓市场，因此，对企业的内部技术R&D能力的要求相对低。此类企业创新的R&D战略的重点是通过持续的工艺创新来降低生产成本和加快产品的商业化，并在降低成本和费用方面具有较强的能力。这类企业避免了新产品的市场和技术风险，但效益也较低。随着市场竞争的日益激烈，一个在市场上获得成功的新产品往往容易导致许多模仿型的产品相继出现（IBM在研究出第一台PC机后，许多公司通过产品模仿来获取短期利润），为了不给后来的跟进者留下任何市场空间，这些企业会在短时间内成立各种产品项目小组，通过反向工程分析、研究和模仿这个产品。[1]

3.2.2.2 改进型研发专利战略

对于改进型的研发战略而言，企业应采取的专利战略为：

1) 实施专利跟踪和分析战略，做好开发准备工作。进行改进型战略包括对领先型企业的专利布局的分析，对领先企业的专利技术的跟踪以及开发利用失效专利，首先要了解自己在同行竞争者中所处的地位以及竞争市场的格局与发展动态，建立失效专利跟踪机制，对已失效和即将失效的专利资料进行收集，结合企业技术情况、市场需求及剩余市场空间进行分析，拟订开发失效专利的可行性报告，做好开发准备工作。以生产到期专利药品为例，从2001年到2006年，世界上一些大的跨国公司平均将有一半以上的专利药品到期[2]。在这些到期专利药品中，不乏许多疗效显著且市场需求大的药物，如奥美拉唑、氟西汀、头孢呋辛酯等。

2) 结合本公司的技术情况，进行改进研发。在激烈的市场竞争中，虽然参与竞争的公司都建立在同样的技术基础上（依赖于外部知识源），但由于各

---
[1] 张方华，陈劲. 基于不同R&D模式的企业技术合作方式研究 [J]. 研究与发展管理，2003，15（3）：39—43.
[2] 符颖. 论失效专利开发与利用策略 [J]. 研究与发展管理，2005，17（3）：96—100.

公司过去的成功经历、技术积累、技术能力、人员素质和"技术轨道"等方面存在差异，并且各自的技术又是公司专有的，企业的应用研究和产品开发具有一定的路径依赖（Path－dependence）。因此，跟随型企业获得竞争优势的关键在于能否在较短的时间内生产出具有较强市场竞争力的产品。

【案例8】技术的改进研发❶

广东奥沃公司在创业初期，其科研人员了解到世界上有用于切除脑肿瘤的无创伤医疗设备伽玛刀，但科研人员对其结构却了解甚少。于是他们采用检索专利的方法，找到了有关伽玛刀的专利说明书，经过反复研究和分析，科研人员发现其存在明显缺陷，那就是其伽玛射线发射头是固定不动的，伽玛射线总是始终不变地从固定方向聚焦于脑内病灶部位，时间一长，大脑正常组织就会受到损伤。他们开动脑筋，积极探索，并且广泛寻求技术支持，终于找出了一条既不侵犯国外公司的专利权，又具有自身技术优势的新的研发思路。他们将射线发射头设计成可旋转的，如此一来，虽然伽玛射线束在移动，但其聚焦点仍然不变，这样既可减少伽玛射线对人正常脑组织的损伤，同时又能达到良好的治疗效果，也没有侵犯他人专利权。此后，奥沃公司及时将其研发成果申请了专利，并在专利保护下将伽玛刀的更新换代产品推向了市场。

3.2.3 引进吸收型战略

引进型战略是一种主动采取"拿来主义"的做法❷。企业通过专利有偿转让、专有技术转让等形式直接利用他人的专利技术和其他技术成果。一个企业不论有多强的技术创新能力，也不可能研究、开发出所有的技术，而国际上技术贸易机制已越来越健全，为技术引进创造了良好的外部环境。技术引进本身具有一些优点，如可节约大量的研究、开发费用，避免研究、开发风险，收效快等。正因如此，引进型专利战略在发达国家也是广为运用的。例如，尽管美国是世界上技术输出大国，但每年也要花费数亿美元用于引进技术。而日本则是运用这一战略最成功的国家。日本每年从国外引进技术2000项以上，花费20亿美元，这些技术80%是专利技术。日本松下公司原来是一个不起眼的小厂，现在已成为日本第六大企业，这与它从世界上成功引进400多件专利有很大的关系。当然，引进型战略的运用必须与对引进技术后的消化、吸收、改进、创新结合起来，否则会造成长

---

❶ 在研发新产品之前为什么一定要进行专利检索［EB/OL］．［2008－11－18］．http://www.bjipo.gov.cn/include/wenzhang.jsp?id=11302124590017.

❷ ［EB/OL］．［2007－05－18］．http://www.dgpatent.com/zlzl/cqiyie_jishucx.htm.

期依赖他人技术，缺乏独立技术创新能力的后果。

我国每年都要花费相当数额的资金从国外引进先进的技术和设备。在对引进技术进行消化和吸收的基础上，企业根据自己的技术实力，以及具体的特殊应用的需要，有选择地对一些产品进行改进，以及二次开发，从而进一步形成自己的产品。从研发战略上讲，这就是消化吸收的研发战略。其中，可能涉及国外专利技术的引进，即专利转让或许可战略；有选择的二次开发，可能涉及避开专利技术战略或者外围专利战略等。

根据技术扩散的规律，发展中国家可以从发达国家的技术转移和技术贸易中获得比本国先进得多的成熟技术，以尽快地满足国内对先进技术的需求，并逐渐缩小与发达国家的技术差距。一般来说，技术引进可以获得如下的优势：

1) **成本优势** 引进技术可节省大量的技术研究和开发费用，降低技术获得成本，从而降低企业产品生产成本和市场价格，而且可用节省的资金投资促进经济增长。

2) **可缩短技术开发周期** 技术引进可节省大量技术开发研究的时间，这是发展中国家通过引进技术能缩小与发达国家技术差距的重要因素。

3) **降低技术开发的风险** 技术研究与开发必须探索技术方向、技术商业化的可行性与途径，市场风险非常大，而技术引进则风险要小得多。

4) **市场优势** 由于引进技术加工的产品具有成本较低的优势，加上通过引进技术使引进国短期内获得技术提升，这就会提高动态比较优势，进而提高产品市场竞争能力。

引进技术不仅可推进狭义的技术进步，对广义的技术进步也有很大的推动作用。因为，技术引进要求引进国形成对引进技术的支撑体系，即对已引进技术的消化、吸收的能力，并且促进产业组织优化组合，采用先进的管理方式。这些都可大大地补充引进国的技术能量，提高技术研发能力，提高管理水平和劳动生产率。

当然，技术引进也有某些不足：

1) 技术引进国对引进技术易产生依赖性，被动地跟随发达国家的技术变化会抑制发展中国家的技术研究与开发能力的增长，使自主 R&D 能力提高速度缓慢，缺乏对基础研究的方向感。

2) 随着发展中国家与发达国家技术差距的逐渐缩小，发达国家对自己的高新技术保密程度增加，并对有些重要的技术创新严格限制出口，使发展中国家进一步引进发达国家的高新技术出现困难。尤其是一些高新技术多以知识和软件形式存在,且技术开发周期短,成熟期短,新技术的使用前期利润丰厚,后期使用的利润大大下降,衰退快,换代快,难以模仿。

这些因素使发展中国家的后发优势逐渐消失。因此,当发展中国家实施追赶,使技术差距逐渐缩小,技术梯度明显提高到一定高度时,再以技术引进为主的方式来推动技术进步,就可能失灵,发展中国家必须调整技术进步战略。

1)重视引进吸收先进技术,有效实施专利战略。由于韩国科技发展基础原来比较薄弱,自主开发能力差,因此政府选择了一条积极引进技术、以引进带动自主开发,形成产业优势的发展道路❶。从 1962 年开始,韩国通过技术贸易、吸收外资、与外国进行合作研究与开发等方式引进技术。同时,韩国很注意对引进技术的消化、吸收和二次开发,鼓励企业有选择地引进关键技术和设备,严禁一揽子引进成套技术设备。例如,韩国现代公司自 20 世纪 70 年代末引进国外发动机技术后,又专门设立了开发基金,扩建了研究所,通过长期坚持不懈的努力,到 1990 年 8 月终于开发出自己的汽车发动机。

2)企业走"引进——吸收——自主研发"的科技发展道路,形成自身竞争力。在"科技立国"战略的影响和科技政策的引导下,韩国企业经过引进、吸收技术,现已逐步过渡到自主研发阶段。近年来,在市场竞争和利益的驱动下,韩国企业已开始主动加大研发投入,力争摆脱对国外技术的依赖,创造新产品,参与国际竞争,形成竞争力。2003 年韩国企业研发支出达到 92 亿美元,居世界第 6 位。

3.3 技术开发过程中的专利战略

在研发项目的立项阶段,技术信息的收集和掌握与市场调查一样,对企业开展研发都是至关重要的。从文件角度上讲,专利文件记载了专利权人要求保护的技术方案。与此同时,专利记载的技术方案也为技术人员提供了技术信息。通过分析专利技术,不仅能够获取技术信息,也能够分析企业的专利布局和技术研究的动向,即专利文献集技术、经济、法律信息为一体。在不同的研发阶段,应需根据该阶段的特点进行专利战略的运用。与企业制定专利战略的关联因素有很多,对不同企业来说关联程度不尽相

---

❶ 秦涛,黄军英.[EB/OL].[2008-11-18]. http:// www2. upweb. net/peradmin/htmlfile/ tibetren/ 200504011042467405067. htm.

同。在制定专利战略时，应在与企业制定专利战略密切关联因素中选择关键因素，将其分离出来，为企业制定专利战略提供依据。

3.3.1 制定开发计划时的专利战略

企业技术研发计划的制定过程也是专利检索与分析战略的实施过程，这反映了企业技术研发战略与专利战略的紧密结合。企业技术研发往往需要在获得的专利基础之上进行技术产品的市场化，这也使得企业专利技术研究、开发计划的制定需要将技术研发战略与专利战略紧密地结合起来，在实施技术研发战略时，充分体现专利战略的思想，充分利用专利分析手段开展技术研发。企业专利技术研究开发前，首先应当选题，在进行立项决策后制定具体的研究开发计划。这一过程离不开对技术路线的调查、论证，其中少不了充分利用专利信息。企业在这一阶段需要弄清许多情况，其中特别重要的是技术动态、取得专利的可能性以及其他企业相关专利的情况。为此，企业在制定研发计划时应充分利用专利信息。

3.3.1.1 实施专利调查与分析战略

专利调查战略是一项基础性战略，专利调查包括下列 6 种。❶

1. 技术动向调查

这是指在广泛搜集过去及新近出现的技术信息的基础上，分析当代技术水平并预测今后技术发展动向而进行的调查。主要供研究、开发新产品新技术参考。例如，通过对一项技术专利申请量逐年变化的情况的分析，便可以对该项技术是"朝阳技术"还是"夕阳技术"作出初步判断，并用于指导制定研究开发策略，选择研究开发课题。例如，人类的照明在原始状态只能是月光，后来发明了蜡烛。在发明电灯之后，人类逐渐进入电器时代。而照明用电灯也逐渐由钨灯到钠灯、荧光灯和真空灯等。随着照明灯的功率增大，灯泡的亮度也增大。在电灯以后的技术均在专利文献中有相关的记录。通过对专利文献的分析，可以预测出更新的照明措施应该是功率更大，照明效率更高的产品。

2. 专利性调查

这是在专利申请前为判断该发明创造有无专利性而进行的调查。这里讲的有无专利性，对发明和实用新型而言，是指有无新颖性、创造性、实用性；对外观设计而言，是指有无新颖性和工业实用性。不同的国家的专利制度不完全相同，我国的实用新型和外观设计专利的审查是初步审查制，

---

❶ [EB/OL].[2007-05-21]. http://www.4ge4.com/yaoxue/jingzhang/zhuanlixinxi/51857.html.

即没有对实用新型和外观设计的授权实质性条件进行审查，只要满足格式审查条件和明显缺陷审查，即可授权。因此对此类专利要根据相关的专利法律要求，进一步判断是否满足专利授权性条件。如果不满足授权性条件，企业即可通过无效程序将该专利无效。同时，如果该专利即将到期且该产品在市场上还有大量的需求，企业就可以在专利无效前进行准备，待专利无效后即可将产品投放市场。

3. 公知性情况调查

如果企业已经决定执行的某项产品的研发方案，就需要通过检索或者查阅相关的文献来确认该方案的可行性。这是指为判断已公开或公告的发明创造专利申请，或已获得专利权的发明创造的专利性而进行的一种调查。这种调查，对新产品新技术的研究开发、回避侵权行为和专利权无效宣告请求等，是必不可少的。

4. 法律状态调查

所谓法律状态，是指某项特定技术是否是专利技术、是何种专利技术、是否是有效专利、专利权的期限还有多长以及特定技术和特定专利之间的关系等情况。这种调查，对于技术和新产品进出口、技术价值评估十分重要。

5. 同族专利调查

这是指特定国家的特定专利是否在其他国家取得专利而进行的一项调查。这种调查，对该技术商业价值的评估、技术和产品的进出口十分重要。

6. 监视调查

这里讲的"监视"，一般指对特定竞争对手专利申请动向和取得专利权的情况的监视，也指对特定的引人注目技术的专利发展过程的监视。这两种监视，常常可以相互结合或交替使用。

专利调查的主要工具是专利文献，但也不应排除非专利文献（如重要的科技刊物、专著、手册等）。企业专利技术研究开发前，首先应当确定选题，进行决策，并制定具体的研究开发计划。选题的确定离不开对选题的调查、论证，而其中少不了充分利用专利调查战略。充分利用以专利文献为核心的专利调查，可以防止没有技术创新价值和知识产权意义的低水平重复，保障企业的技术研究开发活动沿着正确的方向进行。

企业在这一阶段需要弄清许多情况，其中特别重要的是技术动态、取得专利的可能性以及其他企业相关专利的情况。为此，企业应充分利用专利调查战略。概括地讲，企业在确定研究开发选题，制定研究开发计划上利用专利调查主要是为了弄清本企业在研究开发前所处的地位、竞争对手状况、本企业在技术上的优势和不足、预测技术的发展动态、对取得专利的可能性进行评价、对其他企业的专利状况和技术动态进行评价。

3.3.1.2 海尔集团的专利调查战略

海尔集团公司在这方面提供了一些经验[1]。公司坚持以技术创新为手段的品牌经营模式，在技术创新计划阶段重视专利调查战略的利用。公司重视技术开发与专利信息紧密结合。其在研究开发的立项阶段所采取的专利调查工作的主要做法是：在立项前，先进行该项目课题的国内专利检索，了解该技术在国内的起步、发展及目前最先进状况；同时，进行相关国外检索，确定在项目产品中处于优先地位的目标公司，掌握其最早申请专利的国家和地区以及相关技术资料，再进一步了解其专利申请的广度和范围，分析该产品在国际市场中的地位，形成一系列技术资料，以此作为立项依据之一。公司还按照产品门类和技术领域建立有针对性的专利文献库，跟踪世界上最先进的科技成果，指导技术创新项目。具体体现为：

1) 在专利文献检索的基础上寻求技术合作开发方，通过强强联合，确定攻关重点，避免重复开发；

2) 通过优胜劣汰，选择国际化、优秀的分供方，通过技术开发缩短开发周期；

3) 为出口贸易、海外建厂提供决策依据。

以选择何种类型产品作为投产品种为例，海尔在制定企业专利技术研究开发计划阶段注意跟踪冰箱技术在美国的专利文献，对与海尔相关的美国专利进行全面的筛选分析，找出容易发生侵权纠纷的技术方案，进而指导海尔的技术研究开发，提高自身的技术应用水平。海尔在坚持自主研究开发的前提下，通过追踪和借鉴相关专利信息，在技术开发阶段善于寻找能够形成有效地占领市场的技术方案，以提高整体技术实力。海尔利用有效的专利文献，指导企业的专利技术开发，为公司在选择技术应用、投资决策和确定专利保护方案等方面发挥了重要作用。

【案例9】运用专利检索降低投资风险[2]

2004年12月，从事家具出口的区内企业某公司获知一种特型儿童玩具在美国很有市场，且利润丰厚，经研究分析后准备投入100余万元生产该

---

[1] 胡神松. 企业技术创新与专利战略研究 [D]. 武汉理工大学硕士研究生论文，1996：26—27.
[2] 玩具案例：运用专利检索：降低投资风险. [EB/OL]. (2005 - 01 - 19) [2008 - 11 - 18]. http://info.toys.hc360.com/2005/01/19084023131.shtml.

产品出口美国。一次偶然机会该公司负责人遇见设在顺德的佛山科顺专利事务所的梁律师。闲聊中公司负责人谈到了投资生产玩具一事,并说正准备买地建厂房、采购设备。梁律师当即劝他暂缓,建议其进行专利检索,了解清楚该产品是否已申报专利。后经梁律师检索,该产品早在数年前美国一家公司就已开发,并获得了 12 项美国专利,若将该产品销往美国,将引发专利纠纷,投资该产品不仅赚不到钱,连投资都可能无法收回。律师建议该公司放弃该项目的投资计划,转向其他产品的投资,以规避风险。公司负责人采纳了律师建议,放弃了该项目投资从而减少损失百万余元。

【案例 10】一样的研发,不一样的结果❶

瑞典阿斯特拉(Astra)公司研发的抗溃疡药物奥美拉唑片(质子泵抑制剂)最高年销售额曾达 60 亿美元,该药品的原批准专利于 2001 年过期,配方专利于 2005 年过期。有 4 家制药企业从 2001 年起开始生产该药,阿斯特拉公司起诉这几家公司侵犯其配方专利权。结果 2002 年美国法院判决这 4 家公司中的 3 家停止销售奥美拉唑片,但其中 1 家公司不受限制。因其所采用的配方不同,这家公司所拥有的新配方专利权成立,使自己的产品市场得到了保护。

由此可见,充分发挥科技调查和专利战略分析是制定 R&D 项目的必修课。据统计,由于不重视查新和专利战略分析,我国科研项目重复率达 40%,而另外 60% 中部分重复的在 20% 以上,同时与国外重复的也约占 30%,其中大部分为国外已公开的技术,从而造成人、财、物的大量浪费。

3.3.2 实施研发计划时的专利战略

企业技术创新研究开发的成果很大一部分表现为技术发明。一般地说,企业研究开发有以下几个具体的目标:

1) 开发出全新的技术;

2) 对现有技术进行全面改进;

3) 对一部分技术进行开发改进。

为此,企业在技术研究开发阶段可以采取以下几种专利战略。

这一阶段的专利战略主要涉及以下内容:

1) 利用专利信息为向导进行研究、开发,企业利用专利信息除保证研究、开发计划选题的正确性外,还可以开拓研究视野,启迪研究思路,提高研究开发效率。不仅如此,还可以解决新技术、新产品开发过程中遇到

---

❶ 景元利. 专利保护相关案例 [EB/OL]. [2008-11-18]. http://www.178yy.com/news/2005/7/20057612010.htm.

的难题。

2）监测其他企业技术开发和专利进展动态，及时采取对策。对其他企业技术动态与专利进展情况的了解不仅仅限于制定研究、开发计划阶段，在本阶段同样具有重要意义。如发现第三人的专利对本企业构成妨碍，则应适时采取专利排除策略。在有的情况下无法排除竞争对手的专利，也无法绕过去，就只能停止原研究、开发计划的实施。在这方面，日本索尼公司电子照相机的研究开发经验值得借鉴。当然，也并不是在任何情况下都要停止研究、开发工作，如果争取到专利实施许可或交叉许可，就可以解决与竞争对手专利相抵触的问题。

3）企业在基本技术开发和申请专利时，应注意及时对基本技术的应用和改进申请专利。这样一方面可以巩固基本专利的垄断地位，另一方面可以防止竞争对手抢先开发并申请专利，实施反包围，从而避免自己的基本专利丧失活力。

对于不拥有基本专利的企业可以在他人基本专利周围设置自己的专利网。具体内容是：当竞争对手有一项关键的关于某项产品的基本原理的专利时，可以围绕该核心技术开发出一系列的专利，每一个专利都有不同程度的改进。这些改进专利覆盖了将该核心技术进入商业应用时可能采取的最佳产品结构。这样就可以据此迫使拥有核心技术的一方同意交叉许可，从而获得对核心技术的使用权。

【案例11】专利技术的实施❶

利用氧化铬制作录像带的技术曾由日本某电厂的技术人员作过基础研究，但该厂对这一技术并未给予重视。美国的杜邦公司在这一研究成果基础上进行了研究开发，并取得了在日本的专利权。但该专利技术当时在商品化上还很不成熟，一时并未引起其他厂商更多的注意。后来，日本索尼公司通过专利情报分析，对其市场应用前景作了充分的肯定，于是决定对其进行技术开发，并迅速取得了杜邦公司在日本的该专利的实施权，终于使录像带成为索尼公司的摇钱树。又如，录像机也是由日本索尼公司发明的，录像机问世后市场状况日渐看好。但当时这种录像机存在的一个缺点就是容量小，放映时间短。日本松下公司发现了这一点，于是决定在索尼公司录像机的基础上进行技术开发，终于研制出一种容量大、放映时间长、质量更可靠的录像机，并及时申请获得了多项专利，很快占领了市场。改

---

❶ 企业专利战略［EB/OL］．［2008-11-18］．http：//www.iponline.cn/archiver/? tid-3003.html.

进专利战略有自己的优势,在改进他人专利的基础之上获得专利权,可以凭借已获得专利实施交叉许可战略,变被动为主动。因为在已有专利基础上进行二次开发,如开发的原专利产品的新用途、新方法,往往可以形成从属专利。由于从属专利是在原有专利的基础之上产生的,它和原有专利在技术性能上相比具有实质性的特点和显著性的进步,市场竞争力更强。虽然从属专利的实施需要取得原专利权人的许可,但原专利权人实施该从属专利也需要获得从属专利权人的许可。这样就为从属专利权人与原来的专利权人实施交叉许可奠定了基础。例如,日本的一家公司在对美国一公司在日本申请的专利加以研究后,在改进美国公司产品的基础之上申请了一项外观设计专利,由于该外观设计融入了日本文化意蕴,其产品比美国产品畅销得多。后来美国公司不得不和日本公司实施交叉许可。

企业在实施研发战略过程对其产生的成果,如果要申请专利,那么需考虑的主要问题有:

1) 采用专利保护还是技术诀窍(know-how)保护。对技术上不易被仿造,保密性好,而且预计在较长时间内能久盛不衰的项目,可采用技术诀窍加以保护。

2) 是否申请国外专利及对国别的选择。为出口应尽早向有市场前景的国家或地区申请专利,争取做到产品未到,专利先行。

3) 申请专利的种类。根据专利技术或产品的特点和条件也要结合专利审查制度的特点,适当选定申请发明、实用新型等专利。

4) 申请专利的时机。在实行先申请制的国家,一定要在产品设计方案完成后(如发明是配方或工艺,则在小批试制成功后),立即提出专利申请。申请前的研制阶段,注重保密。

3.3.3 完成研发计划时的专利战略

企业研究开发完成后,企业应着手进行技术的产品化和市场方面的工作。从这个方面上看,相应的专利战略也发生转变。这一阶段专利战略的重心是对取得的成果及时进行相应的知识产权评价,对符合专利性的技术创新成果及时申请专利,获得专利的保护。企业对于竞争对手多、市场需求量大,并且易被模仿的技术开发成果应及时申请专利。此外,基本专利技术与外围专利的专利网配合战略的问题也是需要注意的一个问题。企业研究开发的技术成果成功申请专利后,从专利战略的角度看,即进入专利权或者专利申请权的运用和对其他企业采取专利进攻对策的实施阶段。

由于专利申请大多实行早期申请延迟审查的制度,在完成技术研发阶段也要注意检索专利公告，如有新的专利在这个阶段公布，应及时调整专利战略和企业的经营，因此专利检索和分析仍是一个重要的工作。此外，当产品上市后，专利战略主要调整为专利实施、专利防御和专利诉讼战略上来。

3.3.3.1 专利实施战略

专利的实施主要有两个主要方面[1]：一个是指通过专利权转让、专利申请权转让、专利许可实施形式将技术应用转化为实用技术，并为企业带来经济效益。另一个是指企业主动实施专利技术。从许可的角度看：

1) 如果企业的专利有可能使技术标准化，那么通过专利技术的转让和许可可以加速该技术标准化的进程。例如，日本索尼公司就是运用此战略从中获取利益，它使本公司的 VHS 技术成为录像机标准。

2) 企业依照自己的发展战略，有相当数量的专利权自己并不实施，而是用于转让和许可，以获取巨大的经济利益。比如，目前国际上新兴的知识产权公司，这种公司并没有产业化生产规模，有的就是强大的研发队伍，如美国的高通公司，靠的就是大量的专利转让和许可而获取高额的利润。牡丹江光电研究所，拥有 18 项高精尖的专利项目，其中百瓦级准分子激光器、金刚石薄膜等专利技术均属高科技项目，该所转让 5 项专利技术和 6 项专有技术，仅转让费就收入 900 万元。

企业自行实施是指本企业的专利本单位独占实施，不对外转让或许可他人实施，以便独占市场。例如，1956 年美国哈罗德·兰斯伯格发明了静电喷漆技术，获得专利后，建立了兰斯伯格公司自行实施。后来发现不少侵权行为，成竹在胸的哈罗德一方面扩大经营，另一方面利用法律手段迫使 400 多家侵权企业向其支付了 20 多亿美元的赔偿金，从而在 1972~1976 年跨入美国利润最高企业的行列。

3.3.3.2 专利侵权防御战略

专利的侵权防御战略主要是指为保护企业的技术不被非法的模仿，企业积极对侵权行为采取有力的行动，如发出律师函、采取诉讼等手段或者措施进行的防御。

总之，企业在技术创新的全过程中，要在国内和国际市场取得成功，更需要的是深思熟虑地利用专利，而不仅仅是履行专利申请就完事。企业对专利战略的制定和利用应该是灵活的、系统的，这将关系到企业的未来

---

[1] 胡神松. 企业技术创新与专利战略研究 [D]. 武汉理工大学硕士研究生论文，1996：32.

发展。为了达到这个目标，企业应该将理论与实践相结合，制定和实施最适合于企业自身特点所需要的专利战略。

本章思考与练习

一、R&D 行为的特征。

二、技术研发战略与专利战略的关系。

三、影响企业技术研发战略定位的因素。

四、技术研发专利战略的模式。

五、研发过程中的专利战略。

第四章 专利申请中的专利战略

本章学习要点

1. 技术研发过程中明确申请专利的权利的归属
2. 专利申请与否的利弊及战略决策
3. 发明创造提交专利申请之前的准备
4. 专利申请方案的战略制定
5. 优先权战略在专利申请中的利用方式
6. 专利国际申请的作用和申请战略

4.1 明确申请专利权利的归属

企业获得新技术的途径主要有四种：一是通过自主开发的方式研制新技术；二是作为合作开发的一方当事人参与新技术的开发；三是通过委托开发的方式获得新技术；四是通过技术转让的方式获得。无论采用何种方式，企业在实施专利申请战略之际首先应当明确自己是否依法享有新技术的申请专利的权利。在不享有申请专利的权利的情形下擅自将新技术提交专利申请，企业不仅无法取得专利权（即使侥幸被授权，所获得的专利权也随时可能因此引发权属纠纷），而且还必须承担相应的法律责任。

4.1.1 自主开发新技术申请专利的权利

自主开发是指为执行本单位任务或者是在利用本单位的物质技术条件的基础上，由企业本单位职工研制开发新技术。根据《专利法》的规定，发明人为执行本单位任务或者主要是利用本单位的物质技术条件所完成的发明创造属于职务发明创造，其申请专利的权利属于向发明人安排工作任务或者提供物质技术条件的单位，在专利申请被批准之后，该单位即成为专利权人。

需要注意的是，企业本单位职工研制开发的新技术并非全都属于职务发明创造，一些发明创造是发明人根据个人爱好，利用业余时间完成的，既非执行所在企业的工作任务，也未利用企业的物质技术条件，那么此类发明创造则属于非职务发明创造。除非发明人与企业之间另有合同约定，否则非职务发明创造的申请专利的权利应当归属于发明人。因此，对于本单位职工研制开发的新技术，企业首先应明确该技术是否属于职务发明创造的范畴。

职务发明创造和非职务发明创造的区分主要在于以下三个方面。

（1）研制开发完成新技术的发明人是否属于企业本单位职工。对于非本单位职工所完成的发明创造，申请专利的权利一般应归属于完成发明创造的发明人，企业不得擅自将其作为职务发明创造提出专利申请。但是若企业为发明人提供了一定的物质技术条件，企业与发明人之间形成了合作开发或者是委托开发关系，双方可以在合同中约定由企业享有新技术的申请专利的权利。

所谓企业本单位的职工，既包括与企业之间形成了固定工作关系的发明人，也包括只存在临时聘用关系的发明人。即使发明人与企业之间并未签订聘用合同或办理人事关系转移手续，但若已经发生了实际的劳动聘用关系，那么即可认为该发明人属于企业本单位的职工。

（2）新技术的研制开发是否为了执行企业本单位任务。为执行本单位任务而完成的职务发明创造具体包括三种类型❶：

第一，发明人在本职工作中完成的发明创造。所谓本职工作是指发明人或设计人在其单位安排的岗位上应承担的职责范围内的工作。无论发明人或设计人所在单位是否曾经作出关于某项特定技术研究开发的具体指示，发明人或设计人在本职工作范围内完成的发明创造均属于职务发明创造。

第二，发明人为履行所在单位交付的本职工作之外的任务所完成的发明创造。若某项发明创造虽然并不属于发明人本职工作的范围，但是其所在单位曾经作出有关该发明创造研究开发工作的明确具体指示，那么该发明创造也应属于职务发明创造。

第三，发明人在退休、调离原单位后或者劳动、人事关系终止后1年内完成的，与其在原单位承担的本职工作或者原单位分配的任务有关的发明创造。为了防止科研工作人员在退休或者离职后，直接利用其在原单位的技术成果完成发明创造并申请专利，导致其原单位蒙受巨大的经济损失，我国特别规定发明人或设计人离职后1年期间内，与原单位工作相关的发明创造

---

❶ 《专利法实施细则》第12条。

应属于原单位的职务发明创造,由原单位享有该发明创造的申请专利的权利。

上述第三种类型的发明创造有时不仅仅与发明人或设计人所在原单位的工作任务相关,而且还利用了新单位的资金、设备等物质技术条件,那么,如何确认申请专利的权利归属呢?《最高人民法院关于审理技术合同纠纷案件适用法律若干问题的解释》中规定:"个人完成的技术成果,属于执行原所在法人或者其他组织的工作任务,又主要利用了现所在法人或者其他组织的物质技术条件的,应当按照该自然人原所在和现所在法人或者其他组织达成的协议确认权益。不能达成协议的,根据对完成该项技术成果的贡献大小由双方合理分享。"❶ 根据该规定,在上述情形下,发明人原单位与新单位均有权分享发明创造的申请专利的权利。需要注意的是,新单位的申请专利的权利应以其不侵犯原单位的商业秘密权为前提。

(3) 新技术研制开发的过程中是否主要利用了本单位的物质技术条件。利用单位物质技术条件完成的发明创造是指发明人自行完成的发明创造,既非为了执行本职工作,也不是为了履行单位所交付的其他任务,但是在完成发明创造的过程中,其利用了所在单位提供的资金、设备、零部件、原材料或者不对外公开的技术资料等物质技术条件。这里所说的物质技术条件不包括进入公有领域的技术信息,发明人对企业已经对外公开或者已经被相关领域普通技术人员公知的技术信息的利用,不属于对企业物质技术条件的利用。

对于利用单位物质技术条件所完成的发明创造,企业与发明人之间可以通过合同方式对其申请专利的权利的归属进行约定❷,既可约定由发明人或者是其所在企业的一方当事人享有,也可约定由双方按照一定的比例、方式共同享有。而约定发明创造归属的合同可以是劳动合同,也可以是针对特定发明创造另外专门作出约定的合同。

需要注意的是,若双方当事人对此类发明创造的权利归属未作特别约定,那么根据该发明创造对单位物质技术条件利用程度的不同,权利归属的确定方式也有所不同。若发明人在完成发明创造的过程中,全部或者大部分利用了其所在单位的物质技术条件而未支付相应代价,并且这些物质条件对发明创造的完成具有实质性的影响,那么该发明创造属于主要利用单位物质技术条件完成的职务发明创造,在未作约定的情形下,其申请专

---

❶ 《最高人民法院关于审理技术合同纠纷案件适用法律若干问题的解释》(2004年11月30日由最高人民法院审判委员会第1335次会议通过,自2005年1月1日起施行)第5条。

❷ 《专利法》第6条第3款。

利的权利应归属于提供物质技术条件的发明人所在单位。反之，若发明创造的完成仅仅是在较低程度上利用了发明人所在单位的物质技术条件，该发明创造则不能被视为职务发明创造，在与单位之间没有约定的情形下，发明人对该发明创造享有申请专利的权利。为了避免此类发的创造的引发的权利归属纠纷，企业应当尽可能事先通过书面合同的方式进行约定。

4.1.2 合作发明创造申请专利的权利

合作发明创造也被称为共同发明创造，是指两个以上单位或者个人合作开发完成的发明创造。对于企业而言，既可以与其他企事业单位进行合作，也可以与个人进行合作。

关于合作发明创造的申请专利的权利，《专利法》和《合同法》中均制定了相应的规定。合作当事人之间可以自行约定申请专利的权利归属，未作出约定的，申请专利的权利属于共同完成发明创造的单位或者个人，在专利申请被批准授权之后，提出专利申请的单位或者个人即为专利权人，共同享有该项发明创造的专利权。[1]

在与其他单位或个人共同享有申请专利的权利时，企业应特别注意，如果合作开发当事人一方不同意申请专利的，另一方或者其他各方不得将该合作发明创造提交专利申请。[2]只有在当事人一方声明放弃其共有的申请专利的权利的，另一方才可以单独提出专利申请或者由其他各方共同申请。专利申请人在该情形下就合作发明创造取得专利权之后，放弃申请专利的权利的一方当事人可以要求免费实施该专利。[3]

合作发明创造的专利申请权与其他财产权一样可以进行转让，若当事人一方转让其共有的专利申请权，则其他各方享有以同等条件优先受让的权利。

4.1.3 委托发明创造申请专利的权利

委托发明创造是指根据委托开发合同的约定，由一方当事人提供研究开发经费和报酬以及必要的技术资料和原始数据委托另一方当事人进行技术研究开发工作所完成的发明创造。其中，提供研究开发经费和报酬的当事人称为委托人，按照约定完成研究开发工作的另一方当事人称为研究开发人或受托人。

根据《合同法》的规定，对于委托开发完成的发明创造，当事人之间可以自行约定专利申请权的归属，若当事人之间未作相关约定，则专利申

---

[1] 《合同法》第340条第1款。
[2] 《合同法》第340条第3款。
[3] 《合同法》第340条第2款、《专利法》第8条。

请权归属于研究开发人。❶因此，企业在委托其他单位或个人进行技术研究开发时，一定要注意在委托开发合同中对申请专利的权利的归属作出明确的约定。

为了避免研究开发人的专利申请影响委托人对发明创造的利用，给委托人的利益造成不合理的损害，《合同法》第339条规定，委托人享有两项权利：一是研究开发人取得专利权的，委托人可以免费实施该专利；二是研究开发人转让其专利申请权时，委托人享有以同等条件优先受让的权利。需要注意的是，在研究开发人取得专利权之后，委托人虽然可以免费实施委托发明创造，但是其仅仅享有发明创造的使用权，无权将该发明创造许可他人实施，也无权禁止研究开发人自行实施或许可给第三方实施。

一些企业与其分单位或个人进行合作时，虽然双方当事人签订的合同名为"委托开发合同"但是双方均指派了各自的研发人员参与技术研发工作，并对发明创造的完成作出了实质性的贡献，那么此类技术成果则不应当按照委托发明创造的相关规定确定权利归属，双方当事人之间的合同关系属于实质上的"合作开发"关系。

4.1.4 受让技术申请专利的权利

从其他单位或个人引进新技术也是企业获得新技术的主要来源之一。在此情形下需要注意的是，技术转让并不等于申请专利的权利或专利申请权的转让。通常所说的技术转让包括专有技术的转让和专利技术的转让，而其中专有技术包括尚未提出专利申请的技术和已经提出专利申请的技术。在进行专有技术的受让时，企业首先应当在技术转让合同中明确有关该技术的申请专利的权利或专利申请权是否也随着技术的引进而转让，若技术转让合同中对此未作相关规定，那么就只能视为企业获得了该技术的使用权，但并未取得其申请专利的权利或专利申请权。

如果在技术转让合同中约定由技术转让方将该技术的申请专利的权利或专利申请权转让给受让技术的企业，受让企业应当特别注意以下两个方面的问题：

一是先用权人是否存在。根据《专利法》中有关先用权的规定，在专利申请日前已经制造相同产品、使用相同方法或者已经作好制造、使用的必要准备的先用权人在专利权被授权之后有权在原有范围内继续制造、使用。企业在进行专利申请权转让时，先用权人的存在将会导致专利申请权

---

❶《合同法》第339条。

受让企业的利益受到一定的影响,因此,企业应当充分了解该技术已经实施或者已经发生转让的情况。

二是受让技术是否符合专利法所要求的实质性条件,尤其是新颖性条件。若在专利申请日之前已经存在相同的技术在国内外出版物上公开发表、在国内公开使用或者以其他方式被公众所知,或者有他人向国家知识产权局提出了专利申请,那么企业即使受让了该技术的申请专利的权利,事实上也无法再实施其专利申请战略。为此,企业在签订专利受让合同时,除了应当了解该技术是否已经被公开或已经被提交专利申请外,还应当要求技术转让方在转让其申请专利的权利或专利申请权之后必须在一定的期间内保守技术秘密,以确保受让技术提交专利申请时符合新颖性条件。

4.2 专利申请与否的选择

在一项新技术研发完成之后,企业应根据技术的性质和特征确定是否将其提交专利申请。

未提交专利申请的发明创造具体包括两种类型的技术:一种是作为技术秘密(也称为Know-how)加以保护的技术信息;另一种是因企业主动或被动放弃专有权而导致其进入公有领域的技术信息。技术秘密属于商业秘密的一种,商业秘密所有人依法对其享有专有使用权。虽然专利保护和技术秘密保护是两种完全不同类型的技术保护方式,但需要注意的是,在一些情况下采用二者结合的方式可以更有效地保护新技术。

对于已经通过出版物或其他方式的公开被社会公众所知悉的技术信息,企业既不能通过申请获得专利授权,也不能将其作为一项技术秘密请求获得法律保护。一般情况下,对于自身所拥有的新技术的公开,企业往往处于一种无奈、被动的地位,但是从经营战略角度出发,技术信息的主动公开有时也不失为一种有效的策略。

4.2.1 专利保护与技术秘密保护之间的差异

4.2.1.1 权利取得方式不同

根据《专利法》的规定,一项发明创造只有经过法定授权之后,才能够获得专利保护,因此,从专利申请到专利授权必须要经过一定期间的审查程序。而对于技术秘密保护而言,只要该技术信息符合相关的法定条件,其所有人即依法享有技术秘密权,无须经过国家行政部门的授权或认可。从这一方面来看,采用技术秘密保护的方式更便捷,也更经济。

4.2.1.2 实质要件不同

作为专利权客体的发明创造必须严格符合专利法规定的条件，除了应当具备发明、实用新型和外观设计专利的法定基本特征（如发明必须是在利用自然规律的基础上所完成的技术方案）之外，还必须符合一定的实质性条件（如发明专利的新颖性、创造性和实用性）。而作为技术秘密加以保护的技术信息只需要具有秘密性和一定的经济价值，并采取保密措施至于该技术信息与现有技术相比较是否更为进步并不重要。

4.2.1.3 在信息公开方面的要求不同

根据专利法的规定，除了一些涉及国防秘密或国家重大经济利益可以申请作为保密专利之外，一般情况下，被提交发明专利申请的发明创造必须在专利申请日（如要求享有优先权的，则为优先权日）起满18个月后依照法律规定的程序向社会公众公开其技术内容。这也是一项技术获得发明专利的前提之一。而即使是在专利审查过程中不予对外公开的实用新型专利和外观设计专利申请，相关的技术信息或设计信息在专利申请被授权之际同样应当对社会公开。

相对而言，技术秘密保护则是以技术信息的秘密性为前提，只有在技术信息不为社会公众所知悉的情形下，技术秘密的持有人才能够根据《反不正当竞争法》的规定将该信息作为一种技术秘密请求获得法律保护。而一旦该技术信息被持有人或其他任何人向不特定人进行披露，技术信息的持有人即不再享有法律规定的技术秘密权。

4.2.1.4 时间性不同

专利保护具有法定时间性，根据《专利法》的规定，发明专利的有效期为20年，实用新型专利和外观设计专利的有效期均为10年，一旦保护期限届满，专利技术即成为公有技术，专利权人不得再禁止其他人利用该技术。与专利保护不同，技术秘密的保护不具有法定时间性，只要该技术尚未被不特定的社会公众所知晓，技术秘密的持有人即有权请求将其作为一种无形的财产加以保护。

4.2.1.5 排他性不同

专利保护具有绝对排他性，除了法律特别规定的情形之外，在专利授权之后，专利权人对相关的发明创造享有独占性权利，其他任何人即使通过独立研究获得相同的技术或设计，也不得未经许可擅自实施。

而作为技术秘密权人，其权利范围仅限于禁止他人通过非法的手段获得相关技术信息以及对此类非法所得技术信息的利用，但是并不能够排除其他人实施其通过合法方式获得的相同的技术,也不能禁止他人将独立研究得出的技术成果进行公开或申请专利保护。

4.2.1.6　法律救济方式不同

根据我国目前的相关法律规定,专利权人在他人未经其许可擅自利用专利技术时有权以侵权人为被告提起民事诉讼,要求法院责令其停止侵权并支付相应的损害赔偿。但是除了假冒他人专利的情形外,擅自利用他人专利技术的侵权人无须承担刑事责任。

与专利权不同,在发生侵权行为时,对技术秘密权人的救济更侧重于刑事救济方式。技术秘密权人除了有权要求侵权人根据《反不正当竞争法》的规定承担损害赔偿等民事责任之外,还可通过检察机关提起公诉,根据《刑法》第219条的规定追究侵权人的刑事责任。

4.2.2　专利保护与商业秘密保护的选择

从上述专利保护与技术秘密保护之间的比较可见,两种方式各有利弊。对企业而言,无论采用专利保护方式,还是技术秘密保护方式,均存在着一定的风险,但是二者所包含的风险形式不同。对前者而言,其风险主要在于权利的取得存在着一定的难度,而且一旦相关的发明创造在公开之后因缺乏新颖性、创造性等实质条件被驳回或者被宣告无效,该技术即成为公有技术,任何人均可随意利用。对后者而言,作为秘密保护的技术信息可能随着科学技术的发展被社会公众所知悉,或者是因第三人的违法行为而使秘密信息被泄露,从而导致其持有人失去原先所享有的专有使用权。

一项尚未被社会公众所知晓的新技术究竟是采用技术秘密方式加以保护,还是利用专利制度加以保护,其主要判断依据在于:包含技术信息的相关产品若通过销售或其他方式被社会公众获得时,该发明创造的技术内容是否已经一目了然(如一些机械设备的构造),或者有可能通过反向工程等技术分析被他人所破解。对于无法通过保密措施加以控制的技术信息,企业应当将其提交专利申请或者根据经营策略的需要放弃对该信息的专有权。

在采用技术秘密方式保护新技术时,企业必须注意严格做好保密工作,加强对职工保密意识的培训。除此之外,企业还应当注意,由于我国在专利授权方面采用先申请原则,其他企业完全有可能开发相同的技术并因先行提出专利申请而被授予专利权,一旦该技术的专利权被授予其他企业,那么对发明在先而申请在后的企业而言,若不具备先用权等合法依据,该企业即无权再实施该技术。为此,企业将技术信息作为技术秘密加以保护的同时应注意保留必要的在先使用证明作为先用权依据，以确保企业在发明创造的专利权被授予他人之后仍然能够依法在一定的范围内继续使用该技术。

4.2.3 专利保护与技术秘密保护的结合

专利保护和技术秘密保护的结合运用可以体现为以下两种方式：

一种是在技术保护范围上的结合。这种方式的结合通常是将一项复杂的技术分解为专利保护部分和技术秘密保护部分，将其中易被其他企业开发的技术提交专利申请，而保留一部分不易被开发的关键技术或核心技术作为技术秘密加以保护。

另一种是在技术保护时期上的结合。对于本企业遥遥领先、难以被他人破解的技术，企业可以在一段时期内暂时将其作为技术秘密进行保护，随后再根据同行业中其他企业的技术发展状况适时提交专利申请。这种方式既可以延长企业对该技术信息的专有使用期间，避免因过早提出专利申请而使技术信息的专有使用期间仅限于专利权保护期内，同时也可以使本企业的技术利用范围不必受到他人专利权的限制。

4.2.4 技术公开战略的应用

4.2.4.1 在放弃专利申请情形下的应用

一项发明创造完成之后，在企业确定放弃专利申请的情况下，该技术信息通常采用技术秘密方式加以保护，技术的公开往往是在企业保密措施不够严密、第三人非法窃取或者是他人研制开发了相同技术的情况下而被动进行。事实上，在一些特定的情形下，出版物公开等也可成为企业专利战略的一部分。

企业在实际经营过程中可能会遇见一种较为特殊的情形——一项发明创造既难以作为技术秘密加以保护，而且从经营战略角度看也不具备提交专利申请的必要性。若企业已经明确决定放弃专利申请并确信无法作为技术秘密加以保护时，通过出版物公开等可以阻截其他企业的专利申请，为攻占市场开辟道路。例如一件产品发明，如果预计产品的生命周期很短，与其提交专利申请不如在短时间内尽快占领相关市场，在此情形下，为了防止该发明创造被其他企业提交专利申请，企业可在加速产品市场开发的同时，将产品通过出版物公开或使用公开等途径告知社会公众。

这种战略对企业而言存在着较大的风险，若产品的生命周期或其中包含的经济价值远远超出企业的预计范围，那么由于该发明创造已经失去了专利法所要求的新颖性，企业自身无法再提交专利申请。此外，根据企业公开的技术内容，其他竞争对手也有可能对技术进行改进和创新，限制企业的技术发展空间。

4.2.4.2 在提交专利申请之后的应用

出版物的公开等在企业提交专利申请之后也可作为一项战略加以利用。许多国家在判断发明创造是否具有新颖性时采用混合新颖性标准或世界新颖性标准，若企业在我国国内提交专利申请之后及时将发明创造通过出版物等途径公开，即可以避免其他企业就相同的发明创造在其他国家取得专利权。但需要注意的是，在此情形下，企业自身若在优先权期限过后再向其他国家提交专利申请，那么不论在我国的国内申请是否已经由专利行政部门公开，由于企业自身的出版公开将可能导致其国外申请被驳回。

4.3 专利申请前的准备

为了确保发明创造的可专利性，有效地实施专利申请战略，提高企业在市场中的竞争优势，企业在发明创造完成之后、专利申请提交之前应当注意采取严格的技术保密措施，在充分进行市场调查的基础上合理地确定专利申请的方案和范围。

4.3.1 采取严格的技术保密措施

根据《专利法》的规定，技术内容在世界范围内公开出版物上的刊载以及通过制造、使用、销售、进口、交换、馈赠、演示、展出等方式的公开使用均有可能导致发明创造失去新颖性（专利法规定的新颖性丧失的例外情形除外），为此，企业除了应禁止本单位职工未经许可擅自将技术内容以论文发表或其他方式告知社会公众之外，还必须明确技术的利用是否属于专利法所称的"公开使用"，若通过相关产品的使用，社会公众虽然尚未具体知晓技术方案的内容，但是已经存在通过合法方式得知该技术方案的可能性，该技术方案即被视为已经通过使用的方式对外公开，即使所使用的产品或者装置需要经过破坏才能得知其结构和功能，该使用方式仍然会导致被提交申请的发明创造丧失新颖性。但是，若产品被销售或展示之后，所属技术领域的技术人员即使通过对产品的拆卸或分析，也无法得知其具体结构或材料成分，此类情形则不属于使用公开，企业即使在其后才提交专利申请，相关的发明创造仍然符合专利法所要求的新颖性标准。

【实例1】

某市甲公司在为乙公司设计建造住宅时，在住宅中使用了其研制开发的"壁式建筑物构造装置",该装置在建筑物完成时已完全被混凝土覆盖。虽然从建筑物外部无法了解该装置的技术内容,但是在建筑物交付乙公司使用时,事实上已经使技术方案处于公众可以知晓的状态。因此其后甲公司提交专利申请时,国家知识产权局以该发明创造缺乏新颖性为由驳回了专利申请。

除此之外,在进行技术贸易谈判、技术交流时,企业也应当采取非常审慎的态度。一般情况下不要轻易地泄露研发方向、研发阶段和技术内容,若为了签订技术许可合同不得不将技术信息告知合同对方当事人时,企业应当事先(或在技术许可合同中)与对方当事人签订技术保密条款。

如果由于在国际展览会(仅限于我国政府主办或者承认的国际展览会)上的展出、特定的学术会议或技术会议上发表或者是他人未经许可擅自泄露而导致技术信息被公开,企业可及时采取补救措施,在技术公开后6个月内提交专利申请并声明适用专利法中规定的新颖性丧失的例外情形。

4.3.2 进行充分的市场调查

所谓"知己知彼百战不殆",企业在提交专利申请之前应当对技术市场和产品市场有充分的了解。市场调查可以在技术研发完成之后才进行,但是若企业在技术研发之前或技术研发的过程中已经完成市场调查这一环节的工作,则更有利于企业作出专利申请决策、选择专利申请时机。

忽略市场调查的专利申请往往会出现以下两方面的问题:

一方面是专利技术难以实现商品化。由于缺少必要的市场调查,企业对技术或产品的需求缺乏了解。在这种情形下盲目将发明创造提交专利申请,就有可能产生一些难以实现经济价值的"垃圾专利",那么即使该申请获得专利授权,企业也难以通过技术转让、技术许可或产品制造、销售的方式回收投资成本,造成人力和财力的浪费。

另一方面是专利申请难以确保合理化。在提交专利申请时,企业应当确定专利申请的类型、专利申请的技术范围和地域范围,而这些事项往往与技术市场和产品市场的需求存在着密切的联系。因此,企业只有通过调查,对专利申请国的市场需求有充分了解的前提下才能够作出正确的决策,确保专利技术在将来得以实现利益的最大化。

4.3.3 合理地确定专利申请的方案和范围

在制定专利申请方案时,应考虑的主要事项包括:提交专利申请的时间、提交专利申请的技术、申请专利的类型(发明专利、实用新型专利、外观设计专利)、请求专利保护的技术范围以及提交专利申请的国家范围。

专利申请方案事关企业专利战略的成败。在进行技术研发之后，企业选择合理的专利申请方案不仅有助于专利申请成功获得授权，而且可以从战略上有效地限制竞争对手的技术攻势，以免功亏一篑。

4.4 专利申请战略

4.4.1 专利申请时机的选择

4.4.1.1 影响专利申请时机选择的主要因素

在确定将发明创造提交专利申请之后，企业应根据不同的情形选择合适的专利申请时机。选择专利申请时机的主要目的在于两个方面：一是防止发明创造的专利权落入竞争企业之手；二是通过时机的选择更有效地发挥企业的技术竞争优势。

企业选择专利申请时机时，主要应当考虑以下四个因素：(1) 发明创造的特征，即该发明创造是否会通过产品销售、使用等方式而导致技术内容被公开；(2) 发明创造的实施规划；(3) 发明创造在企业经营战略中的地位和作用；(4) 竞争对手的技术研发进展状况。这些因素需要结合在一起综合考虑，一些较为重要的，不适宜作为技术秘密加以保护的发明创造应率先提交专利申请；而对于竞争对手尚未着手研究开发，技术难度大的发明创造则可不必急于申请专利。

4.4.1.2 专利申请时机的选择方式

专利申请时机的选择通常可采用未雨绸缪、先占为主、伺机而待和后发制人四种方式。

策略一：未雨绸缪。指企业在研发工作全面完成之前即抢先提交专利申请。我国与世界上多数国家一样采用先申请原则，专利权授予最早提出专利申请的申请人，若因专利申请迟延导致相同的发明创造被竞争对手抢先申请专利，那么企业即使发明在先，也只能在符合先用权的一定范围内利用该发明创造。因此，在面临非常严峻的技术竞争的情况下，企业可在研发工作全面完成之前将经营战略中占据重要地位的发明创造抢先提交专利申请。虽然由于仓促申请，技术尚未成熟可能会导致专利申请中遇到一些问题，但企业可利用本国优先权策略将完善之后的技术再次提交申请以作补救。采用该策略时必须注意的是，完善后的发明创造应当在首次申请的申请日起1年之内提交。

策略二：先占为主。这是专利申请中最常见的一种策略，是指在技术研发完成之后在第一时间将发明创造提交专利申请。未及时提交专利申请的发明创造通常存在着三种风险：一是可能被他人抢先提出专利申请；二是可能因技术秘密的泄露使发明创造失去新颖性；三是可能因他人对相同发明创造的利用失去新颖性。因此，对于市场前景明朗、竞争激烈、易于被他人仿造的技术，无论配套技术是否趋于成熟，企业在完成发明创造之后应当毫不犹豫地争取在第一时间提交专利申请，以免因申请迟延而导致血本无归。与前一种策略相比较，在选择该策略的情形下，研发工作已经告一段落，技术较为成熟和完善，因此获得专利授权的把握较大。在采用该策略时需要注意的是，专利申请的提交并非意味着可以就此高枕无忧，企业应尽可能地在优先权期限内，围绕已经提交申请的核心技术开发研究外围技术，一方面可以利用优先权策略，将相关技术作为一件申请提出，从而减少专利申请费用，另一方面也可避免其他企业申请外围技术专利而形成反攻之势。

策略三：伺机而待。一些技术在研发完成之后，企业可暂且作为技术秘密加以保护，经过一段时间之后，根据产品市场开发的需要，或者是竞争对手的技术研发状况、技术信息的保密状况等，在必要的情况下才提交专利申请。这种策略较适合于两种类型的技术：一种是企业短期内未打算实施的储备技术；另一种是即使用于实施或产品生产，也无法被他人利用反向工程分析得出的技术。

策略四：后发制人。在竞争对手抢先完成相关的发明创造或者抢先提出专利申请，企业因此面临着严峻的专利攻势时，后发制人的策略可以帮助企业脱离困境。所谓"后发制人"，也就是以攻为守，针对竞争对手提交专利申请的技术申请一系列的改进专利，形成包围圈，迫使竞争对手同意将其基础专利技术用于交叉许可，达到变被动为主动的目的。虽然基础专利的实施不以改进专利的实施为前提，但是若存在他人申请的一系列改进专利，基础专利的有效利用将会在很大程度上受到阻碍，因此，为了取得较好的技术效果，专利权人通常愿意选择交叉许可的方式与改进技术的专利权人进行技术互换。退一步而言，即使基础专利的专利权人不同意进行交叉许可，改进专利的专利权人也可以根据自身技术实施的需要，依照专利法的相关规定向专利行政部门申请基础专利的强制实施许可。

4.4.2 专利申请技术的选择

技术的选择是专利申请策略制胜的关键之一。不属于专利保护范畴的科学技术成果以及专利法规定的不授予专利权的发明创造，企业即使提交专利申请也无法获得授权。前者包括：科学发现、智力活动规则和方法、疾病的诊断和治疗方法、动物和植物品种、用原子核变换方法获得的物质。这些类型的科学技术成果虽然对推动人类社会的发展作出了积极的贡献，但是其性质或特征具有一定的特殊性，不适于由个别人独占性使用，因此不属于专利法保护的对象；后者是指违反国家法律、社会公德或者妨害公共利益的发明创造。此类发明创造即使属于新的、有创造性的技术方案，由于其对社会具有危害性，与专利法的宗旨相违背，故而被排除在专利保护范围之外。

4.4.2.1 专利申请技术的分类

对专利申请技术一般存在以下几种分类方式：

（1）根据在企业经营战略中占据的地位，分为核心技术和外围技术。核心技术是指在企业经营过程中，对其产品或服务的质量起着重要影响的关键技术；而外围技术是指相关配套产品的技术，或利用延伸开发的方法从核心技术延伸所得的发明创造。

（2）根据技术的发展状况，分为基础技术和改进技术。若一项技术是其他同类技术开发的前提基础，此类技术被称之为基础技术；反之，如果一项技术是在其他技术的基础上加以改进而完成的，则被称为改进技术。

（3）根据技术在市场竞争中所起的作用分为进攻技术和防卫技术。进攻技术是企业率先开发的，实施对占领市场和树立竞争优势地位起着积极作用的发明创造；防卫技术则通常是指企业为了限制竞争对手的技术攻势而开发的，起着防卫或反击作用的发明创造。

4.4.2.2 专利申请技术的组合

企业将自身拥有的发明创造提交专利申请时，在时间充裕的情况下，应当考虑将不同类型的技术组合在一起申请专利策略，以便更好地实现技术竞争优势。专利申请技术的组合可以体现为申请形式上的组合，也可以体现在申请时机上的组合。

申请形式上的组合，是指根据专利法中单一性原则的规定，将属于一个总的发明构思的若干个技术方案同时提交专利申请。这种组合既可以体现为将产品、产品生产方法、产品生产设备和产品用途之间进行任意组合，也可体现为相关产品之间的组合或相关方法之间的组合，但其前提条件是这些技术方案之间必须至少具有一个相同或相应的特定技术特征。

申请时机上的组合可细分为下列两种情形：

1）全线出击 所谓"全线出击"是指对于拥有明显竞争优势、预计竞争对手难以在短时间内开发出相同发明创造的核心技术，企业在完成研发工作之后，不必急于申请专利，而是围绕着核心技术进行外围技术的开发，待外围技术研发成熟之后再一并提交专利申请。一些核心技术和外围技术可能并不属于一个总的发明构思，在形式上不能组合在一起申请专利，但是企业可以选择同一时间提交申请或者是在距离较短的一段时间内提交。采用这种策略可以通过技术的组合形成具有很强竞争力的专利网，避免因竞争对手在利用核心技术的基础上申请外围技术专利，而使企业的市场空间受到限制。

2) 分批出击 所谓"分批出击"是指企业在完成一系列相关的技术开发之后，不将其一并提交专利申请，而是根据技术开发的难易程度、技术在产业发展中的重要性以及竞争对手所掌握的技术状况对新技术进行分类和规划，分批提交专利申请。若产品的生产或技术的实施必然导致核心技术被公开，企业可以先提交该核心技术的专利申请，而后再提交外围技术的专利申请；反之，若核心技术难以被他人破解，则可先申请外围技术专利，而后再申请核心技术专利。通过这种不同申请时间上的组合，既可有效地阻止竞争对手的技术研发进程，也可更好地利用专利技术的竞争优势。

4.4.3 专利申请类型的选择

企业在决定将一项发明创造提交专利申请之后，必须确定提交专利申请的类型——发明专利、实用新型专利或者是外观设计专利。

发明专利、实用新型专利和外观设计专利的法律特征各有不同，专利法对这三种类型发明创造所给予的法律保护也有所差异。

4.4.3.1 发明专利

专利法中的发明是指对产品、方法或者其改进所提出的新的技术方案。这种技术方案应当是在利用自然规律基础上形成的具有创造性的技术构思。游戏规则、数学计算方法、运动训练方法、商品陈列方法等根据人类精神领域的活动规律或者人为制定的规则所提出的方案，即使具有一定的创造性，也不属于专利法意义上的发明。

【实例2】

一项名为"HEH图书目录卡编印法"的发明专利申请，专利申请人申请发明专利保护的编印法，事实上是将图书版权页的信息内容在目录卡这种信息载体上进行表达和再现，其目的在于更好地将相关的信息被人理解并获得，这种方法并未涉及任何自然规律和自然力，因此不具有专利法意义上的发明的必要特征，不能获得专利保护。[1]

发明与发现之间的主要区别在于发明是在利用自然规律的基础上形成的客观上能够重复实施的技术方案，而科学发现则是指对自然规律或自然界中客观存在的物质的认识和揭示。

我国专利法根据发明具体内容的不同，将发明分为产品发明、方法发明和用途发明。

产品发明是指在利用自然规律基础上形成的，与可用于产业制造的新产品相关的创造性技术方案。对于产品发明所创造的新产品的物理形态没有特别的限制，既可以表现为固体形态，也可以表现为液体、气体等其他非固体形态；可以是日常生活的消费品，也可以是各种产业活动中所需要的材料、部件、机械或设备等。

方法发明是指在利用自然规律的基础上形成的，与产品的制造方法、技术问题的解决方法相关的创造性技术方案。一项方法发明可能同时伴随着相关的产品发明，但也可能是与产品制造无关的技术方法（如液体浓度测量方法等），只要能够解决一定的技术问题，实现一定的技术效果，该方法即可成为专利所保护的客体。需要注意的是，方法发明专利和产品发明专利的保护存在着不同之处：一项产品发明被授予专利权之后，其他任何个人或单位无论采用何种方法擅自生产该产品均构成专利侵权行为；而对于一项方法发明专利而言，若其他个人或单位能够证明其产品是采用与专利方法不同的其他方法制造，那么专利权人即无权制止此类产品的生产行为和销售行为。因此，企业在提交与产品制造相关的方法发明专利申请之前，应对通过该方法制造的产品的专利性进行检索和调查，对于有可能获得专利授权的新产品，除了将其制造方法提交专利申请之外，还必须同时提交产品发明专利申请。

用途发明是指在利用自然规律基础上形成的，能够使现有产品的性能、功效得到改善，或者使原有的方法能够产生更好的效果的创造性技术方案。根据改进内容的不同，改进发明又可以进一步细分为产品改进发明和方法改进发明。

与其他两种类型的专利相比较，发明专利的创造性要求最高，保护时间最长（有效期自申请日起 20 年），但审查程序最为严格，审查期间也相应较长。

---

[1] 北京市高级人民法院知识产权审判庭．知识产权审判案例要览［M］．北京：法律出版社，1999：48．

综合上述特点来看，发明专利适合于以下两种类型的专利申请：

一种是与无固定形态的产品或者技术方法相关的发明创造，如"一种可燃气体完全氧化催化剂"或"处理受污染气体的方法"。由于实用新型专利和外观设计专利均要求发明创造必须与特定的产品相联系，并且相关的产品应当具有一定的形状和构造，因此若一项发明创造的内容为无固定形态的产品或技术方法，该发明创造只能提交发明专利申请。

另一种是创造性显著的发明创造。发明专利的保护时间最长，因此对于技术难度大、研发投资金额较高的发明创造，无论其能否申请其他类型的专利，企业首先应尽可能争取获得发明专利，从而使技术的价值得以实现最大化。

在符合单一性原则的前提下，多项产品发明、方法发明或改进发明可以作为一件专利申请提出（例如，属于一个总的发明构思的两个以上的产品、两种以上新的技术方法，或者是产品与生产该产品的方法、用途、实施相关方法的设备等之间的任意组合），若其中的一个技术方案涉及上述两种类型的发明创造时，那么也应当提交发明专利申请。

4.4.3.2 实用新型专利

实用新型是指对产品的形状、构造或者其结合所提出的适于实用的新的技术方案。若产品形状或构造的变化并非采用技术手段解决技术问题（如植物盆景的形成更多取决于植物自身的生长特性），或者未导致产品的技术性能发生变更（如纯粹的图案设计），此类技术方案则不属于专利法意义上的实用新型。

与发明一样，实用新型也属于在利用自然规律基础上形成的具有创造性的技术方案，但二者之间存在一些差异，主要体现在以下四个方面：一是实用新型对技术方案的创造性要求相对较低，因此又被称为"小发明"；二是实用新型所涉及的对象限于具有确定形状和构造、可用于产业上重复制造的产品，而化学方法、产品制造方法、产品用途等各种方法则不属于实用新型专利的保护范围；三是实用新型专利申请无须经过实质审查程序，可以较快获得专利授权；四是实用新型专利保护期限相对较短（10年）。因此，产品生命周期较短、创造性不够显著或者在研发过程中投资较少的而有固定形状和构造的产品较适合于提交实用新型专利申请。

一些对产品的形状、构造或者其结合所提出的技术方案具有显著的创造性，既有可能被授予发明专利，也可申请实用新型专利。为了慎重起见，企业在提交专利申请时可以将该发明创造在同一日既申请实用新型专利，又申请发明专利。采取该专利申请策略时，企业需要注意以下两点：

一是必须注意时间上的同一性。如果实用新型专利和发明专利在不同日期提交，且在后的专利申请并未以相同技术方案的在先申请主张优先权，根据《专利法》第22条中新颖性的相关规定，除了他人在其申请日前提交的专利申请之外，申请人自行提交的在先申请也将构成其在后申请的抵触申请，而由于抵触申请的存在，其在后申请自然也就不可能获得专利授权。

二是提交申请应当分别说明对同样的发明创造已申请了另一专利。如果未作说明，专利行政部门将按照《专利法》第9条第1款关于同样的发明创造只能授予一项专利权的规定处理。一般情况下，如果这两件申请均符合授权条件的，专利行政部门将通知申请人对这两件申请进行选择或者修改，专利申请人可以有一次选择或修改的机会。对于那些明确声明将一项发明创造既申请实用新型专利，又申请发明专利的，由于对实用新型专利申请不进行实质审查，专利申请人能够较快取得专利授权，专利行政部门对实用新型专利进行授权公告时将同时公告申请人已申请了发明专利的说明。在对发明专利申请审查之后未发现驳回理由的，申请人将会被通知要求在规定期限内声明放弃实用新型专利权，在申请人作出放弃声明之后即可被授予发明专利权。

4.4.3.3 外观设计专利

外观设计是指对产品的形状、图案或者其结合以及色彩与形状、图案的结合所作出的富有美感并适于工业应用的新设计。与发明专利和实用新型专利不同，外观设计专利并不保护与产品内在性能相关的技术方案，而是保护与产品的外形相关的新设计。但需要注意的是，纯粹观赏意义上的美术作品或者是与产品无关的自然物、发型的设计等并不属于专利法保护的对象，只有与具有实用价值的产品相结合、通过视觉能够观察到的设计，才可能被授予专利权。

作为外观设计载体的产品必须有相对固定的形状，既可以是具有立体造型的产品，也可以是平面形状的产品，但是若包含有气体、液体及粉末状等无固定形状的物质而导致其产品形状、图案、色彩不固定，该产品的设计则不属于专利法所保护的外观设计。

在一件新产品开发研制成功之后，企业通常首先考虑的是将相关的技术方案提交专利申请，而事实上，产品外观设计的专利申请也是不容忽视的。随着人类社会物质文明和精神文明的进步，人们在购买产品时除了希望其具有良好的技术性能外，同时也希望利用造型美观的产品来美化生活环境、提高生活质量，因此一件产品所具有的独特的美感往往可以成为吸引购买者的最佳广告。除了及时将新开发产品的外观设计提交专利申请外，对于一些在技术上已经较为成熟的产品，企业也可以通过外观设计上的标新立异使自己的产品在竞争中脱颖而出。

在提交外观设计专利申请时，企业必须注意的是，外观设计专利的权利范围仅限于专利申请人指定类别的产品或者相近似种类产品❶，对于不同类别的产品，即使设计相同，二者也不属于相同或相近似的外观设计。为了阻止他人在其他相关的产品范围使用相同的设计，企业应当对使用该设计的产品范围进行全面策划之后再提交专利申请。

提交专利申请的外观设计，除了应当与相同或相近种类产品上的现有设计或者抵触申请的设计有所区别之外，还不宜单纯模仿自然物、自然景象的原有形态或著名建筑物、作品的设计，也不宜采用基本几何形状进行细微变化设计或者将其他种类产品的外观设计进行简单的组合或转用。否则，即使侥幸获得专利授权，也可能由于不符合新颖性或非显而易见性要求而被宣告专利权无效。

外观设计专利在一些特定的情况下与著作权之间会发生权利重叠。例如一种包装袋的图案设计，若该图案具备著作权法所要求的独创性，那么即可作为美术作品获得著作权法的保护，而另一方面，具备新颖性和工业上可应用性的此类设计也可申请获得外观设计专利保护，在侵权行为发生时，权利人既可以主张外观设计专利权，也可主张保护著作权。但是由于著作权不能禁止他人利用出于巧合独立创作完成的相同的设计作品，而外观设计专利具有较强的排他性。申请外观设计专利可以更好地维护企业在市场中的竞争优势。

4.4.4 专利申请范围的选择

专利申请范围是专利申请人在申请文件中披露的，请求给予专利保护的范围。企业在提交专利申请时应当在对现有技术充分检索的基础上，对专利申请范围进行周密的策划，尤其要避免出现以下问题：

一是专利申请范围与现有技术发生重合。现有技术既包括已经进入公有领域的技术，也包括已经被授予专利权的技术或由他人提交专利申请、虽然尚未授权但已经被公开的发明创造。企业自身提交的、尚未被授权的其他在先专利申请不属于现有技术的范围。在专利申请范围与现有技术发

---

❶《最高人民法院关于审理侵犯专利权纠纷案件应用法律若干问题的解释》（2009年12月21日最高人民法院审判委员会第1480次会议通过，自2010年1月1日起施行）第8条。

生重合的情况下，属于现有技术的那一部分技术范围将由于缺乏新颖性和创造性而不能获得专利授权，即使侥幸获得授权，也仍然可能在日后被宣告无效。当然，企业在专利审查过程中可依法对专利申请进行修改，但是若修改被认为超出原先的专利申请范围，这种修改是不允许的。

二是专利申请范围过于狭窄。一些企业由于担心专利申请不能获得授权而将申请保护的技术限定在一个较小的范围内，结果导致竞争对手在该发明创造与现有技术之间见缝插针，将不构成等同关系的相关技术直接用于实施或另外提交专利申请，使企业专利技术的市场空间受到严重的侵蚀。因此，在不与现有技术发生重合的前提下，企业不仅应尽可能扩大独立权利要求所设定的权利保护范围，而且应当对可添加的附加技术特征进行周密的分析和设计，并写入从属权得要求。

总而言之，在提交专利申请之际，企业必须根据对现有技术的检索和分析明确自身的发明创造与现有技术之间的相同点和差异之处，合理规划专利申请范围，避免给予竞争对手可乘之机。

4.5 优先权战略

在专利申请过程中，优先权战略的应用对专利申请的成败起着至关重要的作用。所谓优先权，是指对于符合特定条件的专利申请，专利申请人可以在优先权期限内要求将首次提出专利申请的日期（也称为"优先权日"）视为其在后提出的专利申请的申请日，在两次申请期间，第三人所提出的专利申请或者是发明创造的公开或利用等不会对申请人在后申请的新颖性和创造性产生任何影响，第三人也不能在此期间就相同发明创造提出专利申请而获得授权。

申请人在一件专利申请中，可以要求一项或多项优先权。要求多项优先权的前提条件是专利申请中的各个技术方案必须符合单一性主题原则❶，其优先权期限从最早的优先权日起计算。具体而言，假设申请人提出了一件专利申请中包括符合单一性主题的技术方案 A、技术方案 B 和技术方案 C，这些技术方案对应的首次申请时间分别是 2006 年 5 月 22 日、6 月 6 日及 6 月 20

---

❶ 所谓单一性原则，对发明或者实用新型而言，即一件申请应当限于一项发明或者实用新型，除非两项以上的发明或者实用新型属于一个总的发明构思时，才可作为一件申请提出；对外观设计专利而言，即一件申请应当限于一项外观设计，同一产品两项以上的相似外观设计，或者用于同一类别并且成套出售或者使用的产品的两项以上外观设计时，才可以作为一件申请提出。

日，那么优先权期限就应当自 2006 年 5 月 22 日起计算。若专利申请人未在优先权期限内提出相应的专利申请，那么对于超过优先权期限的技术方案则只能以实际提交专利申请的日期作为判断其新颖性的时间标准。

根据首次提出的专利申请地域范围不同，优先权被分为"外国优先权"和"本国优先权"。

4.5.1 外国优先权

《专利法》第 29 条第 1 款中对外国优先权规定如下：申请人自发明或者实用新型在外国第一次提出专利申请之日起 12 个月内，或者自外观设计在外国第一次提出专利申请之日起 6 个月内，又在中国就相同主题提出专利申请的，依照该外国同中国签订的协议或者共同参加的国际条约，或者依照相互承认优先权的原则，可以享有优先权。

对于我国企业而言，若属于在我国国内完成的发明创造，那么均应当先向我国专利行政部门提出专利申请，之后才能提交国际申请，因此在我国一般较少涉及外国优先权的利用。但需要注意的是，外国优先权是《巴黎公约》中规定的一项重要原则，除了我国之外，还有很多国家在专利申请方面承认该原则，我国企业到国外提交专利申请时，应注意在当地立法规定的期限内以规定的方式提出优先权声明和相关的证明材料，抢占在专利申请中的优势地位。

我国企业在本国提交专利申请之后又到国外申请专利，应当尽可能在优先权到期日提出申请，从而可以产生使专利保护期限事实上延长了一年的效果。因为，根据《巴黎公约》的规定，各成员国确定专利保护的有效期时应当自专利申请人实际递交专利申请文件之日起计算，不受优先权影响。假设 A 公司于 2004 年 5 月 12 日在我国提交了一项发明专利申请，而后在 2005 年 5 月 12 日又向日本就相同的发明创造提交专利申请并请求享有优先权，若该发明创造取得专利授权，日本专利权的有效期应自 2005 年 5 月 12 日起计算，而如果在此日期之前提出专利申请的话，专利权有效期的起始时间则要相应提前。由于专利申请人享有优先权，因此在 2004 年 5 月 12 日至 2005 年 5 月 12 日这段期间，其他人就相同发明创造所作出的出版物公开、使用公开或其他形式的公开行为以及专利申请行为均不会对 A 公司的专利申请造成任何影响，因此专利申请人在享有优先权的情形下即不必担心由于申请在后而无法取得专利权。

4.5.2 本国优先权

本国优先权是指申请人自发明或者实用新型在我国第一次提出专利申

请之日起12个月内，又向国家知识产权局就相同主题提出专利申请的，可以享有优先权。

在我国，请求享有本国优先权的专利申请应当具备下列条件：

(1) 前后两次专利申请的主题必须相同。也就是说，专利申请人在我国第一次提出专利申请（简称"首次申请"）之后，在其后的专利申请（简称"在后申请"）中要求享有本国优先权时，两次申请的发明创造的主题必须相同。若在后申请与首次申请的权利要求中所包含的技术特征有所不同，主题发生变化，那么就不能要求在首次申请的基础上享有优先权。

(2) 可要求享有本国优先权的申请仅限于发明或者实用新型专利申请，无论是作为优先权请求依据的首次申请，还是在后申请均不应当是外观设计专利申请。在要求本国优先权时，首次申请是发明专利申请的，可以就相同主题提出发明或实用新型专利申请；首次申请为实用新型专利申请时，也是一样。

(3) 在后申请之日不得迟于首次申请之日起12个月。

(4) 作为请求本国优先权基础的首次申请的主题不应当属于下列情形：①已经要求外国优先权或者本国优先权的；②已经被授予专利权的；③属于按照规定提出的分案申请。

【实例3】专利申请人有权根据尚未授予专利权的申请主张本国优先权

1998年12月9日，专利申请人方某向国家知识产权局提出一项名称为"双桶洗衣机"的实用新型专利申请，国家知识产权局经初步审查之后，于1999年9月17日作出授予专利权及办理登记手续的通知书，要求方某在规定的期限内缴纳相关的费用，并告知在费用缴纳之后，国家知识产权局将在1999年12月17日作出授予专利权的决定，颁发实用新型专利证书。1999年10月19日，方某又向国家知识产权局提出了具有同样发明主题的、名称为"双桶洗衣机"的发明专利申请。❶在该情形下，虽然对于前一专利申请，国家知识产权局已经作出授权决定，但尚未进行授权公告，因此专利权并未正式授予，专利申请人仍可根据其前一申请主张本国优先权。

在利用优先权战略时，需要注意的是，若专利申请人在其在后申请中请求本国优先权的，作为本国优先权基础的首次申请自在后申请提出之日起即被视为撤回。

本国优先权战略一般应用在以下几种情形。

---

❶ 方益民诉知识产权局行政复议议案［EB/OL］．［2007-04-28］．http://www.chinalawedu.com/news/17800/181/2006/7/zh4330395755192760023599-0.htm.

一是为了在一件专利申请中增加新的技术内容。根据《专利法》的规定，一件专利申请被提交之后，专利申请人虽然可以在规定的期间内对专利申请进行修改，但是修改的范围不得超出原专利申请文件中记载的内容范围。之所以如此规定，是因为若允许相关的专利申请修改超出原申请范围，那么将可能导致该修改与他人在此之前提出的专利申请发生冲突。那么，专利申请人在提出一件专利申请之后根据相同的发明构思对发明创造作出进一步的改进时，是否只能另外提交专利申请呢？在此情形下，对专利申请人而言，最好的申请战略就是：在不超出优先权期限的前提下，将已经提交申请的发明创造与改进之后的发明创造作为一件申请提出，并且在提出该申请时请求就原来的技术方案享有优先权。假设专利申请人在 2007 年 4 月 12 日提出技术方案 A 的专利申请之后，对该技术方案进行改进，改进后的技术方案 B 与原技术方案 A 属于同一发明构思，符合专利法规定的单一性原则，并于 2007 年 6 月 14 日将技术方案 B 和技术方案 A 作为一件专利申请提出，那么专利行政部门在对技术方案 A 进行专利性的审查时将以 2007 年 4 月 12 日作为审查的时间标准，而对技术方案 B 进行专利性审查的时间标准则为 2007 年 6 月 14 日，在确定专利实质审查请求的提交期限以及专利权保护的有效期限也是以后面提交申请的时间作为计算的起始日期。这种申请方式的有利之处主要体现在以下几个方面：第一，将两个或数个符合单一性原则的技术方案作为一件专利申请提出可以相应减少专利申请维持费、年费等费用；第二，可以维持原技术方案的先申请优势；第三，可避免因修改超出原专利申请的范围而导致专利申请被驳回；第四，可避免改进后的技术方案与原技术方案相比较因创造性不够显著而导致专利申请被驳回。

二是实现发明专利申请与实用新型专利申请之间的转换。专利申请人在提交专利申请之后，在一些情况下可能希望变更提交专利申请的类型。例如，在提交发明专利申请之后，根据一些检索资料发现该发明创造的创造性水平相对较低，获得实用新型专利授权的可能性更大，那么专利申请人可在优先权期限内另外提交一件实用新型专利申请并请求享有优先权；反之，若在提交了实用新型专利申请之后，专利申请人发现相关的发明创造与现有技术相比较具有显著的创造性并且完全符合发明专利所应具备的其他实质性条件，那么为了使发明创造的专利保护期限最大化，专利申请人也可利用优先权战略将实用新型专利申请转为发明专利申请。

4.6 专利国际申请战略

4.6.1 专利国际申请的作用和意义

随着经济全球化的加速发展,企业在完成技术研究开发,将相关产品投放国际市场之际,专利先行是企业在市场竞争中取胜的关键。在实施专利申请战略时,企业除了在我国国内适时提交专利申请之外,还应当选择一些主要的国家提交专利申请,此类申请通常被称之为专利国际申请。

专利国际申请的作用和意义主要体现在以下几个方面:

一是有效防止相关的国际市场被其他企业所占领。由于专利保护具有地域性特点,因此一项技术在我国被授予专利权,仅仅意味着专利权人有权禁止他人在我国未经其许可利用该技术,但是并不能阻止他人在其他国家实施该技术,或者依据这些国家的法律规定提交相应的专利申请。一旦该技术的专利权在国外被授予其他竞争对手,那么企业自身的产品将被完全排除在这些国家的市场范围之外,而即使获得授权的专利权人与企业之间不存在竞争关系,企业为了将产品打入国际市场也不得不向专利权人支付可能价格不菲的许可费。

二是有助于通过国际技术转让回收研发成本,充分实现技术的经济价值。企业申请专利保护的一些技术可能与产品制造无关,也有可能是企业自身并未考虑开拓相关产品的国际市场,但是即使在此类情形下,专利国际申请也仍然具有重要的意义。在专利申请国获得专利授权之后,企业将更易于向专利申请国的企业进行国际技术转让并收取许可使用费。

三是为国际技术贸易提供谈判筹码。我国企业长期以来由于缺乏自主创新的技术,在外国被授予专利权的发明创造为数甚少,因而在引进国外先进技术谈判时往往处于极端被动的地位。现在已经有不少企业开始意识到专利国际申请的重要性,在国外积极主动地申请专利,那么在引进国外先进技术时即可通过与对方之间的专利技术交叉许可降低许可成本,变被动为主动,实现优势互补。

四是为国外发生的专利侵权诉讼提供防卫反击的有力武器。企业将产品出口海外市场时经常会遭遇专利侵权纠纷,一些发达国家的企业以专利侵权为由企图封杀我国企业具有市场竞争力的产品。在此情形下,若我国企业在国外获得了相关产品的专利权,不仅可以以此为基础与对方进行调解,化干戈为玉帛,而且在对方未经我方许可擅自使用我方专利技术的情形下，还可据此挟制或反击对方，以减少企业在国外专利侵权诉讼中可能遭受的损失。

4.6.2 专利申请国的选择

在选择专利申请国时，企业主要应当考虑拟定申请国的专利制度、在相同领域的技术发展状况以及企业自身的竞争策略和目标市场。

4.6.2.1 专利申请国的专利制度及技术发展状况的调查

申请国的专利制度及技术发展状况对企业的专利申请能否被授权将会产生决定性的影响。企业应当在提交专利申请之前对申请国的专利制度及技术发展状况进行必要的调查，包括申请国的专利权保护对象、保护范围、现有技术状况以及在专利授权审查时所采用的审查标准等，以避免投入不必要的人力和物力。

在大多数国家，抵触申请的存在将导致在后提出的专利申请被驳回。如果在这些国家已经存在相同或近似的技术被提交专利申请，根据申请在先原则，在后提出的专利申请将不能被授予专利权，企业应当避免向这些国家提出专利申请。

除此之外，若申请国在进行专利审查时适用"国际新颖性标准"（又称为"绝对新颖性标准"），那么企业应当调查相关的发明创造在世界范围内是否已经被公开，对于已经被公开的现有技术，企业即使提交专利申请也不可能被授予专利权。不过，若发明创造是企业在我国提交专利申请之后才公开，那么企业仍可依据国际公约中规定的优先权期限及时提交专利国际申请。而对于未公开的技术，在提交专利国际申请之前，企业必须严格注意自身的技术保密工作，以防技术信息的泄露使发明创造失去专利申请国所要求的新颖性。

有一些国家在专利授权审查时采用"国内新颖性标准"（又称为"相对新颖性标准"），那么只要在申请国内尚未出现相同或近似的技术被公开出版、公开使用或提交专利申请，企业的发明创造即具备了申请国所要求的新颖性条件。

4.6.2.2 企业国际竞争策略和目标市场的确定

如前文所述，企业提交专利国际申请的主要目的一方面是为了更好地占领国际市场，另一方面也可以通过国际技术转让等方式收取许可使用费，回收研发费用，同时也为国际技术贸易谈判提供合作的前提基础。因此，在确定专利申请国时，企业可以根据自身专利申请的目的有所选择。一般情况下应着重考虑在下列国家提交专利申请：

一是产品制造国。一些企业正在或打算从事跨国生产投资，那么在产品制造国申请专利是非常必要的，若忽视了专利先行策略，一旦被其他企业抢先申请专利，除非是已经形成先用权，否则在该国的相关产品市场将被全盘封锁。需要在产品制造国申请专利保护的技术既可以是与产品成分、构造、外观设计相关的技术，也可以是与产品生产方法、生产设备、产品用途等相关的发明创造。

二是产品销售国。对于仅仅考虑在国内生产相关专利产品的企业而言，除了在我国提交专利申请之外，还应当根据出口营销策略，尽可能地在打算自行出口或许可他人出口的产品进口国（即产品销售国）提交专利申请，尤其应注意向相关产品的拟定进口大国提交专利申请，为出口市场的开发和占领打好基础。

三是技术引进国。选择可能发生技术转让的技术引进国作为专利申请国，这种策略主要适合于具有下列三种情形的企业：一种是企业所开发的相关发明创造并不涉及具体的产品生产，而是一些方法发明专利，如测试方法专利等；另一种是企业根据自身制定的生产经营策略或是因资金、渠道等各方面的限制并不打算从事相关产品的跨国生产投资，仅仅希望通过技术输出等方式收取许可使用费；还有一种就是企业具有较强的经济实力，在规划跨国生产投资的同时也做好了技术输出的准备，那么除了在前文所述的产品制造国和产品销售国之外，也可以根据技术市场的前景预测选择其他部分国家提交专利申请。

四是竞争对手所在国。在竞争对手所在国申请专利是从根本上遏制竞争对手的有效策略。假设在电子通信技术方面，某国有许多产品与我国企业的产品在国际市场上竞争激烈，那么在某国提交该方面的专利申请就能够给予竞争对手致命的打击，从而有利于建立、维护我国产品的竞争优势。

4.6.3 主要专利申请国的专利制度概要

根据国家知识产权局发布的相关统计资料来看，目前我国企业提交专利申请的主要国家按照专利申请数量排位前五名的依次为日本、美国、德国、韩国和法国。其中，德国和法国同属于欧洲专利条约（European Patent Convention，EPC）成员国。以下分别简要介绍日、美、欧和韩国在专利申请和审查授权制度中存在的一些特点。

4.6.3.1 日本

对日本而言，我国自2002年起已经取代美国成为其贸易额最大的出口国，在向日本出口产品数额不断增加的同时，我国不少企业已经认识到专利先行策略在占领市场过程中的重要作用。

日本专利制度与我国专利制度有着较多共同之处，例如专利权的客体包括发明、实用新型和外观设计；在专利申请方面采用先申请原则；对于发明专利申请的审查采用早期公开延迟审查制，专利申请自申请日经18个月后公开，并由申请人于申请日起3年内提交实质审查请求；而对于实用新型专利申请的审查则采用形式审查制。

与我国专利制度的不同点主要存在以下几个方面：一是在外观设计专利申请的审查方面，日本采用的是即时审查制，专利行政部门在对申请进行形式审查的基础上也对其是否符合法律规定的实质要件加以审查，一项外观设计除了应当是对产品形状、图案、色彩或其结合所作出的富有美感的设计之外，还必须是具有一定新颖性的、可在工业上利用的非易创性设计；二是在专利新颖性审查方面采用绝对新颖性标准，也就是说，一项发明创造必须是在申请日以前在世界范围内尚未被公开实施或在出版物上公开，抑或者是通过其他方式被公众所知悉，该发明创造才符合新颖性条件，但是专利申请人可以与在专利行政部门指定的学术交流会议上的发表以及在其认可的展览会（包括巴黎公约同盟国或世界贸易组织成员国政府举办或认可的国际展览会）上的展出一样适用6个月的新颖性宽限期；三是在专利权保护期限方面，虽然发明专利和实用新型专利的保护期限和我国相同（发明专利为自申请之日起20年，实用新型专利为自申请之日起10年），但是对发明专利而言，在期限届满之后，专利权人可以要求不超过5年的延长保护期，外观设计专利则是自授权之日起可获得长达15年的保护。

4.6.3.2 美国

在美国提交专利申请相对较容易获得授权，并且其专利保护的力度最大，一旦专利权被侵犯，权利人在专利侵权诉讼中可以要求故意侵权人支付3倍损害赔偿，因此，我国企业应积极申请美国专利保护。美国专利制度与我国专利制度之间的差异较多，在美国提交专利申请时必须注意以下几个方面：

1) 对专利申请主体的限制。我国职务发明的专利申请权由发明人（或设计人，以下同）所在单位享有，企业可以自己的名义提交专利申请，而在美国，专利申请必须由完成发明创造的发明人提交，但是，企业可以与发明人之间通过签订专利权转让合同的方式要求发明人在取得专利权之后将其转让给企业。

2) 可获得专利保护的发明创造及其保护期限与我国有所不同。依照美国专利法的规定，其专利权客体分为发明专利、外观设计专利和植物新品种专利。植物新品种专利是对采用无性繁殖方式培育的、具有新颖性的植物品种所给予的专利保护。发明专利和植物新品种专利的保护期限均为自申请日起计算 20 年，而外观设计专利的保护期限则为授权之日起 14 年。在专利审查过程中，若因程序上的原因造成迟延授权，专利权人可根据迟延的状况请求延长保护期，但延长期最多不得超过 5 年。

3) 专利权授予先发明人。与日本、欧洲以及我国等大多数国家所适用的先申请原则不同，美国长期以来坚持采用先发明原则，若两个或两个以上的专利申请人就相同的发明创造提出专利申请，发明在先的申请人将被授予专利权。因此，我国企业在提交美国专利申请之前必须注意保留与发明创造相关的研发数据和日期，以免日后因无法证明发明在先而使专利权落入他人之手。

4) 有关发明创造新颖性的特殊规定。在美国，一项发明创造在下列情形将丧失新颖性：一是在发明创造完成之前已经在美国国内公开使用或者是在世界范围内被公开出版或授予专利权；二是在专利申请日 1 年以前在美国国内被公开使用或者是在世界范围内被公开出版或授予专利权。也就是说，美国专利新颖性判断存在两个时间标准：发明完成日和专利申请日。发明完成日之前的公开是针对申请人之外的他人的公开行为而言；而导致专利申请失去新颖性的专利申请日 1 年以前的公开则包括申请人自身对技术方案的公开。美国专利法在发明创造新颖性方面的规定相对较为宽松，主要体现在以下两个方面：一是对于因使用行为导致技术方案公开的情形，美国专利法采用国内标准判断其新颖性，如果一项发明创造在申请日以前仅仅在美国国外被公开使用，并未在世界范围内的相关出版物上出版或在其他国家获得专利授权，那么该发明创造仍然符合美国专利法的新颖性要求；二是专利申请人向美国提出专利申请之前可有 1 年的"宽限期"——即使其发明创造在申请日前曾经在出版物上刊载，只要尚未超过 1 年就不会因此丧失新颖性。

5) 美国特有的专利申请制度——临时专利申请（provisional application）。临时专利申请是与常规专利申请并存的专利申请方法，许多美国企业将其作为一种专利申请战略加以运用。提交临时专利申请的有利之处主要体现在两个方面：一是专利申请人的权利要求书和说明书不但可采用简易的方式，而且也可采用其他国家的语言撰写，美国专利行政部门对此类申请不作实质性审查，因此专利申请人可以通过临时专利申请较早地获得法律保护，同时也可确保其相对于他人申请的优势地位，不必因申请在后而不得不另外收集证据以主张发明在先;二是临时专利申请的有效期为1年,专利申请人在此期间可以就同一发明创造提交常规专利申请,而由于常规专利申请的专利有效保护期是从提交常规专利申请之日起开始计算,因此,通过提交临时专利申请,事实上可以使专利的有效保护期得以延长一年的时间。但是,在提交临时专利申请时需要注意,专利申请人不能主张任何优先权,而且,在提交专利申请之日起12个月后若未提出常规专利申请,那么临时专利申请将被视同放弃,日后不得再申请恢复。

4.6.3.3 欧洲

在欧洲提交专利申请通常有三种途径,一是直接向欧洲各国提交专利申请;二是根据PCT规定的方式申请在欧洲各国获得专利保护;三是根据EPC向欧洲专利局申请(以下简称"欧洲专利申请")。EPC于1978年生效,英国、德国、法国等多数欧洲国家均为该条约成员国。根据EPC的规定,专利申请人只需在欧洲专利局提交一份专利申请文件,通过欧洲专利局的统一审查,在确定其发明创造符合专利授权条件之后,该专利申请人即可在其指定的一个或多个成员国获得专利保护。

通过欧洲专利申请可以取得专利的发明被限定为"有创造性并且能够在工业中应用的新发明"。在判断一项发明创造是否具有新颖性,欧洲专利局采用的是绝对新颖性标准,即要求该发明创造"不属于在欧洲专利申请日前,依书面或口头叙述的方式,依使用或任何其他方法使公众能获得的东西"。对人体或动物体适用的疾病诊断或治疗方法以及动植物品种或者实质上是生产动植物的生物学方法被排除在专利授权范围之外。

和我国一样,欧洲专利申请适用先申请原则。在提出欧洲专利申请时,专利申请人必须采用英语、法语或德语这三种语言之一。除了发明人之外,对于职务发明,发明人所在的企业也有权提出专利申请。若一项发明创造的专利申请存在两名或两名以上的申请人,这些申请人还可以在同一申请中分别指定不同的缔约国作为专利保护国。

欧洲专利局在受理专利申请之后将进行相关的检索,专利申请人可以在提交专利申请或收到检索报告后提出实质审查请求,但是提出实质审查请求的时间一般不能超过检索报告公布之日起6个月。实质审查由欧洲专利局统一负责,在符合授权提交的情况下授予欧洲专利。

与直接到欧洲各国申请专利相比较而言,采用欧洲专利申请的费用较高,而且相对于欧洲一些无须专利实质审查即可授权的国家(如意大利)而言,欧洲专利申请的审查程序显得较为严格,但是对于希望在欧洲多个国家同时获得专利保护的申请人，欧洲专利申请无疑提供了便利、迅捷的申请途径。需要注意的是，专利申请人通过欧洲专利申请所获得的权利是在各个指定国相对独立的专利权，其专利权是否受到侵犯，或者是否应当被宣告无效等仍应依照各指定国专利法分别进行判断。

4.6.3.4 韩国

韩国专利制度和日本一样主要由发明专利法、实用新型法和外观设计法三部法规构成，在专利审查授权方面所适用的基本原则与我国大体相同。近年来为了促进产业和技术的发展，韩国对这些法规作了数次修订并采取多项举措力图改进审查程序。根据韩国政府在 2006 年 6 月公布的改进目标来看，发明专利申请的审查时间将有望缩短至 10 个月。[1]我国企业在韩国提交专利申请时主要应注意以下几个方面：一是在确定发明创造的新颖性时，根据新修订的专利法，韩国由原先的混合新颖性标准转变为绝对新颖性标准。也就是说，申请日前在任何国家已经被公开使用或以其他方式被公众知悉的发明创造均不具有新颖性。二是为了促进植物技术的发展，符合专利性要求的植物品种也可被授予发明专利；三是对实用新型专利的审查不再适用形式审查的方式，只有经过实质审查符合授权条件之后才授予实用新型专利权。

4.6.4 专利国际申请方式

对我国企业而言，向外国申请专利保护的途径主要有两种：一种是直接向希望获得专利保护的国家提交专利申请（以下简称"直接申请"），另一种是根据 PCT 规定，向我国专利行政部门（PCT 专利国际申请体系的受理局之一）提出 PCT 专利申请（以下简称"PCT 申请"）。无论属于哪一类型的申请，根据我国《专利法》第 20 条的规定，任何单位或者个人将在我国完成的发明或者实用新型向外国申请专利的，必须事先报经国家知识产权局进行保密审查。

根据企业所采用的不同国际申请方式，保密审查的程序有所差异。如果企业准备直接向希望获得专利保护的国家或有关国外机构提交专利国际申请的，无论其是否事先向我国专利局提交了国内专利申请，均应当向专利局另行提出保密审查请求并详细说明其打算提交国际申请的技术方案内容。专利局经过审查认为该发明或者实用新型可能涉及国家安全或者重大利益需要保密的，将会及时发出保密审查通知，如果自保密审查请求递交

---

[1] 北京金信立方知识产权代理有限公司. 韩国政府和知识产权局推出多项重要举措 [EB/OL]. [2007-04-04]. http://www.kingsound-ip.com.cn/new/news_view.asp?newsid=9.

之日起 4 个月内未收到任何保密审查通知的，企业即可自行向外国或有关国外机构提交专利国际申请。若在该时间期限内，专利局通知需要进一步审查的，那么企业必须在其保密审查请求递交之日起 6 个月内未收到专利局作出的需要保密的决定，才可提交专利国际申请（具体图示如下）。

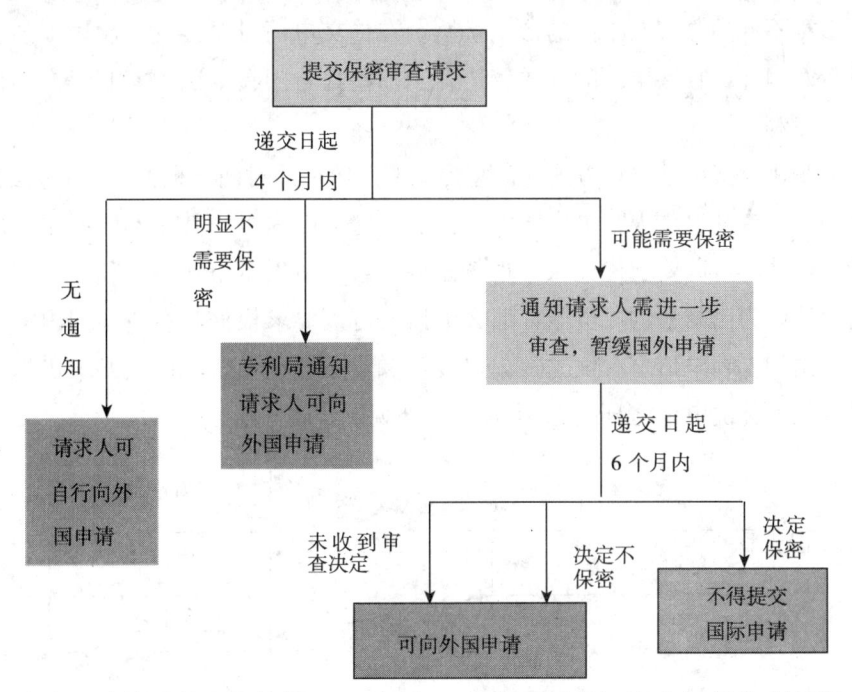

```
                        提交保密审查请求
                               │
                       递交日起 4 个月内
          ┌────────────┬───────┴────────┐
         无通知      明显不需要保密    可能需要保密
          │            │                │
       请求人可      专利局通知        通知请求人需进一步
       自行向外      请求人可向        审查，暂缓国外申请
       国申请        外国申请              │
                                      递交日起 6 个月内
                            ┌─────────────┼─────────────┐
                        未收到审查决定   决定不保密     决定保密
                            │             │             │
                            可向外国申请               不得提交
                                                       国际申请
```

另一种情形是企业根据 PCT 规定，向我国国家知识产权局专利局提交 PCT 专利国际申请。在此情形下，申请人向国家知识产权局专利局提交国际申请的，将被视为同时提出保密审查请求。如果相关的发明创造不需要保密，审查员将按照正常国际阶段程序进行处理该申请。对于需要保密的国际申请，审查员将自申请日起 3 个月内发出因国家安全原因不再传送登记本和检索本的通知书，通知申请人和国际局该申请将不再作为国际申请处理，终止国际阶段程序，申请人不得再就该发明创造向外国申请专利。

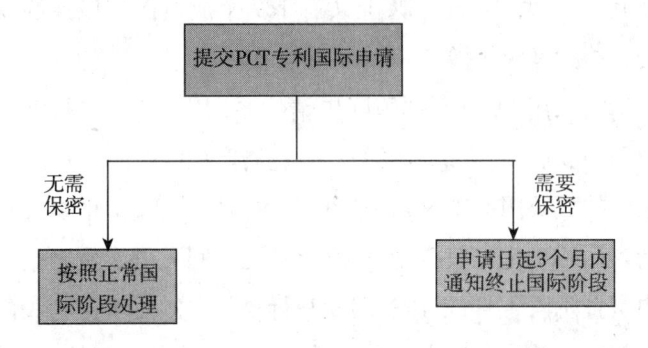

```
              提交PCT专利国际申请
                     │
          ┌──────────┴──────────┐
        无需保密              需要保密
          │                      │
     按照正常国际            申请日起3个月内
     阶段处理              通知终止国际阶段
```

4.6.4.1 直接申请

相对于 PCT 申请而言,直接申请的费用较低并能较快获得授权,但另一方面,由于各个国家法律规定不同,申请人按照这种传统的专利国际申请途径向不同国家申请专利时往往会面临许多问题,例如申请文件必须采用多种不同的语言及不同的形式撰写,在提交申请时要办理多次繁琐的手续等。因此,直接申请的方式较适合于那些只希望在个别国家获得专利保护的专利申请人。

采用直接申请这种方式应注意提交专利申请的时间。根据《巴黎公约》的规定,专利申请人在提出国内申请后一定期限内再向其他不同国家提出相同申请时可以要求优先权。也就是说,若申请人希望获得专利保护的专利申请国为巴黎公约成员国,那么申请人可以要求根据其在我国国内第一次提出的专利申请享有优先权。对发明和实用新型而言,可以要求优先权的期限为首次申请之日起 12 个月,对外观设计而言则为 6 个月。

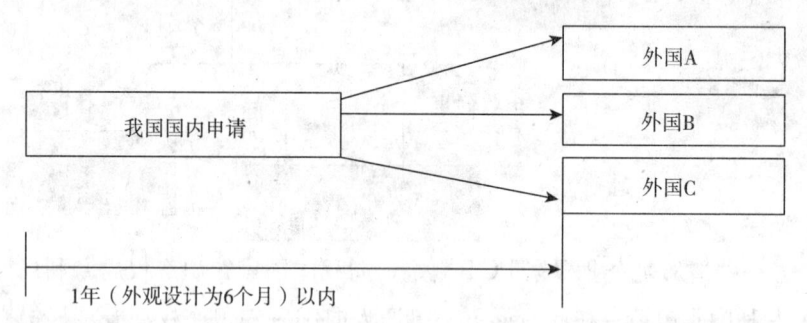

```
我国国内申请 ───► 外国A
             ───► 外国B
             ───► 外国C
    1年(外观设计为6个月)以内
```

不过,超出上述优先权期限提出的专利国际申请也并非就完全失去了获得授权的可能性。即使一项专利申请依据《巴黎公约》的规定已经不能享有优先权,但是只要相关的发明创造根据专利申请国的国内立法仍然具有新颖性,那么专利申请人还是有可能被授予专利权。

4.6.4.2 PCT 申请

截至 2007 年 3 月 15 日,PCT 共有 137 个成员国。该条约就专利国际申请的提交、检索及审查等方面的国际合作作出了详细的规定。根据其规定,专利申请人采用 PCT 专利国际申请体系向数个国家申请专利保护时,只需先向 PCT 专利国际申请体系的"受理局"(我国于 1994 年 1 月 1 日正式成为该公约的成员国,国家知识产权局被指定为 PCT 的受理局)提交一份专利申请,而后于优先权日起有 30 个月的时间可供专利申请人决定是否进入"国内审查阶段",再根据各国专利行政部门的要求对相关的技术文件进行整理和翻译。这种申请方式主要适合于以下三种类型的专利申请:

第一种是技术文件内容复杂，数量较多，需要花费一定的时间用于文件翻译的专利申请。采用这种方式提交专利国际申请，PCT 申请的递交日即被视为其在指定保护国的专利申请日，由此可以避免因翻译上的延误导致无法在巴黎公约规定的 1 年优先权期间内提出专利申请在先申请而使发明创造的新颖性条件受到影响。

第二种是希望在多个国家获得专利保护的专利申请。由于 PCT 申请只需向我国专利行政部门提交，而无需如传统的专利国际申请一样逐一向各国提出，因此对于希望在多国提交的专利申请而言，PCT 申请在很大程度上使申请手续得到简化。

第三种是尚未明确在哪些国家请求获得专利保护的专利申请。采用 PCT 申请方式，自优先权日起 30 个月内，国际申请才进入国家阶段，由各个指定国根据各自的国内法进行实质审查。也就是说，专利申请人在提交 PCT 申请时可以暂时指定全部或部分成员国作为其希望获得专利保护的国家，而后再根据市场竞争的发展状况或者是自身专利申请战略的变化在优先权日起 30 个月内确定最终请求专利保护的国家。

具体而言，PCT 申请程序（以向国家知识产权局提出为例）主要包括以下几个阶段：

1. PCT 申请文件的提交

国家知识产权局作为 PCT 申请的受理局，负责受理我国单位或个人，或者在我国有经常居所或者营业所的外国人、外国企业或者外国其他组织所提出的国际申请。此外，根据我国与 PCT 的其他缔约国签订的双边协定，国家知识产权局也可以受理其他缔约国的国民或者居民提出的国际申请。

PCT 申请的专利类型仅限于发明或实用新型，外观设计则不能通过 PCT 申请获得保护。专利申请人向国家知识产权局提出国际申请时必须使用中文或者英文撰写申请文件，包括请求书、说明书、一项或者几项权利要求、一幅或者几幅附图（需要时）和摘要各一份，并说明是其所提交的申请是作为国际申请提出，❶指定一个或数个 PCT 成员国作为其希望获得专利保护的国家。

自专利申请人提交国际申请日起，PCT 申请即在每个指定国内具有正常国内申请的效力，该日期被视为在每一指定国家中的实际提出申请的日期，如果专利申请人最终在我国获得专利授权，其保护期限即从该申请日

---

❶ 若申请人使用国际局统一制定的请求书 PCT/RO/101 表，该表上会有这样一段话，"下列签字人请求按照专利合作条约的规定处理本国际申请"，那么该项要求就得到满足。

起算。若专利申请人在提交 PCT 申请之前已经在一个或几个巴黎公约成员国或 WTO 成员提出过专利申请（包括被授予了专利权的申请，以下称为"在先申请"），那么自在先申请之日起 12 个月内提交 PCT 申请时，可以向受理局提出要求享受在先申请的优先权声明❶，符合规定条件的在先申请日即为优先权日。❷

2. 国际检索

作为 PCT 申请的主管国际检索单位之一，我国国家知识产权局按照相关规定对其受理的 PCT 申请进行国际检索并出具国际检索报告，检索的目的是确认现有技术中是否存在和国际申请相同的发明创造。通过国际检索报告，专利申请人可以对自己的发明创造是否具有新颖性、创造性（非显而易见性）和实用性有一个初步的认识。对于明显不具有专利三性的发明创造，专利申请人可以考虑终止专利申请程序，避免造成人力和物力上不必要的浪费；而对一些经过修改之后仍有可能符合专利三性的发明创造，专利申请人在收到国际检索报告之后享有一次向国际局要求对权利要求书进行修改的机会，但这种修改不得超出在提出国际申请时所公开的发明创造的范围，而且原则上必须自国家知识产权局向国际局和申请人送交国际检索报告之日起 2 个月内或者自优先权日起 16 个月内（以后到期的时间为准）提出。

3. 国际申请的公布

PCT 申请在优先权日起满 18 个月即进入国际申请公布阶段（简称为"国际公布"），❸专利申请人也可自行要求 WIPO 国际局在该期限满期之前任何时候公布其国际申请。汉语、英语、法语、德语、日语、俄语或者西班牙语是 PCT 中规定的公布国际申请的语言。❹需要注意的是，对指定我国为申请保护国的专利申请而言，若该申请以中文进行国际公布，那么自国际公布日起该发明创造即可依照我国专利法的规定获得临时保护（即专利申请人在被授予专利权之后有权要求他人对发明创造的利用行为支付一定数额的补偿费）；但是如果由国际局以中文以外的文字进行国际公布的，则该发明创造应自我国专利局进行国内公布之日起才可获得临时保护。

---

❶《专利合作条约实施细则》第 4 条第 10 款。

❷ 根据 PCT 第 2 条（xi）的规定，为了计算时间期限，PCT 中的"优先权日"包括：（1）如果专利申请人在提交 PCT 申请时请求优先权的，作为优先权基础的专利申请的申请日为优先权日；（2）如果专利申请人在提交 PCT 申请时未请求优先权的，则是指 PCT 申请的申请日。下文中的优先权日与 PCT 中的优先权日为同样含义。

❸ PCT 第 21 条第 2 款。

❹《专利合作条约实施细则》第 48 条第 3 款。

4. 国际初步审查

国际初步审查并非对 PCT 申请进行审查的必经阶段，专利申请人收到国际检索报告后，可以在规定的期限内直接进入指定国的国家阶段要求相关国家的专利行政部门对专利申请进行实质审查，也可以为了了解提交专利申请的发明创造是否新颖，是否具有非显而易见的创造性步骤以及是否在工业上适用，先要求 PCT 规定的"国际初步审查单位"（如国家知识产权局）进行国际初步审查之后再决定是否进入国家阶段的审查程序。

国际初步审查要求应当自专利申请人收到国际检索报告或国际检索单位作出的相关书面意见、声明之日起 3 个月或者是自优先权日起 22 个月内提交。在审查要求书中应从指定国中至少指明一个预定使用该国际初步审查结果的缔约国作为选定国。专利申请人在收到国际初步审查报告后，可以根据审查结果自行决定是否撤回全部或部分选定国并通知国际局，由国际局相应地通知有关的选定国。如果对所有选定国的选定都撤回，那么该申请将被视为撤回。

5. 专利申请国国家阶段的进入

PCT 申请虽然通过国际申请的统一提交、国际检索和国际公布等程序为国际专利申请提供了便捷的途径，但是在专利授权审查方面并没有改变巴黎公约中有关"属地原则"（也称为"地域性原则"）的规定，各成员国专利行政部门有权根据本国的相关法律规定最终决定是否授予专利权。因此，在提出 PCT 申请之后，专利申请人应当自优先权日起 30 个月内向指定国或选定国的专利行政部门提交请求进入国内阶段的声明及相关资料的译本。

当然，在 PCT 申请国际阶段所制定的国际检索报告、国际初步审查报告中的相关信息和意见虽然并不能对各国专利行政部门的决定构成限制，但是可以作为其进行实质审查时的参考依据。

本章思考与练习

一、企业将发明创造提交专利申请之前应注意哪些问题？

二、在制定专利申请方案时应当着重考虑哪些事项？

三、什么是外国优先权？什么是本国优先权？如何利用优先权战略？

四、如何提交专利国际申请？

第五章 专利运用中的专利战略

本章学习要点

1. 专利运用方式的选择
2. 专利许可的必要性与可行性
3. 专利部分许可的默示许可
4. 事实独占许可
5. 专利权的间接转让
6. 专利提成使用费的构成

5.1 专利权运用的总体战略❶

"权利的特质在于给所有者以利益。"❷专利权虽为一种专有性的财产权利,但专利权本身并不能直接产生经济利益。只有当专利技术被付诸实施时,专利权人才能实现经济利益,进而实现专利制度的终极目标——促进社会生产力的发展。

专利权人经济利益实现的程度,取决于专利权人对专利的运用(即专利转化)方式、范围、数量等诸多因素。从我国目前的实际情形来看,专利权运用的结果并不令人理想。如"2006年1到10月,上海的专利申请总量已接近2.5万件,其中发明专利高达9000多件,比去年同期增长11.6%,但令人遗憾的是,这些专利能转化生产、推向市场的只有10%不到。"❸

---

❶ 《专利法》规定的专利包括发明、实用新型与外观设计三种类型的专利。然而,外观设计仅涉及产品的外观本身,不涉及技术内容,外观设计专利的功能与发明、实用新型专利的功能并不相同。本章中所指的专利,如没有特别说明,仅指发明与实用新型专利,不包括外观设计专利。外观设计专利的运用可参照发明、实用新型专利的运用。

❷ 奥斯汀. 法理学的范围 [M]. 张文显. 法学基础范畴研究 [M]. 北京:中国政法大学出版社,1993:76页。

❸ [EB/OL]. [2007-04-05]. http://www.smg.cn/root/tv/stvn/column_content.aspx?ProgramId=15005。

产生专利转化难是多种因素的复合体，如市场主体缺失专利意识及专利技术的竞争意识❶、缺少风险基金导致技术缺少资金、缺少专利中介导致专利与市场不衔接、缺少专门的专利信息分析导致技术缺少前瞻性与战略性等。然而专利权人如何运用其专利权也是专利权难转化的因素之一。

5.1.1 运用方式的选择

根据《专利法》的规定，专利权人享有的权利包括实施权、处分权与标记权。其中实施权包括制造权、使用权、销售权、许诺销售权、进口权等❷；处分权包括许可权、转让（包括投资）权、质押权、放弃权等。

专利实施权与处分权说明了专利权人既可自己实施其专利，也可对专利权进行处分，包括许可他人实施其专利或转让专利权。

专利法一般意义上的使用是狭义上的使用，是指专利权人自己实施专利技术。本章所指的专利运用指广义上的使用，是指采取什么样的形式或方式来实施专利技术，包括专利权人自己实施、专利权人许可或转让他人实施。

5.1.1.1 专利权人自己实施战略

专利权人包括为非职务发明创造的发明设计人或职务发明创造的发明设计人所在的单位。

1. 专利权人自己实施的优势

由于专利权人对专利技术的产生的构思、创新点（受保护的专利技术）、生产工艺、市场优势及专利产品的市场前景具有较为明确的理解与定位。专利权人本人实施时必然具有天然的优势，因此绝大部分专利仍为专利权人自己实施。如上海知识产权局2006年初进行调查统计表明，1985年至2005年间上海市企业专利实施的特点之一即为企业专利实施率总体较高，64394个专利中自己实施的达47606，达73.9%。❸

（1）保持技术上的优势地位，获取高额的市场利润。由于专利技术一般具有创造性，进而形成了专利权人技术及市场优势地位。由于专利权具

---

❶ 上海首份企业专利申请状况和实施情况专项调查表明，从1985年于2005年20年间，上海企业累计专利申请总量为84310件，占全市企业总量3.5%都不到。同时20年上海企业申请专利的实施率达到占总量的77.2%，高出高校、科研院所以及个人的实施许多。但是，在已实施的专利中，95.8%是企业自己实施，专利许可、专利转让的比例很低。罗菁.20年来申请专利企业不到3.5%[N].劳动报.2007-04-26.

❷ 我国《专利法》第11条规定："发明和实用新型专利被授予后，除本法另有规定的以外，任何单位或者个人未经专利权人许可，都不得实施其专利，即不得为生产经营目的制造、使用、许诺销售、销售、进口其专利产品，或者使用其专利方法以及使用、许诺销售、销售、进口依照该专利方法直接获得的产品。外观设计专利权被授予后，任何单位或者个人未经专利权人许可，都不得实施其专利，即不得为生产经营目的制造、许诺销售、销售、进口其外观设计专利产品."根据这一规定，不同的专利权人享有的实施权并不完全相同。

❸ 上海市知识产权局年报[R].2006：20.

有先天的排他性，专利权人自己实施专利的，可完全掌控专利技术的实施。以此为手段，其可获取高额的利润与市场竞争力。

(2) 保持与市场（终端消费者）直接联系。当专利技术完全由专利权人实施时，专利权人可保持与终端消费者的直接联系，对终端消费者的需求及其变化较为敏感。一旦终端消费者的需求发生变化时，专利权人可及时对专利技术进行改进，这样一方面更贴近消费者的真实需求，保持并扩大市场占有率；另一方面对为贴近消费者的需求所作改进部分可另行申请新专利（主要是从属专利）或作为技术秘密保护，实现技术后续发展，保持并扩大技术上的优势地位。

(3) 收益上实现独立与最大化。当专利权人本人实施时，从专利技术到专利产品的生产、制造与销售是由专利权人独立完成的，这样就不需要依赖于其他人，实现市场上的完全独立。与此相关的，实施专利所产生的收益完全归其所有，而不需要与他人分享。

(4) 增加公众的认知程度。当专利权人本人实施时，一般情况下，还与其他类型的知识产权，如注册商标、企业名称一并使用。专利权人本人实施专利时，特别是进行销售或许诺销售时，可同时提升注册商标、企业名称的美誉度，企业的无形价值得到提高。世界上大的跨国公司在实施时专利时，都是与其商标权等合并使用的。

2. 专利权人自己实施的不足

在理想状态中，某一专利权从研发、试验、生产、制造及销售等一系列的与产品有关的活动都由权利人亲自为之，实现"垂直管理"，覆盖全过程，从而实现利益的最大化。但是，这一理想状态的实现受诸多条件的制约。此制约条件也即为专利权人本人实施专利的瓶颈，从而也使得专利权人本人实施产生诸多弊端。

(1) 当专利权人为研发型企业或个人时，专利权人本人实施存在下列弊端

①从准备实施专利到专利产品实际销售的持续时间较长，对专利权人的资金提出较高要求。某些专利并不是企业在生产过程中根据生产工艺等实际需要所发明出来的，而是由研究所、大学科研机构研发出来的。虽然这些发明创造基础专利多，但这些发明创造在实际运用到产业过程中时，需要反复地改进，反复地进行小试、中试，从试产试销到大批量的生产销售，每个环节都需要大量的资金，如上海交通大学的高清数字产业公司，

其专利项目的推广费用几乎是前期的 10 倍。❶任一个环节资金链发生断裂，导致整个专利产品难以实现产业化，前期的投入难以实现回报。即使所有环节得到顺利实施，从开始投资到收回投入，时间较长，财务成本的压力也非常大。这些都说明了专利的实施具有高风险、高回报的特征。上海企业发明专利实施率偏低也印证了这一特点。❷

②缺少必要的设备与专业制造人员。对于某些专利技术而言，专利技术的实施需要高精密度的设备及高层次的专业人员。专利权人如果缺乏这些条件，则无法实施。

③缺少相应的销售渠道与专业销售人员。一般而言，专利权人是技术开发者（非职务发明）或技术开发者的单位（职务发明），其在专利产品的销售领域并不具有优势：缺少销售渠道与专业销售人员。大多数情形下，专利权人实施时只能在本地区、本行业进行销售，这将无法进行重点区域与重点行业的销售，这将影响到专利技术实施的效果与效益，影响到开发的积极性。

④专利产品与最终销售的产品（消费者实际需要的产品）之间存在差异。某些专利即使技术含金量较高，但是由于专利技术与实际行使的技术之间仍存在一些差异。这样在实施过程中必然要对专利技术进行必要的改进与开发，以符合消费者的实际需求。如果专利权人缺乏这些商业化过程中的头脑与技术，必然导致专利商业化过程中的失败。

⑤管理难度增加。由于专利权人本人实施时，需要从研发、试产、生产、销售各个环节进行管理，必然导致管理难度增加，甚至效率低下，造成资源的浪费。

(2) 对于生产型的专利权人而言，专利权人自己实施同样也存在不利之处

专利权人在生产过程中所创造的专利技术，虽然其主要目的是为了自身生产所需，但如果完全由自己实施，也存在诸多不利之处，最主要的是无法实现利益的最大化。由于专利权人的生产能力、销售能力所限，难以充分实施专利技术。相反，如在满足自己生产的基础上，再为许可（特别是非独占许可），则可获得"意外之财"。如上海知识产权局 2006 年初进行

---

❶ [EB/OL]．[2007-04-05]．http://www.smg.cn/root/tv/stvn/column_content.aspx?ProgramId=15005．

❷ 如上海知识产权局 2006 年初进行调查统计表明，1985 年至 2005 年间上海市企业发明专利实施情况为，在所有的 14255 个发明专利中，专利权人自己实施的仅 6822 个，占 47.8%。上海市知识产权局年报 [R]．2006：20．

调查统计表明，1985 年至 2005 年间上海市外商控股企业的 9485 件专利中，有 388 个专利是专利权人自己实施并许可他人实施。❶

就总体而言，个人或小型公司难以实现或有效实现亲自实施专利。即使是大型的公司，也常通过许可甚至是转让的方式来运用专利权。这样既可实现收益，也可集中有限的财力、人力等资源进行新的研发。

5.1.1.2 许可他人实施战略

专利许可，包括自愿许可与非自愿许可两种形式。其中自愿许可又可分为明示自愿许可与默示自愿许可。

1. 非自愿许可

非自愿许可是指他人根据法律规定，由专利局或相关机构所为的许可，而非专利权人本人所为的许可。非自愿许可限制的是权利人的许可权，但都为有偿许可。我国规定的非自愿许可包括强制许可❷与指定许可❸两种形式。

我国的非自愿许可个案发生的数量极少，主要原因是专利技术与最后实际运用的技术之间存在着差异。如专利权人在申请专利时并未将与某一产品或方法有关的全部技术都申请专利，而是就其中部分技术申请了专利，另一部分技术作为技术秘密进行保护。这样强制许可或指定许可的被许可人即使获得了许可，也难以实施。如针对罗氏公司的治疗禽流感的达菲药品专利，上海制药集团在获得被许可前宣称，根据该专利申请时所提交的说明书等，需要 30 名研究人员花二三个月才能走出实验室。这是因为罗氏公司的达菲药品虽然为专利药品，但达菲药品的生产流程非常复杂，这些生产流程大多数并未申请专利。❹也就是说，上海制药集团根据该专利的文件能确定药品成分等，但并不能马上生产出来，需要对生产的过程进行研究。

虽然非自愿许可在我国的实施例的数量极少，但非自愿许可的规定属于"达摩克利斯"之剑，有存在的必要。如果没有强制许可这一规定的存在，专利权人就有可能滥用其专利权，妨碍技术的进步与公众享受技术进

---

❶ 上海市知识产权局年报［R］.2006：20.
❷ 我国《专利法》规定的强制许可包括一般强制许可、交叉强制许可及公共利益的强制许可。这三种类型的强制许可的对象仅为发明与实用新型专利，都为一般许可、有偿许可。
❸ 《专利法》第 14 条规定："国有企业事业单位的发明专利，对国家利益或者公共利益具有重大意义的，国务院有关主管部门和省、自治区、直辖市人民政府报经国务院批准，可以决定在批准的范围内推广应用，允许指定的单位实施，由实施单位按照国家规定向专利权人支付使用费。
❹ ［EB/OL］.［2007－03－28］.http://finance.sina.com.cn/g/20051129/11442156445.shtml.

步所带来的社会福利，这些都不符合法律的精神。如果没有这些制度的存在，罗氏公司最终也就不可能就达菲药品专利在我国颁发 30 多个自愿许可证。

2. 自愿许可

(1) 自愿许可的形式

民事法律行为包括明示方式与默示方式。"明示方式指行为人用明确可知的方法直接表达意思表示的形式，包括口头、书面、公告和视听形式，……默示形式指行为人用一定方式间接地表达意思表示的行式，包括推定和沉默形式。"❶

根据这一标准，广义上的自愿许可包括明示许可与默示许可两种形式。然而，实践中讲自愿许可都是从狭义上所述的，即指书面形式的明示许可。

明示许可是指专利权人通过书面、口头等形式明确许可他人实施其专利的方式。

《专利法》第 12 条规定："任何单位或者个人实施他人专利的，应当与专利权人订立书面实施许可合同，向专利权人支付专利使用费。被许可人无权允许合同规定以外的任何单位或者个人实施该专利。"从字面上看，这一条的规定似乎将专利权人的口头许可排除在明示许可之外。这样规定的原因主要在于：一是专利许可合同的存续期较长，如果采取口头形式，则时间一长，合同的条款易被遗忘而发生争议。二是专利许可合同的金额相对较大，如技术许可合同可能达到几百万、几千万，甚至上亿。如果没有书面形式，易产生纠纷。三是专利许可的规则相对较为复杂，如涉及具体技术的，由于技术处于变化过程之中，需要对签订合同时的技术内容加以界定。四是专利许可合同常与技术秘密等一起进行许可。五是缺少书面合同，无法进行登记和公告。六是部分合同具有涉外因素，同样也需要通过书面形式。从保存证据（书证）、督促当事人谨慎交易的目的来看❷，专利许可合同应当采用书面形式。

对于口头合同，《合同法》第 36 条还规定，"法律、行政法规规定或者当事人约定采用书面形式订立合同，当事人未采用书面形式但一方已经履行主要义务，对方接受的，该合同成立。"因此不应轻易否定口头合同的效力，而是促使当事人明确相关约定内容，补办法定手续或者补签书面合同。

---

❶ 高富平. 民法学 [M]. 北京：法律出版社，2005：192—193.
❷ 王轶. 技术合同法适用的有关问题 [G]. 唐安邦. 中国知识产权保护前沿问题与 WTO 知识产权协议 [M]. 北京：法律出版社，2004：278—281.

(2) 自愿许可的必要性（参见 5.2 节之专利权许可战略）

在经济活动中，任何人都会追求利益的最大化。在理想状态中，某一专利从研发、试验、生产、销售及售后服务等一系列的与产品有关的活动都由权利人亲自为之，实现覆盖全过程的"垂直管理"，这是实现利益最大化的最佳方案。

但是，这一最佳方案的实施受诸多条件的制约，如前所述，即使是庞大的公司也可能存在资金链无法衔接、因尾大不掉无法实现有效管理导致效率低下、无法实现重点地区的销售，甚至缺少某些商品的销售技巧导致亏本等，更不要说是小型公司或研发型的公司。

对于许可与否，权利人应充分考量各方面的因素，包括但不应限于：许可使用费是否合理、权利的稳定性、与现有技术/产品的替代程度或提高程度、与现有专利技术的阻止（现有专利技术对其依赖）的程度、权利剩余保护期限、权利人的长远计划（如将来进入市场的可行性、将来进一步研发之间的密切联系程度）等。

(3) 自愿许可的可行性——发放许可的优势

①扩大市场的销售地域

如果专利权仅在国内有效，则许可有助于扩大国内销售地区。专利权人要想在全国范围内销售专利产品，其可行的模式包括：在各地设立商业实体（包括独立的公司、合资公司、子公司、分公司等）。但如果这样，则商业实体的数量非常庞大，需要花费大量的时间成立实体、解决厂房、雇员问题，建立并开辟销售渠道等，这些需要大量的时间与金钱。相反，如为许可的，则这些问题可迎刃而解。同时，在专利权人不能实际销售的地区的机会成本变为实现的收益。

同样，如果专利权人在其他国家或地区具有专利权，则在这些国家或地区成立商业实体，除同样发生上述问题外，这些公司还需要向所在国交纳税收（包括营业税、所得税等）。相反，如果在这些国家或地区进行许可，权利人不仅不用交纳营业税，可充分利用被许可公司现有的人员、生产资源与销售渠道，而且被许可人知晓当地的风俗人情与消费需求，其可将被许可的专利产品以最佳状态进入市场。

②扩大产品的使用领域

当某一专利权具有多种使用功能时，且权利人只能在一个产品上使用时，许可则是实现专利权其他形式利用的重要手段。如某一专利是容器下部安装磁石，从而使该容器具有磁化功能。如果权利人只是电磁杯的生产者，且不会进入电磁热水瓶等的制造与销售，此时许可就是权利人获得了"意外之财"。

③加快产品进入市场的步伐

如果权利人缺乏将专利权转化为专利产品所需要的人、财、物，则会导致其产品难以及时进入市场。相反，如果许可那些拥有足够资源的公司，则可加快专利权进入市场的进程。对于某些产品而言，延迟一个月或几个星期的上市时间都有可能导致破产，特别是在特殊时期。如美国硅谷的计算机软件开发公司，自20世纪80年代初期繁荣后就进入了破产与并购期。其他竞争比较激烈的高科技领域也面临相同的境地。

④实现互补产品的双赢，进而形成市场影响力

当产品之间具有互补功能时，通过许可，一方面可实现营利。如果运作成功，可实现许可人与被许可人的双赢。另一方面，这种双赢的背后，可能形成了一种技术的标准。如微软与IBM公司在MS-DOS系统合作后，PC机上安装MS-DOS系统自20世纪80年代起在很长时间内一度成为PC机是否兼容的标准。假设苹果电脑没有使用MS-DOS系统，用户则难以适用。

⑤提高产品的声誉及商标或商号的商誉

如果专利许可与商标、商号等其他知识产权一并许可时，则不仅使权利人的技术得到广泛传播、实现经济回报，同时还会因商标或商号的广泛使用，提高被许可使用商标或商号的商业信誉。当然，实践中也会存在仅许可技术，而没有商标或商号许可的情形。如果产品销售业绩较佳，具有较高声誉，那么相关人员也会知晓该技术的来源，从而提高许可人其他产品的声誉。美国公司的特许经营即采取这一模式。

⑥对技术发展的控制

无论专利技术是否许可，都不会影响被许可人或第三人对被许可专利技术的改进。❶对于重要的发明或首创性的发明，专利申请并未将最为核心的技术进行申请，许可合同可对被许可人改进作出限制或约定回授，即约定被许可人的改进所形成的申请专利的权利归属于许可人，就可保证权利人在技术上处于领先地位。此外，如果技术不是专利，而是技术秘密时，当其知道竞争对手着手进行开发相同或类似技术时，其可通过许可竞争对手使用这些技术秘密，从而实现对技术的控制。

---

❶ 由于技术秘密是第三人无从知晓的，故而第三人无法进行改进。

（4）发放许可证的弊端及其后果

许可证是一把双刃剑，其一方面对许可人与被许可人产生好处，但同时也对他们产生某种商业上的弊端，特别是许可合同中的某些限制，使得被许可人过分依赖于许可人，减弱了其进一步创新的动力。对许可人而言，这些弊端表现为以下几个方面。

①对专利技术失去控制

专利权人一旦许可，特别是许可他人制造或使用专利方法，即使许可合同中有许可人对被许可人的使用或制造过程加以控制的条款，也会因许可人分身无术或其他制约因素使得专利权人无法实际控制专利技术。再如许可销售或进口，特别是独占许可的情形下，许可人可能放弃了广告投入、销售渠道的拓展及对被许可人商品价格的控制等。

为了防止对利用可能失去控制，许可人极力通过各种努力保持这种控制，如在合同中加以约定、挑选其信任的被许可人。但这些努力常常停留在纸面上，难以付诸实现。原因主要有以下几方面：一是对于许可人的控制，被许可人会极力反对，因为许可合同的签订过程本身就是一个讨价还价的过程。二是法律上的限制，如合同法或专利权法本身的限制，以及即将出台的反垄断法的限制。三是由于对专利技术的利用是被许可人实际进行的，其比许可人有更大的控制权。四是许可人即使在许可之前挑选其信任的人作为被许可人，但在现实商业活动中，为了利益而发生纷争太为普遍，专利许可亦不例外。当然，如果被许可人具有良好的商业信誉，可能会减少纠纷产生的可能性。

②失去与市场（终端消费者）直接联系

在商业竞争中，保持竞争力的有效手段之一是了解消费者的需求，从而创造符合其需要的产品，这也是创新的源泉。如果权利人通过许可授权他人进行活动，失去了其与产品或服务终端用户的联系，失去终端用户对产品或服务的缺陷的认识、市场需求的变化、改进的建议等等，也就失去了创新的源泉，从而丧失市场竞争力。

③许可人自己入市的难度增加甚至完全丧失

专利权人为了开拓新的地区销售市场、专利技术使用领域或为了尽快进入市场而实施许可，其副作用也是非常明显的。最为典型的就是被许可人先占市场，当权利人自己再想进入相关市场时，无形中就自己为自己树立了一个强有力的竞争对手。同时，为了实现许可的目的，许可人可能会运用其所用的资源以帮助被许可人更好地将产品或服务进入市场。一旦专利权人的资源被使用,则许可人自己想进入这些市场时,则在先利用的资源难以恢复到原来的状态,如重要的销售或技术方面的人才资源。

④收益上的依赖

许可证的发放意味着权利人的收入主要是收取许可使用费,而许可使用费的支付有着不同的模式,既有固定的使用费,也有浮动的使用费;既有独占许可的使用费,也有非独占的许可使用费。

对于非独占许可,许可人的依赖程度相对较低,一个被许可人经营不利,其还可再进行许可或自己经营。但对于独占许可,权利人的收益完全依赖于被许可人的经营。

对于固定的使用费,被许可人的经营好坏一般不会影响权利人的收益。但对于浮动的使用费,其与被使用人经营状况的好坏有着必然的联系。

发放专利许可证产生的上述弊端,对专利许可产生严重的影响。如上海知识产权局 2006 年初的调查统计表明,1985 年至 2005 年间上海市企业专利仅许可他人实施的专利数量共为 423 件,占全部专利 64394 件的 0.65%,即使加上专利权人自己实施并许可他人实施的 1412 件,被许可的专利也仅占所有企业专利的 2.8%。产生这一结果很大程度上是专利权人对专利许可所产生的弊端考虑过多。然而,专利权既是专利权人作为市场竞争的重要手段,更是专利权人营利的工具。在现代市场竞争中,专利的价值越来越明显,如 2006 年上海市专利技术移转合同的平均成交额为 109.13 万元。专利权人的顾虑与现代专利制度已不吻合。而且,专利权人的顾虑完全可通过许可合同中的限制性条款加以解决,如约定许可实施的地区、行业等。(参见 5.2 节之专利权许可战略)

3. 默示许可

默示许可是指专利权人通过沉默方式或通过某些积极行为来推定其许可他人为特定行为的许可形式。默示许可是指专利权人虽然没有通过书面、口头等形式明示许可他人实施其专利,但专利权人通过某种行为或不作为,推定专利权人许可他人实施其专利的行为。默示许可主要是用来抗辩的,而不是用来主动实施专利的。实践中,默示许可非常普遍。

默示许可有两类基本形式,一类是基于法律规定而产生的默示许可,即法定默示许可。另一类是基于相关事实而产生的默示许可,即事实默示许可。

法定默示许可是指被许可人直接根据法律规定所获得的许可。如无限制的首次销售后的使用、销售、善意销售等。由于法定默示许可适用的前提须有法律的规定，实践中有时也不将此视为默示许可。

事实默示许可是默示许可的主要形式。事实默示许可主要是通过诉讼加以认定的，即由法官根据当事人特别是"被许可人"提交的相关文件、当时环境或许可人的有关行为所推定的许可。默示许可所产生后果与自愿许可相同：当事人之间形成有效的合同关系。美国默示许可起源于1927年美国电话电报公司诉美国联邦政府案。该案中，作为专利许可人的美国电话电报公司同意在战争期间不干预为联邦政府所生产的"三极管"。该公司后来向政府和政府的制造商提供了蓝图、图纸和技术帮助。根据这些情况，美国最高法院认为，美国政府获得了一个对三极管进行制造及联邦政府使用的分许可。❶美国最高法院认为，"并非正式的知识产权许可授权才产生许可的效力。专利权人的任何语言或其向他人展示的行为，如果他人根据这些可推断出权利人同意他制造、使用或出售专利产品，并且他人根据这一推断进行了使用，则构成一个许可及一个侵权诉讼的抗辩。至于构成的许可是免费的，还是需要支付合理补偿，当然应当根据环境加以决定。但当事人自此之后的任何诉讼关系，必然是合同关系，而不是侵权关系。"❷

5.1.1.3 转让他人实施战略

专利转让他人实施是指专利权人将其专利权完全转让给受让人，由受让人实施该专利。

专利权人转让专利权的方式主要有两种形式：直接转让与间接转让。

狭义上的专利权转让是指直接转让（有人将此转让称之为贸易性转让❸），指专利权人与受让人通过专利转让合同所进行的转让。根据《专利法》的规定，专利权转让时应采书面形式并进行登记和公告。受让人自公告时起取得专利权。

广义上的专利权转让，是指除狭义的专利权转让外，还包括投资（有人称之为投资性转让❹）、专利权质押的实现、继承等。本节只讨论狭义上的转让。

1. 专利转让他人实施的可行性（参见5.3节之专利权转让战略）

"专利权人的许可和转让成为多数专利权人实现专利权价值的一种最主要的、带有普遍意义的方式。"❺无论是专利权许可，还是专利权转让，两

---

❶ Jay Dratler, Jr.. LICENSING OF INTELLECTUAL PROPERTY [M]. Law Journal Press, 2002.
❷ De Forest Radio Telephone Co. v. United States, 273 U.S. 236, 47 S. Ct. 366, 71 L. Ed. 625 (1927).
❸ 顾丽苹. 专利法律制度研究 [M]. 北京：知识产权出版社，2005：182.
❹ 顾丽苹. 专利法律制度研究 [M]. 北京：知识产权出版社，2005：182.
❺ 吴汉东. 知识产权法学 [M]. 北京：中国政法大学出版社，1999：22.

者具有相同的功能；从微观层面来看，可弥补专利权人本人亲自实施的不足；一方面可使专利权人实现利益的最大化，进而鼓励专利权人进行新的发明创造；另一方面也可使被许可人或受让人产品升级换代，提高市场竞争力。从宏观层面看，可实现将专利技术转化为现实的生产力，也可使消费者享受质优价兼的商品，提高消费者的福利。

2. 专利转让之必要性——专利权转让的优势

专利权的转让与专利权的许可虽然都是权利人行使专利处分权的形式，但由于专利权转让后，转让人不再是专利权人，而专利许可后，专利权人的权利人身份没有变化，因此专利权人在选择转让与选择许可时所考虑的因素不完全相同，两者所体现出来的优势当然也有所差异。

(1) 获得高额专利转让费，鼓励新研发（参见 5.4 节之专利费支付战略）

专利权人转让专利权的，专利权受让人应根据合同约定的金额、时间等支付专利转让费。一般而言，专利转让费是在合同签订或生效后一段时间内支付的。如果受让人支付了专利转让费，则专利转让人可直接取得转让费，免除了转让人不能全部或部分收到专利费的风险。

专利转让费一般包括研发成本、机会成本等。专利转让费可激励转让人再进行新的研发，从而促进技术进步与技术竞争，提高整个社会生产力及社会福利。这些促进都是专利制度的目标所系。

(2) 免除了专利转让人的权利保证义务

专利转让合同的标的为专利权。从合同的角度来看，一旦专利权无效，即合同标的消灭。此时应恢复原状，即专利转让人应向专利受让人返还全部转让费。然而，专利权在转让之后被宣告无效的，根据《专利法》第47条规定，被宣告无效的专利权虽然视为自始即不存在，但对于已经履行的专利转让合同不具有追溯力，除非因专利权人的恶意给他人造成的损失，应当给予赔偿。专利权转让人不向受让人返还专利权转让费，明显违反公平原则时，专利权转让人应当向专利权受让人返还全部或者部分专利权转让费。

2. 专利权转让的劣势及其后果

专利权一旦转让，专利转让人不再是专利权人，其与一般第三人处于相同的地位，在没有法律规定或受让人同意的情况下，不得实施转让的专利技术。专利权转让的结果对于不同的专利权人产生不同的影响。

对于研发型的企业（包括高校和科研院所）而言，根据专利法的规定，专为科学研究和实验而使用有关专利的，不视为侵犯专利权。如果该企业研发的新技术与在先已转让的专利技术之间存在某种牵连（甚至已转让的专利技术成为后续开发技术的阻却性专利），后续开发的技术则难以实施。原因在于，大部分后续开发技术即使获得专利，但其难以达到专利法所规定的交叉强制许可的程度——显著经济意义的重大技术进步。在没有自愿许可的前提下，实施后续开发技术必然侵犯在先转让的专利权。如果在后专利达到交叉强制许可的程度时，在后专利的受让或被许可人即使有机会实施在先及在后的专利，但在先专利的受让人必然也可实施在后专利，这样就人为地造成了在先专利的受让人与在后专利的受让人或被许可人在同一市场进行竞争。从这些结果来看，在后专利的转让或许可有一定难度，即使能够转让或许可，专利转让费或专利许可费也不高。因此，从实际情况来看，研发型企业实施的专利权转让有两种情形：一是专利权转让后，不再从事相同技术领域内的研究；二是如果在相同技术领域内继续研究的，后续技术（专利）的转让一般转让给在先受让人或受让人的竞争对手。

对于生产型的企业，从市场角度来看，因为其实际参与了市场竞争，如果专利权转让且在转让合同中没有约定受让人许可其实施该专利的，则其极可能退出相关市场或在相关市场缺乏竞争力。从技术角度来看，由于专利权已经转让，即使其与专利技术具有某种关联，但其进行进一步研发的成果在实施时受到在先转让的专利权限制。因此生产型企业能够转让的也仅仅是其未进行实际使用、受让人不会与其竞争的专利。

对于个人而言，由于受其研发能力及参与市场竞争能力的限制，相对而言，转让专利权应该是非常不错的选择。

5.1.2 专利使用范围的选择

专利使用范围的选择应根据不同的标准进行不同的选择。

1. 根据专利权保护的技术范围进行使用的选择

专利使用的范围应限于专利权保护的范围。根据《专利法》的规定，发明或者实用新型专利权的保护范围以其权利要求的内容为准，说明书及附图可以用于解释权利要求。

发明和实用新型专利应具有单一性原则。"单一性，是指一件发明或者实用新型专利申请应当限于一项发明或者实用新型，属于一个总的发明构思的两项以上发明或者实用新型，可以作为一件申请提出。也就是说，当一件申请包括几项发明或者实用新型，则只有在所有这几项发明或者实用新型之间有一个总的发明构思相互关联的情况下才被允许。这是专利申请的单一性要求。"[1]当专利申请不符合单一性原则时，应进行分案申请。确立单一性主要原因在于技术上的原因，方便分类、检索与审查。其次是经济上的原因，可节省申请人的申请费用。

在符合单一性原则的前提下，某一发明创造仍具有多个技术特征。正如《专利法实施细则》第 20 条的规定，"权利要求书应当有独立权利要求，也可以有从属权利要求。"法律允许独立权利要求与从属权利要求作为一个申请案提出，同样是基于分类、检索与审查的方便及节省申请人的费用。事实上，一项发明创造之下的每一项权利要求都可类似于看为一个总的发明构思下的发明或实用新型，每一个权利要求都可作为一项单独的专利申请，从而形成不同的专利。因此在理论上不同的权利要求都可进行单独的使用。

这样，对于一般专利而言，其使用方式即存在着两种选择模式：对某一专利技术进行全部实施；对专利技术部分实施（包含对单一权利要求实施）。

对于一个总的发明构思的专利，存在的使用选择的模式更多：对总的发明构思中的每一项发明创造分别实施；对总的发明构思中的每一项发明创造中的部分权利要求实施；对总的发明构思中不同发明创造中的若干技术特征进行使用。

然而，不论选择哪一种模式实施，都与实施方式联系在一起，即专利实施是专利权人自己实施，还是许可他人实施全部或部分的技术。对于专利技术转让他人实施的，参见 5.3 节之专利权转让战略部分。

2. 从产品角度来选择专利的使用范围

发明或实用新型专利的保护范围以权利要求为准，似乎与产品无关。

但是权利要求与产品的关系主要体现在权利要求上。主要有两类情形：一类权利要求明确指出该专利技术适用于哪种具体的产品上；另一类权利要求则不指明具体适用于哪一产品，而采用非常抽象的概念来表达该专利技术适用的范围，如啤酒杯/酒具、灯/发光物体。产生这种差异的原因与专利要求保护的范围有关。（参见 5.2.2 节之专利局部许可战略）

由于专利技术可适用的产品非常广泛，加上专利权人生产能力、生产的产品范围限制等诸多原因，专利权人除自己在部分产品上实施该专利技术外，还可许可他人在其他产品上实施该专利技术。这种情形在生物技术

---

[1] 《审查指南》第二部分第六章。

领域相对较为显著。实证表明，治疗阳痿的万艾可专利药品（伟哥），还可用来治疗呼吸病、心脏病等，因此万艾可专利中的某些技术可用来生产治疗呼吸、心脏等疾病的药品。

3. 专利权地域范围使用的选择（参见5.2.1节之专利部分许可战略）

获得专利权后，专利权人除可自己实施外，还可进行许可，约定被许可人在约定的地区范围内实施。专利权是各国根据专利申请人的申请，按该国（或地区）法律进行审查、授权的，因此某一国家授予的专利权只能在该国（或地区）范围内有效。❶如果某一专利权人在不同国家（或地区）分别被授予专利权的，在这些国家，专利权人除可自己实施外，更主要的，是专利权人可选择在本国或部分他国实施，更多的是进行许可甚至是转让。

专利权实施包括积极的实施权与消极的禁止实施权。专利权人在其他国家（或地区）申请专利并获得授权后，有时并不实施，也不许可他人实施或转让。这样做可能基于不同的目的：一是为了垄断在该国的专利技术，保持在该国技术上处于领先。然而这一目的的实现需要专利权人将后续开发的技术不断申请专利。二是防止在该国实施专利技术所制造出来的产品平行出口到专利权人积极实施专利的国家或第三国。三是阻碍该国或地区技术与经济的发展。即使该国的国民申请强制许可而实施专利的，但强制许可一般是有偿的，势必增加被许可人的生产成本，从而影响到该国经济的发展。

5.1.3 专利权的维持与放弃战略

1. 专利权的维持

专利权的有效是专利权的运用的前提。为了保证专利权的有效，专利权人必然采取各种手段来维持专利权，以使得专利权处于专利法的保护之下。

专利权的维持有正常状态下的维持与非正常状态下的维持。正常状态下的维持指缴纳专利年费。非正常状态下的维持是指专利权人对专利权被控无效所进行的应诉。

（1）缴纳专利年费

要维持专利权的有效，专利权人首先应按规定的时间和标准缴纳专利年费，这也是专利权人义务。

专利年费，也称为专利维持费，如果专利权人没有缴纳专利年费，或没有按期缴纳专利年费的，则专利权终止。

---

❶ 欧盟属于例外。总体而言，欧洲专利局所授予的专利权可视为欧盟各成员国的国内专利。

专利年费的标准，各国的标准并不相同，但总的原则是，专利权受保护的时间越久，缴纳的专利年费越多。

专利年费交纳的时间：根据我国现行的规定，除授予专利权当年的年费应当在办理登记手续的同时缴纳外，以后的年费应在前一年度期满前 1 个月内预缴。如果未在期满前 1 个月内缴纳，也可在期满后 6 个月内缴纳，但需要交纳滞纳金。如果在 6 个月内仍未缴纳年费及滞纳金的，国家知识产权局自滞纳期满之日起 2 个月内，但最早不得早于 1 个月内向专利权人发出专利权终止通知。如果专利权人没有启动恢复程序或恢复未被批准的，国家知识产权局于终止通知书发出 4 个月后，在专利登记簿和专利公告上予以登记和公告。之后，专利权终止并溯及专利权上一年度期满之日。

(2) 应诉专利权无效宣告，以维持专利权的有效

《专利法》规定，专利权无效首先应向专利复审委员会提出。根据《专利法实施细则》第 65 条第 2 款规定，他人提出专利无效的理由包括：发明创造属于不应授予专利权的范围；发明创造不符合可授予专利权的实质性条件；授予的专利权违反"同样的发明创造只能被授予一项专利"；违反了先申请原则；无权取得专利权的人被授予了专利权；公开不充分；权利要求书所要求的专利保护范围没有以说明书为依据；违反了禁止反悔原则（发明和实用新型申请文件的修改或分案申请超出了原说明书和权利要求书记载的范围、外观设计申请文件的修改超出了原图片或照片表示的范围）等。

对于专利权的无效请求，专利权人应自收到专利复审委员会无效宣告请求书的副本和有关文件的副本后，在规定期限内陈述意见。如没有陈述意见或没有在规定时间内陈述意见的，不影响专利复审委员会的审理。

专利复审委员会对无效请求会进行审理并作出决定：维持专利权；部分维持专利权、部分撤销专利权、撤销专利权。如果专利权被维持或部分被维持，无效宣告请求人不服的，可向法院提起诉讼。如果专利权被宣告专利权无效或部分被宣告无效的，专利权人亦可向法院起诉。不论哪一方向法院起诉，都只能是专利复审委员会作为被告，对方当事人作为第三人。

2. 专利权的放弃

专利权的放弃与专利权的维持正相反，其是指在专利权有效的情况下，主动放弃专利权。

专利权的放弃有主动的放弃与自动的放弃。主动的放弃是指专利权人通过书面声明的方式放弃专利权。自动放弃专利权是指专利权人通过不缴

纳专利年费的方式放弃专利权。

专利权的自动放弃一般在没有外因的情形下发生。在专利技术没有转化为现实生产力，申请专利也不是为了专利战略的需要的时候，专利权人没有取得实际收益与潜在收益，同时专利权人为了维持专利权的有效仍需要支付专利年费，这必然产生经济上的负担。专利权人为了减少这种经济上的负担，一般会停止支付专利年费，这样就产生了放弃专利权的后果。

专利权的主动放弃一般是基于内外部两方面的原因。外因通常表现为他人提出了专利权无效宣告；内因表现为在专利被提出无效宣告请求的前提下，专利权人意识到专利权无效的可能性较大。由于专利权一旦被宣告无效，则视为自始即不存在；而如果书面声明方式放弃专利权的，专利权自放弃之日起终止。比较这两种不同的后果，专利权人常主动放弃专利权。

3. 维持还是放弃——一个两难的选择

当专利权被提出无效时，专利权人即处于一个困境，是维持专利权，还是放弃专利权，特别是当专利权人无法意识到专利权被无效的可能性概率有多大时。

如果专利权人拟维持专利权的，则必须考虑以下因素：

（1）维持专利权的经济成本

专利权无效的审理及司法审查一般都涉及具体的技术问题，因此，专利权人需要聘请专业代理人员，必要时还要进行专业的技术评估或司法鉴定。这些活动都需要较高的费用，在某些国家，如美国，仅专利律师代理费动辄就几百万美元。就我国而言，代理费同样也较一般案件要高。

（2）维持专利权的时间成本

专利权是否无效，涉及具体的法律与技术问题，加上复审人员的知识背景因素，专利无效的程序本身就需要比较长的时间。不仅如此，专利权无效还适用司法审查。同样加上审判人员的技术背景因素，这样从专利权无效宣告立案到最终确定专利权的效力，时间较长。

（3）维持专利权的市场成本

由于专利权维持需要长时间的经济成本与时间成本，必然对专利的商业化产生非常重大的影响，特别是对未实际生产的产品或投资生产专利产品的初始阶段。如果专利权被宣告无效，则该产品因缺少专利权而不具有独占性，他人亦可生产相同的产品，这样的"专利产品"难以在市场上占有优势。而且，如果市场上存在替代产品或升级产品，"专利产品"更无优势可言。

从专利经营的角度看，维持专利权的有效对专利权人经营专利有较大的影响。首先，维持专利权需要耗费专利权人的很多精力、时间与金钱；其次，专利权无效审查的结果经常处于不确定的状态，专利权人难以再行投资大量的金钱。

在专利权人对专利技术有相当大的把握时，如果具备雄厚的实力，其完全可维持专利。但在绝大多数的情况下，专利权人对专利权是否能维持并不确定，就需要考虑放弃专利权所具有的优势。当然，专利权人也可静观其变，不采取任何行动（如缺席审理），专利权也不会必然被宣告无效，因为专利复审委员会的审查或司法审查是站在中立的立场进行的。但这一情形实践中非常少见。

4. 放弃专利对专利权无效的影响

专利权人声明放弃专利权，或自动放弃专利权，会不会影响专利权的无效呢？

根据《审查指南》第四部分第三章"无效宣告请求的审查"的规定，请求人可以针对已经终止或者被放弃的专利权提出无效宣告请求。这也就意味着即使专利权人放弃了专利权，请求人（包括第三人或被许可人）仍可要求进行无效审查。除非专利权人与请求人在审查决定做出之前达到协议，请求人撤回请求❶。当请求人为被许可人时，撤回无效请求的条件必然是停止支付许可使用费，甚至是专利权人返还之前已收取的部分或者是全部使用费。当请求人为"侵权人"时，撤回无效请求的条件当然是"侵权人"可继续使用且无须支付之前及之后的使用费。

理论上，维持专利权较放弃专利权在总体上更具有价值。但由于每个具体的专利的实际情况并不完全相同，专利权人仍应视个案判断是维持专利权，还是放弃专利权。

5.1.4 反侵权战略

发明创造具有创造极难（需要创造者大量地投资才能实现）、实施极易（专利申请应当公平充分，即根据申请说明书即可实施专利技术）的特点。根据"社会契约理论"❷，专利权人取得专利权是以公开专利技术为对价的。专利技术的公开导致了专利被侵犯的可能性增加。

---

❶ 《审查指南》第四部分第一章 2.3 请求原则规定，复审程序和无效宣告程序都应当基于当事人的请求启动。请求人在专利复审委员会作出复审或者无效宣告审查决定前撤回其请求的，审查程序终止；但审查决定的结论已宣布或者书面决定已经发出之后撤回的，不影响审查决定的有效性。

❷ 中国科学技术情报所专利馆. 国外专利法介绍 [M]. 北京：知识出版社，1981：12.

为了对抗专利侵权行为，专利权人除运用法律手段打击侵权行为外，同时还努力试图采取各种手段进行反侵权。

专利权人的最佳的反侵权战略，按理应该是法律救济措施。然而，法律救济措施毕竟是事后的补救措施，在专利领域中存在诸多的不便。如专利诉讼中，专利权人常面对下列问题：①专利权人的专利权是否有效？如果无效，也就谈不上侵权，故而实践中"侵权人"常以专利权无效进行抗辩。根据最高人民法院司法解释的规定，对于实用新型、外观设计专利侵权诉讼过程中，被告（"侵权人"）向专利复审委员会提出无效请求的，人民法院一般中止审理。对于发明专利，被告（"侵权人"）向专利复审委员会提出了无效宣告请求，人民法院一般不中止审理。一旦法院中止审理侵权诉讼，则专利权人在市场竞争中将处于非常不利的地位，因为专利权无效宣告的审理时间较长。②"侵权"行为所实施的技术是否落入专利权保护范围？技术的实施不同于作品的复制，使用者在使用过程中极可能对专利技术中的某些技术特征加以变更，如增加或减少某些技术特征。这种变更后的技术是否落入专利权保护范围须进行界定。③根据民事诉讼谁主张谁举证原则，除新产品的方法专利外，专利权人要举证侵权人实施专利方法或生产的专利产品。④诉讼的经济成本与时间成本。⑤赔偿证据。由于专利权人很难证明其实际损失，侵权人的侵权获利同样基本上难以查明，实践中大部分是适用法定赔偿。

虽然司法保护是作为民事权利的专利权最好的保护手段，也是专利权保护的最后一道屏障，但对于作为市场经营主体的专利权人而言，司法保护并不总是最理想的反侵权的模式。

专利权人为了防止或阻止他人侵权，势必采取各式各样的战略，来保护其发明创造。总体来说，专利权人常采用技术上的反侵权战略与法律上的反侵权战略。这两种战略有时单一行使，有时一并行使。

技术上的反侵权战略主要适用于未申请专利之前所采取的措施，是一种积极的战略，是进攻性的反侵权战略；法律上的反侵权战略主要适用于已获授权的专利所采取的措施，是一种消极的战略，是防御性的反侵权战略。

1. 专利申请时的反侵权战略

专利权人从技术上实施反侵权战略，首先应从申请专利开始。在专利申请过程中应当考虑到反侵权的措施。

作为脑力活动结果的发明创造，常常是在一个总的发明构思下有若干个在技术上有关联的发明创造（每个发明创造包含若干个技术特征），或者是一个发明主题中包含了若干个技术特征。多数情况下,专利权人并不是将所有的技术特征都申请专利,而仅仅是就其中的部分申请了专利,其他部分作为技术秘密进行保护。这样,第三人即使根据申请文件能够实施相应的专利技术,但第三人不能根据专利技术生产出相同商品,或即使能生产出相同的商品,但该商品不具有市场竞争力。这是专利权人从技术上进行反侵权战略的总体要求。但不同企业、不同行业、在不同技术发展的阶段,应根据实际情况选择下列一种或多种手段来实施技术上的反侵权战略。这种反侵权战略实质是专利权人在申请专利战略。(参见第4章《专利申请战略》的相关内容)

(1) 基本专利战略

基本专利技术通常是指某一领域内的核心技术,对该技术领域内的技术开发和产品创新往往有着决定性的影响。由于市场竞争的残酷,为了抢占市场,发明创造人对于重大的技术进步或开拓性的发明创造,一般都会申请专利。这是因为随着科技水平的发展,通过反向工程一般都可被解密。由于这些发明创造市场范围大、竞争对手众多,这种开创性的发明创造基本都可被破译,如果不申请专利,则极易丧失独占性的保护。

对于基本专利,发明创造人除进行本国申请外,大多进行国外申请。如深圳朗科公司闪存技术2002年获得国家知识产权局的发明专利授权,2004年12月,朗科又在美国获得该项技术的发明专利授权,该专利是闪存盘、闪存MP3及其他闪存移动数码产品的基础性专利。2006年2月16日朗科宣布,其已于2006年2月10日在美国正式起诉美国计算机存储零售市场主要企业之一的PNY公司侵犯其专利,并要求赔偿。这是朗科第二次就闪存专利诉讼国际厂商,此前朗科曾起诉索尼。

专利权人在申请基本专利的同时,往往围绕基本专利,开发与之相配套的外围技术。由于实施外围技术必然要实施基本专利,因此对于这些配套的外围技术,采取不同的反侵权战略并不完全相同:①当他人对外围技术的逆向解密较难时,将外围技术作为技术秘密进行保护。外围技术是基本专利技术的附加技术,其对于提升产品的市场竞争力具有非常重要的作用。②当外围技术的逆向解密相对较易时,一般同时将外围技术申请从属专利,从而起到防火墙的作用,保护核心技术。

(2) 外围专利战略

外围专利是指即围绕他人基本专利技术而改进、开发改进专利。当基础性发明被逆向解密的可能性较小时,将基础性发明作为技术秘密进行保护,却将外围技术申请专利,从而保护核心技术。然而,单独实施外围专利战略的风险极大,基本上已不被采用。这是因为,随着现代技术的发展,在绝大部分领域,为技术秘密保护的核心被他人解密的可能性不断增加。

(3) 混合专利战略

这是指发明创造人不是将所有的发明创造完成后即时申请专利,而是根据市场、技术等发展的进程,适时地、不间断地将发明创造进行申请。这样,可延长发明创造实际受保护的时间。

(4) 申请防卫专利

专利权人在申请专利的同时,申请了若干保护真正专利技术的若干专利。这种情形常发生在选择性专利中。如一项发明的核心技术在于将温度控制在50～55度之间。专利权人同时还申请了一个将温度控制在40度到60度之间的专利,这样专利权保护的范围就扩大了。他人要实施将温度控制在50～55度之间的技术难度就更大了。

(5) 申请迷惑专利

所谓迷惑专利,是指专利权人申请的,不是真正所欲保护的技术,而是迷惑竞争对手而申请的专利,从而达到转移竞争对手视线的目的。迷惑专利表面上符合专利授权要求的专利,但其实质上与专利权人所欲保护的技术并不完全相同。对于竞争对手而言,基于惯性思维,其一般认为专利申请文件所记载的技术是专利权人实际使用的技术。专利权人的这种手段无形中打乱了竞争对手的市场,从而独占相关市场。

当然,这些战略的实施需要考虑两方面的因素,一是专利权人的技术、经济实力;二是对竞争对手使用情况的关注。对于在技术、经济上具有实力的公司,完全可通过申请专利来实现反侵权的战略。如美国最主要的生物技术公司之一安近公司(Amgen)在美国、欧洲、日本等国家和地区申请了EPO(Epogen,即人体促红细胞生成素)基本专利,并取得了专利权。为保护EPO专利,Amgen公司从1983年开始就以保护EPO为目标提出了上百件专利,其中获得授权的专利超过77件。这些专利围绕EPO的基因序列、小分子功能、研发工具、生产工艺、设备等而展开,使Amgen公司牢牢掌握了EPO的市场,并使EPO基本专利在2003年底期满后,

Amgen 公司仍能主导 EPO 的生产、销售。❶

2. 专利使用时的反侵权战略

专利权人在实施专利过程中，要随时跟踪他人，特别是竞争对手使用技术的情况。由于技术处于不断发展过程中，发现竞争对手使用专利技术后一般应及时予以制止，否则竞争对手会以此为契机，研发出改进专利，并对专利权人形成部分压力。只有及时发现情况，及时解决，才会有效保护专利技术。如 IBM 公司的技术部门及知识产权管理部门经常通过专利信息检索等，一方面监视竞争对手申请的专利，为自己公司的研发提供思路，另一方面也以此为依据判断对方是否侵权。当发现对方侵权后，应立即采取相应的措施，进行技术分析及法律措施，以促成许可或对方停止侵权。

在我国目前的情况下，由于受财力、人力等因素所限，完全由权利人进行跟踪具有较大的难度，为此可通过其他途径来发现侵权、制止侵权。如对社会或员工设立举报及奖励制度、与社会中介机构，特别是专利中介机构之间建立合作等。

3. 法律上的反侵权战略

专利权人采取法律手段实施反侵权战略一般包括两个步骤：采取法律手段的前置技术分析与实际采取法律手段。

（1）前置分析

前置分析是指专利权人对"侵权人"的侵权行为从技术上、法律上进行实际的分析，以判断他人是否实际侵权。

从技术层面看，专利权人应当从敌我两方面进行分析：

①被"侵犯"的专利权的稳定性。专利权人即使有专利证书，也不能忘乎所以，因为专利权随时有可能被无效。由于实用新型与外观设计专利没有经过实质审查，因此专利权人在采取法律手段之前最好进行专利检索❷并进行分析。一般而言，只有经过专利无效程序审查过的实用新型与外观设计专利，才具有稳定性。在美国，一般认为，只有经历过侵权诉讼考验的专利，才是好专利。

---

❶ 生物医药领域知识产权战略研究 [R]．中国科协第二届优秀调查研究报告，2002. EPO 专利的改进专利主要有 EPO 第二代（epoetin alfa）和第三代 NESP（novel erythropoiesis stimulationg protein）。第三代是在第二代的基础上加入了 3 个新的糖基化（glycosylation）位点，使半衰期比第一代提高了 3 倍，获得同样疗效，只需 1/3 的药物。G-CSF Neupogen（filgrastim）的第二代 SD-01 不会被肾脏清除，只能被第二代药物所诱导产生的嗜中粒细胞（neutrophils）清除，整个清除需要 10 天，因而达到疗效长，而副作用则与第一代 Neupogen 类似的效果。

❷ 在我国实用新型专利诉讼中，原告要提供专利检索证明。但是，专利检索仅仅是权利的初步证据，并不证明专利权的稳定性。原告人仍需要从技术上进行分析，以判断其是否具有专利三性。

②侵权人所实施的行为是否落入专利权的保护范围。这是专利权人采取法律手段保护其专利权最难以认定之处。一般而言，专利侵权诉讼的时间较长，其中占绝大部分时间的即为认定行为人所实施的行为是否落入专利权的保护范围，这需要从技术方面进行分析。

(2) 选择适当的时间进行维权

专利权侵权诉讼与一般民事诉讼有着较大的差异，选择起诉时间具有非常重要的意义。

①证据角度　由于专利权人诉讼中需要举证权利证据、侵权证据及赔偿证据三方面。因此，只有当这三方面的证据，特别是侵权证据较为充分时再提起诉讼才较为合理。这些证据证明的对象包括行为人是否有过错、行为人的行为是否属于不视为侵权行为的行为、行为人给权利人造成的损失或行为人的获利情况等。

②诉讼时效　专利权人或利害关系人提起诉讼的，受诉讼时效的限制。如果超出 2 年再起诉的，则赔偿额为自起诉之日起向前推算两年计算赔偿额。因此，如果一发现侵权就进行起诉，则赔偿额相对较小。如果时间较长，则超出 2 年部分得不到赔偿。

③适时起诉　权利人明知他人侵权的，也不必急着起诉，可先放水养鱼，再选择适当的时间点进行起诉。这样做，一是证据的获取较为简单且易胜诉；二能获得赔偿；三者还可让对方大伤元气，或者在诉讼调解过程中处于主动地位，从而实现许可获得高额的许可使用费。❶

(3) 可采取的手段

法律赋予专利权人可采取的手段非常多样，专利权人应视具体情形而定。

①警告函　警告函具有非常重要的作用，体现在：提醒对方当事人的行为侵犯专利权，促进当事人达成和解协议。对方当事人在受到警告函后仍继续实施，则具有故意之过错。法院在计算赔偿额时一般会在法定范围内加重赔偿额。❷

②实现和解　权利人在发出警告函之后，当事人各方常进行和解。这样可节省诉讼的成本，同时也可促进当事人各方今后的合作。IBM 公司经常采用这种策略。IBM 公司在调查竞争对手有关产品上的知识产权的同时，

---

❶ 肖诗鹰，刘铜华. 中药知识产权保护和申报技术指南 [M]. 北京：中国医药科技出版社，2005：99.
❷ 在专利侵权领域内，各国一般采被告 3 倍赔偿原则。即当被告有故意过错时，按一般许可使用费的 3 倍作为赔偿额。

还监视别人的产品有无侵害 IBM 公司的知识产权。如果有侵权的，可进行谈判和解。

③海关权利登记　专利权人可进行海关权利登记，亦可防止第三人进口侵犯专利权人的商品。根据《专利法》的规定，海关专利权登记还可防止第三人在国内侵犯专利权后出口到国外销售。

④专利民事侵权诉讼　专利权人在起诉之前及诉讼过程之中，向法院申请停止侵害行为的措施（临时禁令）。这一措施的实施，一方面可使行为人在法院判决之前停止侵权行为，减少权利人的进一步损失。而且还会促使当事人在法庭主持下实现调解。如为判决的，会产生很好的示范效应。❶

⑤请求行政查处侵权行为　根据《专利法》的规定，当侵权行为发生后，专利权人可要求专利行政管理部门查处侵权行为。理论而言，行政查处侵权行为与专利侵权诉讼在认定专利权的效力及是否构成侵权行为与司法应当是一致的，然实际操作并不相同，表现在：一是我国行政执法时间较诉讼时间要短；二是专利行政管理部门一般进行调解和侵权认定，不涉及侵权赔偿额的判定。

⑥专利刑事诉讼　我国《刑法》规定了假冒专利罪。侵犯专利权与假冒专利罪在行为人的行为构成要求上并不相同。假冒专利罪要求行为人使用了专利权人的专利标志或专利号。当他人假冒专利权人的专利时，其可提起刑事自诉附带民事诉讼来解决，也可向公安部门进行举报。

5.2　专利权许可战略

1. 专利许可的必要性

TRIPS 第 1 条开宗明义地规定：知识产权是私权，专利权亦不例外。专利权除为私权外，更重要的是专利技术是生产要素之一，专利权人对专利技术享有排他的专有使用权，因此专利权更是专利权人市场竞争的有力手段。

专利在市场竞争中所起的作用越来越明显。从积极方面看，随着世界经济一体化，特别是产品的销售和制造的世界一体化进程的加快，价格竞争激烈，利润减少。竞争者逐渐由原来的产品竞争为主逐渐转为以技术竞

---

❶ 实际中常发生的是侵权人以支付许可使用费的形式达成调解协议。然而，这一协议常产生诸多问题，如许可采取提成方式支付使用费，侵权人常会逐渐减少使用数量，从而使权利人的目的落空。对此问题的解决办法是，侵权人支付调解之前所实施行为的使用费；或采取入门费加提成费的方式付费。

争为主。这样才能在保持竞争优势的同时，获取更高的利润，如我国目前不同品牌手机之间的竞争。从消极方面看，如果某一竞争者被认定为专利侵犯，则其首先应停止相应的侵害行为，相应的产品被逐出市场。

然而，专利作为市场竞争的手段仅仅是表层的。市场主体追求利润的最大化是其追求的终极目标，竞争亦为此而来。作为竞争手段的专利权同样应为此目的服务。因此专利战略已逐渐发生变化，由竞争手段演化为营利的工具。如荷兰飞利浦公司自2000年开始，完全以利润为中心进行运作，通过应用知识产权来为公司创造收入，其知识产权许可的利润从1980年20亿美元急升为2000年的1000亿美元。❶

为实现营利目的，专利权人除了自己最大限度利用专利技术外，发放许可证是利用专利的最佳方式之一。由于国内、国际市场的巨大及专利技术所适用的领域不同等原因，专利权人往往不满足于自己使用专利，还向其他企业发放专利许可证，以取得更多的利益。WIPO统计资料表明，1965年各国之间通过以专利技术为主的许可证贸易额为20亿美元，1975年贸易额达到110亿美元。到1995年，许可证贸易额进一步增长至2500亿美元，同期的技术贸易发展速度大大超过了一般商品贸易的增长速度。❷

市场主体追求利润最大化产生的直接后果之一是专利人对专利许可越来越宽松。如美国是目前世界上专利许可做得最好的国家之一。"越来越多的美国企业采取知识产权开放政策，利用其知识产权资产获取丰厚的收入和利润。"❸1999年IBM公司的知识产权许可收入只有3000万美元；2001年知识产权许可收入达到了15.4亿美元，占IBM公司收入1.8%，却占其总利润的14%。其他国家和地区的跨国企业也采相同的原则，如日本三菱对专利权的运用所采取的政策是开发政策，尽量将专利便宜地让别人利用。❹专利许可的宽松在专利联盟中表现得更为明显。我们常说一流企业卖标准是最高境界，是因为标准中包含了若干专利，而且专利一般形成专利联盟。专利联盟的专利权人并不是不允许他人使用其专利技术，恰恰相反，专利权人是非常希望他人有偿使用，这体现在"卖"上。

专利权人通过许可，不仅获得了高额回报，更重要的是，其可将所获得的回报重新用于R&D，产生新的专利并发放新的许可证，从而形成良性循环。

---

❶ 蒋德祥. 知识产权战略和管理 http://tech.tom.com/1126/2448/2004525-101170.html.
❷ 徐家力. 略论中国企业的专利战略［N］. 光明日报，2006-02-14.
❸ 包海波. 美国企业知识产权管理的构成及其特征分析［J］. 科技管理研究，2004，2.
❹ 国外企业知识产权保护的管理办法——三菱公司［EB/OL］.［2007-04-10］. http://www.mei.gov.cn/page/news/news.asp?CD=59671.

此外，科技发展速度导致产品寿命周期缩短，研发成本不断上升，这也需要专利权人积极经营专利，以取得收益，其中专利许可是最佳的经营方式之一。

2. 专利许可的可行性

专利许可的结果是专利权人收取专利使用费，被许可人获得了相应的专利技术、技术秘密等，专利权人表面上无形中为自己在相关市场、相关技术市场上树立竞争对手。但实质上，由于被许可人需要支付高额的许可使用费，被许可人的研发成本及生产成本已被专利权人牢牢掌控。同时，根据许可协议，一些许可人对被许可人的技术改进享有免费使用甚至归属于许可人。因此，只要许可得当，专利许可不会使许可人树立自己的竞争对手。最为典型案例的就是美国的德州仪器公司。20世纪80年代中期，面临多家日本企业低廉的半导体的竞争，当时该公司的总裁Jerry Junkins通过诉讼及和谈，最终达成许可协议，日本公司被迫向德州仪器公司的基比尔集成电路基本专利支付3%的提成费。如以当时半导体产业每年250亿美元计算，日本公司每年需要支付7.27亿美元的许可使用费。7年的时间，日本公司为此支付了20亿美元的使用费。这一结果是促进了德州仪器公司进一步研发，同时限制了日本、韩国企业在半导体商品市场及技术市场上的竞争力。

专利许可有利于社会的整体竞争。与专利权人自己直接利用其专利权相比，发放专利许可证，是推进新技术传播、促进专利与其他生产要素广泛结合的更有效的方式❶❷，从而提高整个社会生产力，提高社会福利。这些都是专利制度的目标。

3. 专利许可的划分

一般情况下，当专利许可人拥有多种类型的知识产权，许可人在进行专利许可的同时，还与商标、技术秘密等其他知识产权一并许可。其中，专利与技术秘密许可一并许可是技术许可中最为常见的形式。

---

❶ 王先林. 知识产权与反垄断法——知识产权滥用的反垄断法问题研究 [M]. 北京：法律出版社，2001：268.

❷ 1969年美国斯坦福大学负责人尼尔斯（Niels J. Reimers）以全新的思路组建了斯坦福技术许可办公室（Office of Technology Licensing, OTL）。其作用主要是：(1) 重点致力于技术发明的市场化；(2) 对技术转移的可行性进行分析、论证；(3) 寻求发明技术转移的合作伙伴；(4) 给发明人提供各种奖励。OTL的主要做法是：一是在从实验室技术到产业化的过程中，明确其权属，避免产生法律上的纠纷；二是对技术进行评价，其中包括与现有技术的比较、相关技术的进展、有多少相关专利、是否为当前专利热点领域以及是否申请专利等；三是对商业价值进行评估，预测市场前景；四是研究确定技术到了什么阶段；五是寻找投资公司，确定许可方式，并请发明人参加，让发明人说服投资人；六是收入分配兼顾各方利益。在技术转移产生的收益中，15%留给OTL作为运转费用，其余部分由发明人、发明人所在系和所在学院各得1/3. [EB/OL]. [2006-12-08]. http://www.yyknowhow.com/html/2006/0323/1504_2.html.

仅就专利许可而言，根据不同的标准可作不同的划分。

(1) 根据许可人被许可人之间的关系，可划分为一般许可、相互许可与交叉许可。一般许可是指许可人向被许可人所为的许可。相互许可是一般许可的特殊情形，是互为许可，但许可的技术之间不具有关联性。交叉许可又称为互惠许可或互换许可，是一般许可的特殊情形，是当事人之间互为许可，一方主体既是许可人，又是被许可人。在技术高度发达的今天，由于竞争的加剧，任何一个企业不可能垄断某一产品上的所有技术，也不能垄断某一产品上的技术开发。同一产品上的不同主体享有专利权的专利技术，如果他们的专利技术之间互为阻却，即相互依赖时，一般都采用交叉许可（符合条件的，也可为强制交叉许可）。交叉许可一般是双方当事人以价值大体相当的专利（可以一换一，也可一换多或多换一）互为许可。在特殊情况下，基于特殊目的，也可不考虑专利价值而为交叉许可，如美国 Affematrix 公司与英国牛津基因科技公司（OGT）撤回了双方在美国、欧洲相互提出的专利无效申请，达成基因芯片相关专利的交叉许可协议。

交叉许可常发生在相互竞争但又相互依存的企业之间，这样交叉许可的当事人才可以共同提高他们之间对外的竞争力，实现"双赢"。以此为契机，交叉许可的当事人之间还会产生战略合作关系，从而开拓更大的发展空间。如 1999 年 Dell 公司与 IBM 公司达成 160 亿美元的交叉许可协议，不仅减少了双方的研发成本，同时加快了产品的创新与更新，大大增强了市场竞争力。

(2) 根据许可人与被许可人之间的竞争关系，可将许可划分为独占许可、独家许可与普通许可，在此基础上还产生分许可。这种划分方式是我国最常用的划分方法。

(3) 根据许可所处分的对象，可分为技术上的许可与权利上的许可。

技术上的许可是指针对专利权所保护的技术特征所为的许可。技术上的许可通常为部分技术特征的许可，通常称这种许可为局部许可。

权利上的许可是指针对专利权的权能、地区或地域所为的许可。如果是许可仅针对部分权能、部分地区或部分地域的，可称之为专利权的部分许可。

5.2.1 部分许可战略

5.2.1.1 部分许可与一般许可的异同

部分许可与一般许可相比，两者的共性在于两者都有许可的权能、地区及许可的时间。然而，两者的区别在于：

(1) 各自强调的出发点不同。部分许可强调的是被许可的权能及许可地区本身，而不在乎实施的主体数量，即部分许可可以是独占许可、独家许可或一般许可。一般许可强调的则在许可的权能及地区范围内实施的主体数量至少为三人以上（许可人本人及两个或两个以上的被许可人），它关注的是许可范围内的竞争程度。

(2) 一般许可通常是专利权在一个国家或地区内所为的许可；部分许可则是从技术取得专利权的所有国家或地区内所为的许可。

(3) 许可的出发点不同。根据《布莱克法律大辞典》的解释，许可有两种含义：一是指（许可人）允许他人为某些行为，否则该行为是不合法的承诺（承诺通常可以事后弥补）。二是指一个许可人允许被许可人进入其领地进行某些行为是合法的协议。[1]有学者认为，一般许可是使被许可人获得免于被起诉风险的保险。[2]可见，一般许可侧重于第一种解释。部分许可则是从许可的第二层含义所作的解释，是一种积极的许可，是对专利的经营。

5.2.1.2 部分权能许可

1. 可被许可的权能

根据《专利法》的规定，不同的专利享有不同的权能。产品发明专利和实用新型专利权的权能有制造、使用、许诺销售、销售、进口等权能；方法发明专利权的权能有方法本身的使用及制造、使用、许诺销售、销售、进口依照该专利方法直接获得的产品的权能；外观设计专利权的权能有制造、销售、进口。

(1) 制造权的许可

对于产品发明与实用新型专利而言，由于专利技术主要是用来制造、生产专利产品的，因此制造权的许可是专利许可中最为核心的许可。对于方法专利而言，其主要功能在于方法本身的使用，因此使用方法本身与产品发明专利或实用新型专利中的制造权能具有类似的作用，为此本节我们把对方法专利本身的使用视为产品专利的制造。

(2) 销售权的许可

专利产品生产、制造出来后，必然要进入市场销售，否则无法收回产品成本，专利权人无法收取提成费。销售权是制造权的进一步体现，是制

---

[1] BLACK'S LAW DICTIONARY, eighth edition, p938. "A permission, usu. revocable, to commit some act that would otherwise be unlawful; sep., an agreement that it is lawful for the licensee to enter the licensor's land to do some act that would otherwise be illegal."

[2] Jay Dratler. 知识产权许可［M］. 王春燕等，译，北京：清华大学出版社，2003.

造权的延伸。没有制造，也就没有销售。但反过来，没有销售权，制造权也就落空。

(3) 许诺销售权的许可

许诺销售是指以做广告、在商店橱窗中陈列或者在展销会上展出等方式作出销售商品的意思表示。根据法律的规定，只有发明与实用新型专利权有许诺销售权。从合同的角度看，许诺销售权是指作出销售专利产品的要约邀请，而销售权则是销售专利产品的要约。一般而言，法律既然规定了销售权，似乎没有规定许可销售权的必要。然而，国际公约及我国法律规定许可销售权的原因在于促进专利技术的实施、促进专利产品的流通。此外，如果他人未获专利许可，即许诺销售专利产品，则这一行为具有侵犯专利权的危险，从保护专利权的角度来言，规定许可销售权也是非常有必要的。

(4) 进口权的许可

进口是指从国外进口受本国专利法保护的专利商品的权利。商品的进口，除受国际货物贸易有关的法律调整之外，还受到知识产权法的调整。正如 TRIPS 制定的目的，商品也不仅仅是商品本身，商品之上还承载了诸多知识产权。

一般认为进口是专利实施的一种特殊形式，这是因为，进口专利产品与在本国制造专利产品产生相同的后果：都会导致专利产品进入销售领域，使公众享有该专利技术的成果。

(5) 使用权的许可

专利权人许可他人使用其依专利生产出来的产品的权利。由于专利权首次销售原则导致专利权销售权、许诺销售权、使用权的穷竭，对于一般专利产品，专利权人行使使用权是非常困难的。但对于某些特殊的专利产品，高昂的设备等，使用者因临时使用或因财力紧张无力购买，进而租赁专利产品。此时，使用人使用该专利产品时，则必须取得专利权人的同意。

2. 权能部分许可中注意的事项

专利权的权能，理论上都是可以单独许可的。然而由于专利权所有权能的行使都与专利产品联系在一起，专利产品在物理空间上的惟一性，因此部分权能的许可受到专利产品本身的限制而常产生其他权能的默示许可。

(1) 制造权与销售权分别部分许可

一般情况下，专利权人为制造权许可时，同时将销售权（包含许诺销售权）同时一并许可，这样，被许可人生产、制造出来的专利产品才可进入市场销售。

当专利权人仅为制造许可,而不同时为销售许可时,被许可人对制造出来的专利产品所为的销售则因其未获专利权的同意而构成非法销售。

此时被许可人只能将其所制造出来的专利产品交付给专利权人或专利权人所指定的第三人。但这一交付的性质对专利权其他权能产生较大的影响。

当交付的性质为出售时,会产生默示许可的后果:专利权人默示许可被许可人进行销售,只不过对销售作出了限制,即只能出售给专利权人或指定的第三人。此时仍适用首次销售原则。当购买者为专利权人指定的第三人时,其所为的销售在性质上应当定性为转售专利产品,其向专利权人交付的"专利使用费"实质上亦就不是专利使用费,而是一种获得销售专利产品的机会的费用。第三人与专利权人签订的合同即使名称为"销售权许可合同",但其类似于商品特许经营。

当交付的性质非为出售时,则应按委托加工处理,即制造权人根据专利权人的委托所为的加工。此时虽不产生专利权的穷竭,但专利制造权的被许可人实为受托制造人,而不是被许可人。

(2) 进口权与销售权的分别部分许可

将进口权与销售权分别许可给不同的被许可人,被许可人进口专利产品,是否意味着有权销售该专利商品呢?

在进口许可合同无特别约定的,应视为被许可人有权进行销售,这点与制造许可相同,此时应认为专利权人默示许可被许可人有权进行销售。

如果进口许可合同有特别约定的,被许可进口人在进口专利产品后交付给专利权人或专利权人指定的第三人时,此时产生的后果与仅为制造权许可产生相同的后果。进口人直接交付的性质为出售,此时产生权利穷竭后果;如果直接交付非为出售时,此时的交付应视为受托进口,是被许可人代为进口专利产品。

相反,如果专利权人许可第三人在专利人享有专利权的国家进行销售的,则应认定产生进口的默示许可。如 2000 年 9 月,北京清华银纳高科技发展公司与日本住友特殊金属公司签订专利许可协议,许可北京清华银纳公司将钕铁硼产品销售到住友公司享有专利权的其他国家和地区,如欧盟。虽然该合同没有明确被许可人清华银纳公司及其利害有关系人在其他国家有进口权,但根据该协议,被许可人的利害关系人在住友公司享有专利权

的国家或地区有权进口该专利产品。❶❷

(4) 产品专利与方法专利的默示许可

当专利产品的惟一用途是用来使用专利方法，或使用专利方法的惟一用途是生产专利产品时，产品专利的制造视为同意被许可人使用专利方法，许可他人使用专利方法，则应视为许可被许可人用此方法来生产专利产品。如某一发明是"用来制造某一中药专利药品的加工工艺"，如果该中药的生产工艺是惟一的，此时许可他人制造该中药专利，则应视为同时许可被许可人使用该专利方法。相反，如果许可他人使用该专利方法，但该方法的惟一用途是生产中药专利的，则专利权人还同时许可被许可人制造该中药专利。

5.2.1.3 部分地区许可

根据法律规定，一个国家所授予的专利权，其效力只及于该国法律所及的范围，即具有域内效力。

就专利部分许可而言，专利权人可将某一国的专利权的部分或全部权能在部分地区进行许可。地区部分许可，专利权人可收到更多的使用费，从而激发专利权人研发的积极性。同时，由于专利权效力所及的范围较大，特别是在我国，加上市场巨大，各地的生产水平、消费习惯并不完全相同，专利权人无力在全国范围内实施，因此专利权部分许可对专利权人具有非常重要的使用。但是，地区部分许可中常产生下列问题或疑惑：

(1) 专利权人进行地区许可，实质上就在国内划分了专利市场，特别是专利制造与销售市场。这样，是否具有垄断的嫌疑？

美国专利法实践历史已证明，此时不一定产生垄断。美国专利法的司法实践认为，专利技术仅仅是市场要素。专利权本身所具有的独占性并不必然产生垄断。垄断是指对相关产品的市场独占或操纵，其首先就需要界定市场。垄断法所说的市场，需要考虑替代产品。由于商品的丰富性，任一专利产品一般都有其替代产品。如美国著名的案例之一 1956 年 United States v. E. I. Du Pont de Nemours & Co.❸案，一审法院认为杜邦公司独占玻璃纸市场的 75% 以上，构成垄断。但美国上诉法院认为，玻璃纸属于一种可折叠的包装纸。从总体上讲，杜邦公司所占的包装纸的市场份额只

---

❶ 清华银纳与日本住友签订钕铁硼专利产品销售许可协议[J]. 世界电子元器件，2000, 10. 钕铁硼永磁体属于稀有金属材料之一，广泛应用于电子、信息、汽车、医疗等领域。自 1982 年日本人发明钕铁硼材料以来，钕铁硼磁材料得到了迅速发展。我国稀土资源丰富及成本低廉，钕铁硼永磁材料产量与日本产量相当。但我国只能出口到不受专利权保护的国家和地区，包括使用量较大的欧美地区。该许可销售协议的签订，有助于提升我国相关企业的市场竞争力。

❷ 该协议中没有约定在其他国家享有进口权的主体，即从实际操作层面看，如果清华银纳公司在拟进口的国家没有设立经营实体，享有进口权的主体应为清华银纳公司的贸易伙伴。进口权的默示被许可人应为清华银纳公司的指定第三人。这种情形类似于专利分许可中的被许可人由许可合同的许可人确定。

❸ 351 U. S. 377, 76 S. Ct. 994, 100 L. Ed. 1264 (1956).

有 20%左右,未构成垄断。其次,专利权先天的独占性并不必然导致市场的垄断,至少要考虑的因素包括:一是从专利技术与专利产品之间的关系,即依据专利技术是否可直接制造专利产品并进入市场;二是市场上是否具有替代产品,即产品是否具有交叉弹性需要❶;三是市场占有率。一般情况下,仅因专利权而产生垄断的可能性极小。

(2) 在专利使用费采用提成方式时,只有减少被许可人之间的竞争,许可人才可能收取到更多的使用费。如何减少被许可人之间的竞争是专利部分许可中需要注意的事项。

一般而言,许可人在进行许可时应进行许可的合理布局,即在相同地区被许可人的数量适当,这样即能保证被许可人之间有一定的竞争,又可保证被许可人有一定的营利空间。否则被许可人之间竞争加剧,导致专利产品的价格下降,被许可人的竞争能力减弱,对支付许可使用费具有较大的影响。

然而,仅有专利权人合理布局,仍具有风险。主要原因在于:①被许可人之间恶意竞争;②专利产品销售后,产生权利穷竭的后果,购买人有权进行转售。这样,他人会从经济发展相对较低的地方或专利产品价格相对较低的地区购得专利产品后,到价格较高的地区进行销售。解决此风险的办法,主要通过许可合同中对被许可人作出某些限制;或被许可人在进行销售专利产品时,应对购买专利产品进行转销的购买者作出某些适当的、合理的限制。❷

被许可人对购买人所作出的限制是否有效对许可人与被许可人实现收益具有非常重要的影响。《专利法》第 69 条规定,专利穷竭的结果是购买者进行使用或销售、许诺销售这一行为"不构成侵权"。如果被许可人违反了许可合同中约定的不得竞争过度的条款,如不得低价销售,则构成违约。如果购买者违反了其上家——被许可人明示限制(如价格限定,包括高价与低价的限定,或在专利产品上标明专利产品销售价格等),购买者在转售时违反这一限制,即构成违约。只有通过这些限制性条款,才有可能实现

---

❶ 交叉弹性需求是经济上的概念,是指消费者为了相同的目的替代不同产品的能力与经济上的计量。它能够反映出当一个产品价格提升、其他产品的价格保持不变时,有多少消费者转向购买价格不变的替代商品(反之亦然)。一旦产品之间具有交叉弹性需求,则说明这些产品具有竞争性,属于可相互替代的产品。
❷ 这种限制应当明示,同时应达到合同法上要约的要求。如果仅仅是善意的提醒,则不产生限制的后果。

专利产品的有序竞争与维持正常的价格，实现专利权人的收益。❶

5.2.1.4 部分国家（或地区）许可

部分国家（地区）许可，是指专利权人在多个国家对同一发明创造享有专利权的情况下，将部分国家的专利权能进行许可。

部分国家（或地区）许可，是国际技术转移的主要方式之一。产生国际许可的主要原因在于世界各国因生产力和工业化水平的不同，各国技术发展阶段的差异以及国际分工等原因。对于许可人而言，通过国际许可，可收取专利使用费，激励创新。对于被许可人而言，通过市场换技术，从而实现提高本国或本地区整体的技术水平，为本国或本地区今后发展提供平台与机会。

产生国际许可的另一重要原因在于专利权本身。对于发达国家或跨国公司等具有雄厚研发能力的企业而言，为抢夺国际市场，必然在若干个国家申请专利。如果发明创造人在某一国家没有申请专利，则该发明创造在该国为公知公用技术，任何人都可使用。专利权人除了战略目的不实施或暂不实施（实际发生的情形极少）外，为了实现收益必然对专利进行经营，其中最重要的即为许可。❷

国家（或地区）许可是从国家为单位所为的许可，在这一许可之下，还可继续为各类形式的许可。

在部分国家（或地区）许可中，需要注意的是平行进口权的问题。

专利权人或其被许可人进口专利产品，有两种情形：一种情形从专利权人不享有专利权的第三国进口专利产品到本国；另一种情形是专利权人或其被许可人从同一专利权人享有专利权的第三国购买专利产品后进口到本国，即专利产品的平行进口。对于专利权人或其被许可人从专利权人不享有专利权的第三国进口专利产品，按一般进口权的行使对待。

---

❶ 1992年美国联邦巡回上诉法院在Mallinckrodt v. Medipart, Inc.（Inc. 317 F.2d 680, 125USPQ589）一案认为："原则上说，无条件地售出一件专利产品用尽了专利权人进一步控制购买者使用该专利产品的权利。该原则的理论在于：在这样的交易中，专利权人通过要价已获得了体现该产品全部价值的回报。然而，首次出售原则不适用于有明示限制条件的销售或者许可。在这样的交易中，更为合理的结论应当是买卖双方通过协商所达成的价格仅仅体现了专利权人所享有的'占有权'。因此，在销售或者许可时附加的明示限制性条件通过会被法院认可并予以维持。这种明示限制性条件具有合同的性质，要受到反垄断法、合同法、专利法等相关法律及诸如防止专利权滥用之类的衡平原则的制约。一方面，违反相关法律和衡平原则的限制性条件是不可实施的；另一方面，对违背法律上有效的限制性条件的行为，专利权人有权获得侵犯专利权或者违反合同约定的救济。"尹新天.专利权的保护[M].北京：知识产权出版社，2005：70。

❷ 我国国内企业或个人向其他国家或地区申请专利的数量虽然逐年增加，但总体而言并不多。产生的原因较为复杂，主要有以下几方面的原因：1. 国内企业的研发能力有限，申请的专利数量及质量不高。2. 经济承受能力不强。由于向不同国家申请专利需要分别支付专利审查费、专利年费等，这些费用总量较大。3. 国内企业没有进行国际商品贸易，没有意识到在其他国家或地区申请专利的重要性。4. 专利权的地域性认识不够等。

产生平行进口的原因是各国经济、科技水平、劳动力成本的差异而形成的专利产品价格的不同，价格低的专利产品流向价格高的国家。❶

反对平行进口的观点认为，专利权人本人或其被许可人将专利产品投放市场，权利人通过确定适当的产品销售价格或许可使用费，已经获得了创造性劳动相应的报酬❷。允许平行进口，就等于允许专利权人双重收费❸，终端消费者支付双重的许可使用费。这一观点实质上也就是专利权穷竭应采国际穷竭原则。

支持平行进口的观点认为，知识产权具有地域性，某一国家所授予的专利权并不能适用于其他国家，专利权穷竭仅仅在该国范围内穷竭。专利权收到双重的使用费，更有助于刺激专利权人进行新的研发。

由于平行进口涉及各国的经济、技术发展，各国对此态度不一，故而TRIPS对此未作明确规定，由各成员通过本国的法律加以决定。就我国而言，原则上是承认平行进口。

5.2.2 局部许可战略

局部许可，是指专利权人许可他人在专利权保护的范围内使用专利技术的许可。

狭义上的局部许可是指同一专利上所为的局部许可，包括部分技术特征的局部许可与专利技术使用领域的局部许可。广义上的局部许可除狭义上的局部许可之外，还包括专利权人全部相关专利的局部许可（即一揽子许可）和多个专利权人的部分专利的许可（即专利联盟许可）。对于一揽子许可与专利联盟许可，从许可的形式来看，被许可人可使用被许可的全部技术。但实质上，由于这些专利众多，被许可人不会也不可能全部实施，而仅仅是实施其中较为重要的专利，如基础专利，因此这些许可实质上也是局部许可。

5.2.2.1 部分技术特征的局部许可❹

部分技术特征的局部许可是指专利权人将某专利中的部分技术特征作为许可对象所为的许可。原则上，专利应具有单一性，这是由专利申请的单一性所决定的。在单一性的基础上，一个专利仍具有多项技术特征，正

---

❶ 蔡宝刚. 阻却知识产权平行进口的立法思考 [J]. 扬州大学学报, 1998, 6.
❷ 余翔. 专利权耗尽与专利产品的平行进口——欧共体法律、实践及相关理论剖析 [G] // 陶鑫良. 上海知识产权论坛 [M]. 北京: 上海大学出版社, 2002: 86.
❸ 陈丽娟. 论专利平行进口的合法性及其规制 [EB/OL]. [2007-03-15]. http://fleet.dlmu.edu.cn/pe/Article/ShowArticle.asp? ArticleID=19317.
❹ 部分技术特征的许可，在实践中是非常困难的，除非被许可人只希望使用专利权人的某一专利的部分技术特征。被许可人接受部分技术特征的局部许可，是基于利用被许可的技术与其他技术相结合后实施。

如《专利法实施细则》第 20 条的规定,"权利要求书应当有独立权利要求,也可以有从属权利要求。"对此专利权人可许可他人使用部分技术特征。

如专利（申请）号为 03259414.3 实用新型涉及一种酒具,特别是一种啤酒杯。该酒具包括有一个带有内腔的杯体,在杯体的内腔中有一个引流漏斗,引流漏斗的底部连接有一个刚性的引流管,引流管的下端固定连接在杯体的底部,在引流管下端的管壁上开有引流出口。本实用新型的啤酒杯在倒啤酒时能够防止泡沫产生。该专利是一种组合专利,即将现有的漏斗技术等与酒杯进行组合所形成的技术。如果被组合的技术本身可单独授予专利权（本案中的被组合的技术本身不具有创造性）,则专利权人可单独将被组合的这些技术分别进行许可。部分技术特征的局部许可在高科技领域经常发生。

我国《专利法》还规定了单一性的例外,即属于一个总的发明构思的两项以上发明或者实用新型,可以作为一件申请提出。此时,任一项发明或实用新型都可单独进行许可。如泰特勒拉瓦股权公司及金融股份有限公司在我国申请的"封闭装置,与该装置相适配的瓶颈和包含这种由所述装置封闭的瓶颈的容器"（国际申请为 PCT/FR2002/000830 2002.3.7,在我国的申请号为 02805918.2）。该发明涉及一种包含一个封闭瓶盖和一个安全环的装置。其中,所述瓶盖包括一个盖底和一个具有一适于与待封闭的瓶颈的一外螺纹配合的内螺纹的裙部;所述安全环通过易折断的结构连接到该裙部上并形成有被设计成与形成在瓶颈上的互补的槽齿结构配合的槽齿结构。所述环的槽齿结构朝向所述封闭瓶盖的底部,而所述瓶颈的槽齿结构朝向与瓶口相对的方向。在此情况下,专利权人可分别许可他人实施封闭装置、安全环。

在专利局部许可的情况下,经常发生默示许可的结果。这种默示许可表现在：

(1) 一般情况下对符合单一性要求的专利所为的局部许可,对部分独立权利要求所记载的技术所为的许可,并不意味着其他权利要求所记载技术的许可。可是如果许可的技术是从属权利要求所记载的附加技术特征,如无特别约定的,则会产生默示许可的后果,即专利权人同时许可被许可人使用从属权利要求的附加技术特征所限定的独立权利要求所记载的必要技术特征。因为如果被许可人不能实施独立权利要求中的必要技术特征,则必然无法实施从属权利要求中的附加技术特征。

(2) 对一个总的发明构思专利的局部许可,经常会产生默示许可。如专利（申请）号[1]为 CN200510018665.6 的"一种治疗脂肪肝与酒精肝的制剂及其制备方法"发明专利申请，它包括以下重量份的原料药：青果10～43份、虎杖10～43份、麦芽29～70份、莱菔子5～20份、谷芽3～14份；它是将鲜青果破碎、压榨、取汁、滤过、浓缩、干燥，制成干粉，并与虎杖、莱菔子、麦芽、谷芽四味中药的浓缩提取液混匀，干燥，粉碎，过筛，装入胶囊。在该发明中，如果专利（申请）人许可他人制造该专利药品，且该专利药品的制造方式是惟一的，则许可人在制造专利药品时可使用专利方法。相反，如果专利权人就方法部分进行许可的，则直接意味着被许可人制造专利药品。（参见5.2.1.2节之产品专利与方法专利的默示许可）

5.2.2.2　全部技术特征的局部许可

专利的发明主题按我国专利法可以区分为：产品专利、方法专利以及用途专利等。同一项发明创造，由于申请的主题不同，导致受专利法保护的技术所适用的产品范围也有所不同。如申请人申请的是一种新型的灯丝（产品专利），专利权人可分别许可他人在不同类型的灯具上使用。但如果申请一种灯泡（用途发明，其主要技术特征即在于灯泡上的灯丝），则专利权人无权许可他人在非灯泡的照明商品上使用该灯丝。

专利申请人在确定申请主题之后，原则上还应确定该专利技术所使用的商品范围。申请人在确定范围时原则上应确定最大范围，一般采用"种"范围，而不采用"属"范围，如酒具与啤酒杯、泵与微型泵等。如果专利权人所确定的范围较小，专利权人只能在"属"的范围内实施专利权或许可他人实施。[2]（参见第4章专利申请战略）如美国施贵宝公司具有专利的 TAXOL 药品用于治疗乳腺癌和卵巢癌，专利权人还可将该专利分别许可给生产治疗乳腺癌和生产治疗卵巢癌药品的不同厂商。

5.2.2.3　一揽子专利的局部许可

一揽子许可是指专利权人将其所有的专利同时许可给他人的许可。一般情况下，拥有基本专利的专利权人还同时拥有很多外围专利。专利权人所为的许可通常是将这些专利全部许可，以收取更多的使用费。被许可人为了获取市场竞争力，除实施基本专利外，还需要实施外围专利。由于一揽子专利所涉及的技术较多，被许可人并不会使用所有专利技术。当事人之间签订的一揽子专利许可合同，被许可人实质使用的仅仅是其中部分专

---

[1] 目前该专利申请尚未授权。本处视该专利申请已获授权。
[2] 商标禁止权（禁）的范围要大于商标专用权（行）的范围。专利权基于等同原则、替代原则等，其禁止范围同样也大于行的范围。对于他人不在专利申请文件中所确定的商品范围使用相同的技术的，如果这种使用属于显而易见的，原则会因相同原则而被禁止。但如果这种使用是非显而易见的，则一般难以被禁止。

利。这种许可名为全部许可，但实质上是局部许可。

一揽子专利的局部许可通常是无保留的许可，是开放性的许可。专利权人不仅将与生产制造某种商品有关的技术（包括专利技术与技术秘密）进行许可，而且还把将来可能取得的专利同时许可给被许可人。这是因为一揽子许可的当事人之间通常具有某种特殊的关系，如母公司与子公司的关系、股东与公司的关系、研发公司与生产销售公司的关系等。

5.2.3 独占许可战略

独占许可是指在许可合同中约定的权能、地区、期间等范围之内只能由被许可人实施，许可人本人不得实施，也不得再许可第三人实施的许可形式。由于独占许可在许可有效期内与专利转让具有相同的功能，故也可称之为有期限的专利权转让。

独占许可有两种形式，一是法律上的独占许可；二是事实上的独占许可。法律上的独占许可是指许可人与被许可人通过合同约定所形成的独占许可。事实上的独占许可是指合同约定的许可形式是一般许可或独家许可，但事实上许可人（专利权人）自己未亲自实施，也未再为许可，只有被许可人一人实际实施专利技术的许可。

1. 法律上的独占许可

法律上的独占许可具有的优势是产生独占许可的原因。

（1）激励被许可人积极实施专利，有助于专利技术转化为现实的生产力。独占许可的专利一般是尚未商业化的专利，投资的成本与风险较大，只有给予被许可人独占市场的机会从而产生更多的获利机会，才符合风险与收益成正比的经济原理。这种市场独占表现为：只有被许可人一人实施专利技术，排除专利权人本人实施，直接以被许可人自己的名义起诉侵权人等。如复旦大学医学院宋后燕教授等所取得的治疗心肌梗塞药物——注射用链激酶专利药品，复星实业公司独占实施该项专利技术，取得了良好的经济效益。这种激励还常常表现为在许可合同中赋予被许可人分许可的处分权。在一般许可或独家许可的情况下，许可人一般不会同意被许可人为进行分许可。但独占许可不同，为了保证许可使用费的实现，许可人通常同意被许可人进行分许可，特别是独占被许可人对专利进行经营时。

（2）被许可人支付的高昂使用费可激励许可人进行新的研发。而且使用费的支付方式多样，如果分期支付或提成支付的，对被许可人的经营不产生过多的影响。

（3）法律上的独占许可是通过合同约定的，许可合同的执行具有法律上的保障。但更多的许可合同的执行并不是依据合同，而是依据当事人之间的信任或关联性。如跨国公司一般将其专利在某一国家或地区独占许可给其子公司。

然而，独占许可也会造成许可人过分依赖被许可人，特别是许可费采用提成支付的情况下。如果被许可人不积极实施专利，会必将影响许可人的收益。为此，当事人可在独占许可合同中约定附解除条件，即当被许可人在一定时间内无法实现合同约定的条件时，独占许可会降为独家许可、一般许可，甚至解除许可合同。

此外，在提成或入门费加提成费的情况下，被许可人的财务需要向许可人公开，被许可人经营秘密外泄的可能性增大。（参见 5.4 节之专利费支付战略）为此，产生了事实上的独占许可。

2. 事实上的独占许可

事实上的独占许可是指许可合同在法律上表现为一般许可或独家许可，但专利权人自己不实施专利，同时也不再许可第三人的许可。事实上的独占许可有两种类型：

一是一般许可（或独家许可，下同）转化而来的独占许可，即在一般许可合同中附延缓条件，当条件成就时，一般许可合同转化为独占许可合同。当然，在延缓期间内许可人不得自行实施，也不得另行许可他人实施。这一类型的一般许可，在转化之前名不副实，即有一般许可之名，但有独占许可之实；一旦条件成就，则名副其实。

二是被许可人行使否决权而产生的事实上的独占许可：即在一般许可（或独家许可）合同中约定被许可人享有许可人再次许可或许可人自己实施的否决权，如果被许可人行使否决权，也会产生独占许可的后果。

就第一种类型的事实上的独占许可而言，在转化之前除具有法律上的独占许可所具有第（1）、（2）项优势外，还可避免法律上的独占许可的劣势。

（1）许可更为弹性。事实上的独占许可一般是许可人先颁布一般许可，视被许可人的实施效果及使用费的支付情形再确定是转化为独占许可，还是保持一般许可。这种转化条件有两种情形：一是许可合同中明确约定延缓条件的条件成就，如被许可人交付的使用费达到一定的标准；二是许可人主动放弃转化的条件的要件，直接与被许可人约定转化为独占许可。

（2）鼓励被许可人积极履行勤勉义务。独占许可的许可人收益完全依赖于被许可人的实施，因此被许可人在实施专利过程中应有勤勉义务，积极实施专利，从而按约支付使用费。

然而在许可人与被许可人合作之初，由于当事人之间的信任感不强，或者对被许可人实施专利的效果难以预测时，采用这种类型的独占许可，可减少各方当事人的风险：直接采取一般许可，则产生诸多竞争者，不利于被许可人，影响到被许可人的大量的投资；直接采取独占许可，又会使许可人的收益长期依赖于被许可人。但如果采取附条件转化的许可，一方面可促进被许可人积极实施专利，同时也可保护许可人的利益：当被许可人积极实施时，转化为独占许可；如果被许可人不积极实施时，视为条件不成就，则维持一般许可，此时专利权人可对外再进行一般许可，这样可减少双方的风险。

（3）被许可人财务外泄的几率减小。对于可转化为独占许可的一般许可形式，即使按提成的方式，被许可人也会基于为转化为独占许可的目的而积极支付更多的专利费。以此为基础，当事人之间的信任度不断增强。当转化为独占许可后，即使在提成支付使用费的情况下，许可人一般不再要求查询或知晓被许可人经营账目的明细，而只需要知晓被许可人经营的总体状况。

就第二种类型的事实上的独占许可而言，一般对被许可人有利。产生这种类型的许可主要原因是当事人对专利商业化的市场风险不能确定，或者对使用被许可的专利技术的收益难以分配，需要当事人根据实施专利之后的实际情形进行具体的分析与许可合同内容的重新调整，即重新分配利益。

当然，被许可人行使否决权是受到限制的。这种限制主要表现在行使的时间、条件等方面。而且被许可人的行使否决权是与许可合同中所附的延缓条件联系在一起的：在合同中约定转化条件成就前，被许可人可行使否决权。如果延缓期限届满转化条件成就或不能成就的，被许可人的否决权消灭。

5.3 专利权转让战略

专利权转让是指专利权人将其专利权转让给他人享有。专利权在转让过程中应遵循一定的原则。

1. 整体转让原则

专利权的转让与专利权的许可都是对专利权的处分，但两者在处分时的要求不同。专利权的许可，可进行部分许可与局部许可。然专利权的转让处分不能采取部分转让或局部转让，而只能采取整体转让，即在一个国家或地区内的整体专利权进行转让。另外，专利权的转让与版权的转让不同，版权可以分割转让，即版权的不同财产权可分别被转让，但专利权的制造权、销售权、使用权、进口权等不可分别被转让。

专利权整体转让原则是与专利产品商业化过程有关。专利产品的制造（进口）、许诺销售、销售、使用等是专利产品的商业化过程中的不同环节，这些环节层层相扣，缺少任一环节都将导致专利产品无法进入终端用户，从而使专利权失去意义。如果专利权只是部分权能转让，则受让人无法实施专利。如制造权转让，而销售权未转让的，则受让人所制造的专利产品无法销售。再如专利进口权转让，而专利销售权或使用权未转让的，则进口专利产品后无法进行销售或使用专利产品。

2. 转让独立原则

专利权的转让与专利权的许可不同，不产生默示许可的后果。专利权在许可过程中，受专利权穷竭原则及专利产品适用实际使用的目的，常产生其他专利权的默示许可。而在专利权转让中，不会产生默示许可使用其他专利的后果，专利权人转让某一项专利权的，并不意味着受让人同时转让了与该转让专利权有技术关联的其他专利，也不意味着受让人可同时使用这些有技术关联的专利。

3. 履行附随义务

根据《合同法》的规定，专利权人在转让专利权时，应履行一定的义务。这些义务包括三类：法定义务（如办理专利权转让登记与公告）、约定义务（遵守合同中约定的保密事项）[1]及附随义务，保证受让人能够实施专利权及专利技术。这些附随义务主要有：应交付与所转让技术有关的技术情报和技术资料，并提供必要的技术指导；除合同另有约定外，转让人在专利权转让合同订立后，应停止实施专利等。

5.3.1 转让对象的选择

专利权人在转让专利权时，首先应选择转让的对象，即哪些专利可以转让，哪些专利不可转让。

专利权人在考虑专利权转让时应从不同的角度进行专利权的考虑。考虑的因素应当至少包括以下几方面。

---

[1] 严格来说，保密义务并不是当事人的附随义务，因为专利技术已通过公告公开。但在绝大部分专利权转让中还同时涉及技术秘密，为此当事人需要对此进行保密。此外，转让费等作为一种经营秘密，也可约定保密。

1. 专利权人自己或许可他人实施的现实或可能性

专利一旦转让后，受让人成为专利权人。原专利权人应停止实施，或者为反许可，否则构成侵权。如专利权人自己已经实施或准备实施的，则一般不为转让。如果专利权人已为许可的，根据法律原则，专利权转让的，不影响在先许可，但转让之后的许可使用费由被许可人向受让人支付。

对某些有战略意义的专利，专利权人也可在维持专利有效的前提下，暂时不实施，也不予转让，而是作为储备专利，以备将来实施时再作决定。哪些专利作为储备专利，需要专利权人从长远的战略角度进行考虑，如果考虑不周的，可能会对将来产生较大的影响。如美国杜邦公司发明合成尼龙花费了11年的时间、2500万美元。日本东丽公司购买该专利技术只投入了700万美元，投产后2年内却净得利润9000万美元。而且使东丽公司在尼龙技术上处于领先地位，一度与杜邦公司进行竞争。

2. 专利权转让价金（参见5.4专利费支付战略）

这是专利转让的当事人均关注的焦点，也是专利权转让最难确认之处。专利转让价金，即专利权的价值，理论上可通过评估确定价格，但转让合同中确定的价金是当事人谈判的结果。需要考虑的因素包括但不限制：专利的性质、专利权的保护期、专利转化的难度、专利产品所处的生命周期（市场前景）、与其他专利的依赖或竞争关系等。其中专利转让费与技术商业化开发程度成正比。如果专利技术在商业化过程中需要投入的开发越少的，则转让费越高。如果转让的专利技术尚需要进行进一步开发的，则专利转让费相对要低。

3. 专利权

（1）专利权的稳定性　不同的专利，审查模式不同，导致专利权的稳定性有所区别。对于未作实质审查的外观设计专利或实用新型专利，专利权相对不稳定。对于经过实质审查的发明专利，专利权相对稳定。因此实用新型专利或外观设计专利在专利转让之前应作新颖性检索，作为判断专利权稳定的依据之一。❶

（2）专利权的有效期　专利权的有效期对专利权转让具有非常重要的影响。如果专利权到期或即将到期的，则难以转让，或专利转让费降低。如石家庄市某印染厂准备与德国某公司合作，由外方提供黏合衬布的生产工艺和关键设备，其工艺中包含了大量的专利。由于其中最关键的专利"双

---

❶ 对受让人而言，同样应重视专利检索报告。受让人在进行专利检索之后，应对拟受让的专利进行分析，分析该专利是基础专利，还是从属专利；该专利与其他专利之间的关系等。

点涂料工艺"即将失效,因此专利转让费由原来的 240 万马克降低到 130 万马克。

(3) 专利的生效范围　专利受地域性影响,专利权的转让只能在受保护的地域范围内转让。如果在多个国家或地区有专利权的,一个国家或地区的转让,并不代表在其他国家或地区的转让。如部分国家或地区转让的,可能产生平行进口问题。如果同时将不同国家或地区的专利转让的,则同族专利应一并转让。

4. 专利技术本身

(1) 是基础专利,还是从属专利　专利的性质不同,决定了其在整个技术所属领域的所处的地位不同,基础专利通常可以影响甚至是决定一个企业甚至是一个产业的发展方向。基础专利一般不予转让,从属专利一般可转让。

(2) 专利技术所处的生命周期(与专利权的保护期并不完全同步)　专利技术划分为四个阶段:导入期,即专利技术产生的时期;快速发展期,即技术不断完善的时期;成熟期,即专利技术比较完善的时期;衰退期,即专利技术逐渐被淘汰的时期。总体而言,在导入期与衰退期,专利权人转让的可能性较大,而在快速发展期与成熟期,专利人转让的可能性较小。这是因为,在导入期,专利权人对专利的商业化或产业化的前景不太明朗;在衰退期则因产品饱和而有被淘汰的风险时,专利权人也常为转让。对于专利技术的快速发展期,专利权人一般不会转让,除非该专利技术没有实际实施。

(3) 专利之间的竞争性、依赖性　由于技术的发展,同一产品上的专利可能由不同的专利权人享有。而这些专利之间既可能相互竞争,也可能相互依赖。

对于竞争性专利,如节能灯,原来由美国 GE 公司、荷兰飞利浦公司及德国欧司朗公司垄断。其中飞利浦节能灯可卖到 20 美元一个,复旦大学蔡祖泉教授等发明的节能荧光灯只要 1 美元一个[1],这样我国发明的节能荧光灯专利与这些公司的节能灯专利就具有竞争性。相反,数码相机上的专利相互依赖性相对较弱,日本公司侧重于数字处理、图像处理;美国公司侧重于相机技术、相机部件等。这些专利之间既不具有竞争性,也不具有依赖性。专利的竞争性不同,其转让的策略也不同。有现存竞争专利的,

---

[1] 上海市知识产权发展研究中心. 知识产权专家评价及情况调研汇编 [G] //40.

如竞争力强的不予转让，竞争力弱的可以转让。没有现存竞争专利的，可暂不予转让，而予以许可。

对于依赖性专利，视专利是依赖其他专利，还是被其他专利所依赖，可将专利划分为阻却性专利和非阻却性专利。阻却性专利是指某一专利对其他专利的实施具有影响的专利，如集成电路布图设计（SOC）必然需要桥到桥的设计方法。❶这一方法专利即为集成电路布图设计的阻却性专利。再如我国发明了 EVD，但这一专利产品上仍然需要使用 DVD 上的若干个专利。这样 DVD 上的若干专利构成 EVD 产品上的阻却性专利。实践中绝大部分阻却性专利除基础专利外，更多部分是专利申请文件中经常被引用的专利。总体而言，阻却性专利一般不予转让，被阻却性专利可以转让。

（4）专利技术商业化❷的难易程度

专利技术是一种技术方案，但技术方案是否能够被商业化处于不确定的状态。对于较易实现商业化的专利，转让相对较易；某些专利要实现商业化，还需要进行进一步的开发、试验才能付诸实施。如药品专利，需要经过小试、中试、临床试验才能进入市场。商业化的难易程度对专利权的转让具有重大的影响。

5. 拟出让专利的市场前景（产业前景）

专利技术商业化后还需要进入消费环节。市场前景的不同，影响专利转化的价格及转让快慢。市场接受程度与专利类型不具有必然关联性，某些实用新型专利的市场前景同样看好。对受让人而言，受让未产业化的专利，风险较大，但专利费用相对较低，还可以受让的专利（一般为行进的技术）为平台进行技术的开发。如 1953 年日本索尼公司仅花费 2 500 美元，购买美国贝尔研究所尚未工业化的一项晶体管专利技术，通过进一步研究改进，开发出晶体管收音机、电视机、录音机等众多产品，从而使得当时仅 120 人的索尼公司迅速发展为闻名全球的跨国公司。

6. 国家法律、政策的限制

每个国家对专利权的转让一般都有限制。有些限制是法律层面上的要求，如专利权转让，当事人应当签订书面合同并到专利局进行登记和公告，受让人自公告之日起取得专利权。有些限制是政策层面上的要求，如涉及国防安全或国家重大利益的专利权，不得转让给国外。对此，《专利法》第

---

❶ 简而言之，集成电路上的专利分为三部分：软 IP 核（类似于计算机程序）；硬 IP 核（类似于计算机硬件）；固 IP 核（掩膜，使软 IP 核与硬 IP 核联系起来发挥作用）。

❷ 本处所指的专利技术商业化是指实施专利技术来生产、制造专利商品，或使用专利方法来提高商品的质量等，而不是指将专利技术作为商品之一进入市场。

10条规定:"中国单位或者个人向外国人外国企业或者外国其他组织转让专利申请权或者专利权的,应当依照有关法律、行政法规的规定办理手续。"

上述转让时所考虑的因素是从总体方面的阐述。由于专利权人的身份不同,不同因素的权重并不相同。对于不具备将专利商业化的小型企业或个人,其主要关注的可能是转让的价金。对于具备将专利商业化的企业而言,转让的战略应与本企业的发展战略相吻合。而对于大型企业或具有市场竞争力的企业而言,可能更注重的是市场的独占与垄断,而将非主流产品的专利进行转让。

5.3.2 转让方式的选择

专利权的转让有狭义上的转让与广义上的转让。狭义上的转让指通过专利权转让合同所进行的转让,是专利权的直接转让。广义上的专利权转让,除狭义专利权转让外,还包括专利权质押、继承及以专利权投资所产生的专利权间接转让。

专利权一旦直接转让后,专利权人对专利技术丧失控制。但是,基于技术之间的关联性,受让人在实施受让的专利技术时会受到若干技术的限制。如某一产品及其制造方法为一项专利的技术,该专利转让后,对专利产品的制造等不产生影响。但如果产品为一项专利,制造该产品的方法为另一项专利时,如仅转让其一项专利权,受让人并不能自动实施另一项专利权。

因此,随着国际竞争的加剧,直接转让的专利的数量及含金量不高。相反,间接转让的专利的数量与质量呈上升趋势。间接转让的主要方式有两种:一是作为股东出资;二是作为合伙人出资。❶

就有限责任公司而言,专利权出资具有诸多优势。这些优势在经济、法律、技术等不同层面有所体现。

1. 从经济学层面看,专利权出资是专利权作为财产权的必然结果,也是专利权资本化的必然结果

间接转让与直接转让不同,转让人没有直接获得专利权转让的现金对价,而是获得了股权。专利权所获得的收益主要是依据当事人约定的股份及分红;分红依赖于有限公司的经营的好坏。另外,以专利权进行投资,实现了专利技术与资金的结合,这样有利于克服有技术无资金、有资金无

---

❶ 根据《合伙企业法》第11条规定,合伙人可以知识产权出资。然而,对以专利权出资的,没有直接规定需要将专利权进行移转,而仅仅是在第19条中规定,合伙企业存续期间,合伙人出资为合伙企业的财产。以专利权出资的,合伙人出资与股东出资法律效果相同。为讨论方便,本处仅讨论股东出资。

技术的被动局面，从而实现专利的商业化与产业化、进一步对技术进行深化开发，最终实现对专利的经营。如上海博星基因芯片有限公司专利技术/专有技术出资作价2500万元，上海三毛公司出资2500万元，成立上海博华基因芯片有限公司，进一步拓展生物芯片诊断市场。

2. 从法律层面看，《公司法》对以知识产权进行投资的比例不断提高，这一比例的变化也说明了专利在商业化过程中的重要性不断提高

1994年《公司法》规定，以工业产权、非专利技术作价出资的金额不得超过有限责任公司注册资本的20%。2005年修订的《公司法》规定，全体股东的货币出资金额不得低于有限责任公司注册资本的30%。也就是说，以知识产权进行投资的比例最高可达70%。这一比例的变化，说明专利在与资金等有形财产进行结合的过程中，该公司对专利的依赖程度越高，专利的重要性越来越大。

《公司法》规定，"股东以非货币财产出资的，应当依法办理其财产权的转移手续。"也就是说，如以专利权进行出资的，则应当办理专利权的转移手续，即进行专利权转让的登记和公告。

这一规定实质上了排除了被许可人以获得的许可权（包括独占许可）进行投资。由于专利技术的最终实施者都应取得专利权人的同意，如被许可人进行分许可，应取得专利权人的同意；被许可人进行转让时，更应取得专利权人的同意。如果专利权人不同意的，则被许可人无法将专利被许可权进行转移，这是其一。其二，如果出资的，应办理移转手续，由有限公司受让相应的权利，成为新的权利人。被许可人是利害关系人，而不是权利人，即使以被许可权转让的，受让人同样为利害关系人。

3. 从专利技术层面看，专利权出资的，专利权人可继续保持对专利技术的控制

出资人既是专利权的转让人，又是新设公司的股东。根据《公司法》第4条的规定，公司股东依法享有资产收益、参与重大决策和选择管理者等权利，这样原专利权人与专利技术继续保持"血缘"关系，原专利权人没有完全丧失对专利技术的控制。这种控制表现在以下几个方面：一是在一般情况下，原专利权人与其他股东共同对专利进行管理，进而进行控制；在特殊情形下可对专利进行全面的控制，如全资子公司。二是以资金及其他有形财产出资的其他股东对技术可能一无所知，对专利的实际运用仍然是原专利权人或与其有关的相关人员。

4. 从实施结果的层面来看,以专利出资,更有利于专利技术的实施

以专利权出资的,不仅将专利技术与其他股东的资金、土地使用权等有形财产结合,实现专利技术与其他生产要素的整合,而且还可将各股东的专业营销人员、市场等各类生产经营的要素紧密结合,从而最终使专利产品进入终端消费者,专利技术最终转化为现实生产力。

专利权间接转让除直接进行投资外,另一种常见的形式为股权转让或整体收购专利权人(企业并购)。无论是股权转让,还是整体收购,虽然专利权人的身份没有发生变化,但因对专利权的实际控制人发生了变化,从而也会对专利权的实施产生重要的影响。如上汽集团收购英国罗孚汽车,从而使得上汽集团的技术整体上了一个台阶,最终开发了自主品牌——荣威汽车。当然,企业并购或股权转让常会受到反垄断法的调整,如美国联邦贸易委员会于1992年就通过了《水平并购指南》,对知识产权的并购的反垄断提出了指导性意见。

5.4 专利费支付战略

专利许可合同或专利直接转让合同一般为有偿合同,被许可人或受让人的主要义务即为支付许可费。❶专利费包括专利许可使用费与专利转让费。

1. 专利费支付的前提

专利转让费或专利许可使用费是专利价值的体现。在确定专利费支付的标准及方式上,首先应确定专利费的总额。

专利权作为一种无形财产,其价值可以通过评估来确定。专利权乃至整个知识产权的评估是一项复杂的活动,其评估的模式有多种。目前比较流行的评估方式主要有:成本评估法(cost - based)❷、市场评估法(marked - based)❸、收入评估法(income - based)❹和选择评估法

---

❶ 专利转让合同或专利许可合同的有偿性不全部表现为支付许可费,有时可通过其他形式来体现,如互为无偿许可、被许可人向许可人提供技术信息或技术援助等。

❷ 成本评估法是指评估专利研发、改进、专利申请、维持等费用等发生的一切费用。成本评估法采用回头看的评估方法来评估创造过程中所发生的费用。这一方法必然导致专利权价值的低估,如不强调专利权产生的收益。成本评估法是最为常规的方式,如财务核算。

❸ 市场评估法是指参照市场中最相类似的专利权的价值来估算被评估的专利权的价值。这一评估的难点在于难以界定市场中实际存在的最相类似的专利权。这一评估方法也会低估被评估的专利权价值。目前在国际制药行业中采用较多。

❹ 收入评估法是指预测专利权所产生的价值,包括专利权产品的直接销售收入与专利权的许可使用费等。这一评估可适用于简单的收入评估或以现金流动的运作中。但这一评估方法由于建立在较多的假设基础上,不确定因素较多,可能导致计算上的低估或缺少精确度。

(options – based)❶四种模式,但每种模式都各有利弊。❷❸然而,专利评估仅仅是专利费产生的基础,最终约定支付的专利费是通过谈判达成的,而且最后约定支付的专利费可能与评估的专利价值差异甚大。这就要求各方当事人在谈判前对专利权及相关信息有充分了解,在谈判过程中充分利用谈判的经验与技巧、应变和决策的能力,从而在谈判中处于主动地位。

2. 专利费支付的模式

专利转让费一般采取固定支付方式,即在转让合同中约定转让费的总额,一次总算;支付方式上可以一次总付,也可分期分批支付。

专利许可使用费较为复杂,既可采取固定模式,也可采取浮动模式。固定使用费同样可分为一次总算、一次支付与一次总算、分期支付。浮动使用费指提成支付。除此之外,专利许可使用费中还可采取同时兼具固定与浮动两种模式的提成附加入门费的形式。❹

3. 专利费支付的风险

受让人或被许可人履行其最主要义务——支付专利费——所取得的对价是专利权或专利实施权。然而,在专利转让合同生效后或专利许可合同有效期内,因第三人、受让人或被许可人的原因可能会导致专利权无效。根据现行法律的规定,专利权的无效具有溯及力,即专利权自始不存在,但又有例外,即在专利权无效之前已实际支付的专利费不予返还,除非专利转让人或专利权人恶意所为的转让或许可。

5.4.1 一次总付及其后果

一次总付是指专利受让人/被许可人根据合同约定的专利费一次性向转让人/专利权人(许可人)支付的形式。

一次总付,对于专利权人与受让人/被许可人,其优劣势的体现并不

---

❶ 选择评估法是指对专利权开发利用的每一过程进行确定,每一过程都存在选择,对每一选择评估一价值,这些价值之和构成专利权的价值。这一评估方案是建立在"选择产生价值"的理论上。

❷ 从经济学的角度看,四种评估方法都有各自的弊端,成本评估法采取回头看,没有计算收入;市场评估法依赖于一个具有可比性的专利权,如果市场中没有类似的专利权,则不能使用;收入评估法具有高度的预测性,将来实际发生的情况具有不可测性,导致其不精确性;选择评估法依赖于每个过程的选择,而每一选择都是主观的,从而导致这一评估方法具有高度的主观性。从法律的角度看,这四种方法都没有考虑到法律对专利权价值的影响。法律对专利权的价值的影响表现为专利权的创造、管理、保护与运用都需要法律。

❸ 有学者认为,将专利费分解来计算较为确定,即专利费包括研发成本、机会成本及受让方或被许可方利用技术后的新增利润。屈文清、徐红菊.国际技术贸易法[M].大连:大连海事大学出版社,2006:263-264. 然而,机会成本与被许可方利用技术后的新增利润与机会成本有重复之处。

❹《合同法》第325条规定:"技术合同价款、报酬或者使用费的支付方式由当事人约定,可以采取一次总算、一次总付或者一次总算、分期支付,也可以采取提成支付或者提成支付附加预付入门费的方式。约定提成支付的,可以按照产品价格、实施专利和使用技术秘密后新增的产值、利润或者产品销售额的一定比例提成,也可以按照约定的其他方式计算。提成支付的比例可以采取固定比例、逐年递增比例或者逐年递减比例。"

相同。

1. 一次总付的优势

一次总付较分期支付或浮动支付相比，对于当事人而言，操作较为简便。

对转让人而言，一般要求受让人一次总付。这是因为专利权转让登记并公告后，受让人成为专利权人，转让人不再是权利人，也不再是利害关系人，由此所产生的风险应由新的权利人，即受让人承担。如果分期支付或浮动支付，转让人不再是权利人，同时由此承担专利权无效的风险，虽然在法律上具有可行性，但在商业交易中的可行性较小。

对受让人而言，一次总付后，可促使其积极经营专利，从而实现营利。

对许可人而言，一次总付就与被许可人的经营无关。具体表现为：与分期支付相比，其优势体现在减少了被许可人发生财务困难时难以分期支付。与提成相比，由于提成费的多少与被许可人的经营密切相关，是不确定的。一次总付免除了不能收取或少收取使用费的风险，同样也不必关心被许可人如何实施被许可的专利权及被许可人相关的财务状况及财务报表的真实性。

对被许可人而言，一次总付后，其经营所得完全归其所有，而且也不会导致经营信息外泄。

2. 一次总付的劣势

对转让人而言，一次总付后，即丧失了对专利技术的使用与控制权。不过，这一劣势也是分期支付所面临的问题。

对受让人而言，一次总付的风险较大。这种风险主要来自于两方面，一是专利权无效；二是如果专利经营结果不甚理想时，将导致亏本。

对许可人而言，一次总付与被许可人的经营无关，这样就可能失去更多的使用费。

对被许可人而言，一次总付一是增加了其财务成本；二是能否收益，取决于被许可人对专利的经营。

5.4.2 分期支付及其后果

分期支付与一次总付在性质上是相同的，都是固定专利费。两者的差异体现在支付的方式上。

对转让人而言，分期支付较一次总付的优势在于转让费略高，但实际支付受制于受让人的诚信及实际支付能力。

对受让人而言，分期支付虽然减轻了财务压力，但在转让费完全支付或大部分支付之前，可能不会全力以赴地实施专利。这是因为在支付完毕之前，会受专利权可能被无效，或者是受让的专利实施的效果不理想，或者是专利技术的商业化过程较为困难等诸多因素的影响。

对许可人而言，分期支付同样受制于受让人的诚信及实际支付能力。

对被许可人而言，其承受着实施效果的不佳、市场波动及专利替代产品的影响，分期支付虽然减轻了财务压力，但市场的波动同样会影响其实际支付的能力。

5.4.3 提成支付及其后果

提成支付是一种浮动支付的方式，即根据被许可人一定期间内生产经营的收益提取一定的比例作为专利费。提成支付一般只存在于专利许可之中，不存在于专利转让中。这是因为提成费具有持续性与不稳定性，难以适用于专利权转让费。❶

专利使用费的提成需要确定三个量：一是提成的基数，即提成的对象；二是提成的比例，即费率，即在提成的基数上以什么样的比例进行提成，费率一般按百分比计算；三是提成的年限及提成周期。提成年限应限于合同的有效期，但提成的终期不得超出专利权的保护期。提成周期可以为月，也可为季，甚至为年。提成费的浮动性主要体现在第一和第二方面。

1. 提成基数

根据《合同法》第 325 条第 2 款规定，当事人"可以按照产品价格、实施专利和使用技术秘密后新增的产值、利润或者产品销售额"作为提成的基数。然而，"可以"同时也说明这一规定不是强制性规定，当事人除可以产品价格、实施专利后新增的产值、利润或者产品销售额作为提成基数外，还可约定其他方式，如产量。但法律所规定的提成基数是实践中最为常用的方式。

（1）不同提成基数

①以产品价格作为提成基数

一般而言，以产品价格作为提成基数的，需要确定产品价格具体指的是什么价格。

产品定价，即产品标价，是产品对外销售时宣称的价格，这一价格可能经过物价部门的审核。由于产品定价与产品实际销售的价格差异较大，

---

❶ 专利权人以专利权出资的间接转让中，专利出资人是通过获取股权及分红实现收益。其中的分红与提成并不相同，分红所针对的对象是整个企业的经营利益，而不考虑提成的依据——专利权的实现所产生的收益。

极少以定价作为提成基数。

实销价格；即发票价格，是产品在正常销售的实际价格。由于专利产品每一次实际销售的价格都可能不相同，因此在计算时较为繁琐，特别是零售的情况下。由于产品价格是由被许可的专利权部分与非专利权部分所组成的，且这两部分在实销价中所占的比例会发生变化，而且这一比例及变化难以为许可方知悉。因此如以实销价格作为使用费基数的，应当在许可合同中约定，同时使用费的费率应相应的降低。

公平市场价，即指被许可方与无利害关系第三方所达成的实际销售价。使用公平市场价的目的是为了避免被许可人将产品低于正常价格部分甚至完全出售给其利害关系人，从而少交许可使用费。公平市场价的确定一般有三种方式：一是自由价格法，即被许可人与其无利害关系人成达成的成交价格；二是转售价法，即以产品购买人在转售此产品时的价格为基础，扣除转售时的加价部分；三是成本加利润法，即根据被许可方的生产成本，加上一定的利润。

②实施专利后新增的产值，即净销售价作为提成基数

净销售价是指专利产品在正常交易中出售的实际价格减去与专利权无关的各种价格因素所产生的价格。任何一种产品的价格构成中，都包含有与被许可的专利无关的费用，这些费用不应作为提成基数。以净销售价为提成基数，是目前国际上公认的最为合理的方法。但是，确定净销售价非常复杂，首先需要确定产品中使用的专利与其他生产要素之间的比例；二是这一比例在专利实施过程中是否发生变化。对于产品构成中两部分的比例，需要在许可合同中加以约定，或约定每一期提成比例的方法。

③利润或者产品销售额

产品销售额是指实施被许可的专利权所生产、制造的专利产品的实际销售的经营额。由于产品销售额相对较好计算，也不涉及被许可人的经营明细，而且对许可人来说非常有利，因此这种提成基数是专利许可中最为常用的方法。

利润是指去除成本后的净利益。然而，利润也是一个比较大的概念，其包括了税前利润与税后利润，对此也应当在合同中具体约定。

④ 其他提成基数

上述三种提成基数都是以实施被许可专利而生产、制造出来的、可独立出售的产品作为提成对象的。但实施专利并不产生产品，还可能仅仅生产产品的组成部件，特别是方法专利。因此，当事人还可约定根据生产周

期、机器革新[1]、产品的数量、重量、使用的原材料价格作为提成基数。如一种将一般木头制作成具有红木硬度与质地的方法的专利,其提成基数可以为原材料的体积、配料的重量、生产周期等一种或几种作为基数,也可以成品木头的体积或销售作为提成基数。

(2) 产品销售额作为提成基数

根据《专利法》第59条第1款"发明或者实用新型专利权的保护范围以其权利要求的内容为准,说明书及附图可以用于解释权利要求"的规定,许可人所为的许可是对权利要求所为的许可,提成基数应取决于专利权利要求。

由于专利权保护的是构思,而不是表达,因此在专利技术实施过程中,专利权保护范围还延伸到等同替代原则下的技术。如果被许可人通过替代技术实施、生产相关产品的,这一产品的销售也应纳入提成的基数范围之内。

就理论而言,提成费理应是对被许可人实施被许可专利所产生的收益的提成。然而,在合同约定的提成基数中,除了实施专利新增的产值,即净销售价外,其他提成基数都包括了专利外的其他知识产权及非知识产权所产生的收益,即提成基数超出了被许可专利的保护范围。

此时,也就产生了以产品销售额(其他提成方法参照适用)作为专利提成基数是否合法的问题。

无论是《合同法》规定的提成基数,还是当事人实际约定的提成基数,大多数是以产品销售额作为提成基数的,也就是说,法律容忍了产品销售额作为提成基数。产生这一结果主要是基于两方面:①以产品销售额作为提成基数所具有的优势所决定的。这一优势表现为:a. 不要求细分产品哪些部分是被许可的专利所覆盖[2],即不要求计算净销售额,从而也就减少了计算的压力。因为精准确定专利权的保护范围及由此所获利的净利润是一件非常困难的事。b. 减少被许可人财务外泄的风险。如果计算净销售额,则必须将被许可人与生产专利产品相关的信息,如材料的出售方、进价等向许可人公开,这增加了财务及经营秘密外泄的风险。②合同自由原则所确定的。由于专利许可使用费是当事人意思自治的结果,在法律允许的前提下应确认其有效。

---

[1] See, e.g. LaPeyre v. FTC, 366 F.2d 117, 120 (5th Cir. 1966) (以剥虾的专利工具的运转次数作为提成的基数)。

[2] 有些知识产权,如商标,有可能覆盖到产品全部;有些知识产权,如版权,大部分情况下区分被使用的部分与未使用的部分相对容易。

2. 提成比例

提成比例，是确定使用费的第二个因素。《合同法》第325条规定，"提成支付的比例可以采取固定比例、逐年递增比例或者逐年递减比例。"

对于提成比例，法律没有规定固定的比例，是当事人根据专利权的价值、实施专利技术的难度、生产与销售情况、市场结构等多种因素为基础进行谈判的结果。

（1）提成比例的方式

①固定提成比例

固定提成比例常用的方法有两种：一是对被许可人的所有产品在许可合同有效期内按固定比例进行提成；二是对单位产品（或原材料）的提成率固定，是指单位产品（或原材料）的提成率费在整个合同期内保持不变。

②浮动提成比例

浮动提成是指在合同期内，提成比例并不固定，而是根据提成基数的变化或许可年限的变化而逐渐递增或逐渐递减。一般而言，提成基数大的，提成率小；提成基数小的，提成率大。至于比例采递增还是递减，则应视专利是发明专利、实用新型专利或外观设计专利及专利所处的生命周期而定。一般而言，在专利导入期与发展期，提成比例递增；在成熟期与衰退期，提成比例递减。

③最低提成比例

为了保证许可人最低的收益，当事人如果在专利权许可合同中没有约定入门费时，但约定了保底条款，即合同有效期内的全部或部分期间内，无论被许可人的生产销售状况如何，均需向许可方支付一定数额的最低提成费。最低提成比例实质上规定了提成费下限。最低提成比例对许可人有利。

④最高提成比例

最高提成比例是指当事人在合同中约定，当提成费达到一定金额时，即使提成基数增加时，也不再增加提成费。最高提成比例实质上规定了提成费上限。约定最高提成比例一方面具有固定使用费的激励被许可人积极实施专利，另一方面又减少了被许可人的风险，因此最高提成比例对被许可人有利。

（2）确定提成比例的依据

提成比例是当事人谈判所达成的结果，这一结果首先建立在专利权价值基础之上，同时需要考虑下列因素：

① "被许可"专利权在商业化过程中的风险

由于"被许可"的专利权可能没有实际付诸商业运用,而仅仅是实验室的产物,如世界首条超级电容公交车——上海11路公交车,虽然在实验室中试用非常有效,但近十辆车上路运行不满一周几乎全部进行改进❶即为一个较为典型的案例。专利的商业化过程是一个非常复杂的过程,可能需要进一步开发、销售过程中的营销策略、销售后的服务与维护等,这些都有可能影响商业化过程中的成功率及成本。

② 预期的收益

被许可的专利权实施所产生的预期收益取决于多方面的因素,如市场竞争的激烈程度(替代产品的种类、数量与价格)、被许可专利权所处的生命周期、许可的类型及数量、生产成本、机会成本❷等。

③ 提成金额

当事人在签订合同时无法确定提成的总额,然而在一般情况下,每次提成的金额不能在被许可人同期利润中占有较大的比重。而且提成的总额不能过分高于一次总算的金额。❸

3. 提成支付的后果

(1) 提成支付的优势

提成支付作为一种浮动支付的方式,其最大的优势在风险分担,利益分享❹。在大多数许可合同中,当事人常采用提成使用费的原因即在此。

就许可人而言,符合其作为理性人的追求利益的最大化的观点。作为一个理性人,在商业活动中,都会追求利益的最大化。如美国道格拉斯法官所述:"专利权人借专利权的垄断之力,在谈判过程中争许可费之最大化。"❺而提成支付由于其承担了相应的风险,其所获得的利益理应高于一次总算。

就被许可人而言,可减轻其风险的承担。专利权价值的无法确定性与商业化过程中的不可预见性导致一次总算、一次总付或分期支付的风险过高。

---

❶ [EB/OL].[2007-04-28].http://news.baosteel.com/news/upload/2006_09/060.
❷ 机会成本是指许可方因许可而失去的合同许可地域的市场销售利润。无论是独家许可,还是一般许可,由于被许可人的进入,许可人在合同约定范围内的市场份额必然减少。许可人的这部分损失就是机会成本。这部分的损失只能通过许可使用费来补救。
❸ 当事人在约定提成费时,也可以作一次总算的金额作为提成的依据。
❹ 在国际技术贸易中,常采用 LSLP(Licensor's Share on Licensee's Profit)作价原则。这一原则即为利润分享原则。
❺ Justice Douglas wrote, "A patent empowers the owner to exact royalties as high as he can negotiate with the leverage of [the patent] monopoly." See Brulotte v. Thys Co., Id., 379 U.S. at 33.

价值必须通过使用价值与交换价值才能得以体现，而且使用价值与交换价值成正比。但在专利权许可中并不完全遵循这一原则：交换价值与使用价值常不成比例。这是因为提成基数及提成比例通常是在许可合同中确定的，而此时被许可的专利尚未实际商业化，被许可人将来的获利受多种因素的影响：一是专利权本身的原因，如专利权本身的稳定性、专利商品在市场销售中所处的阶段等；二是被许可人商业化过程所采取的手段与措施，如专利权转化为商品的顺利程度；转化的时间、转化的投资；被许可人对专利权的重视程度；销售策略；三是市场的状况，如市场替代产品的品种、数量与质量；已有许可数量及许可的权利、时间、区域等。在获利不明朗甚至不能预见的情况下，提成支付可免除了被许可人事先错误评估所导致的风险。

采用提成支付可将许可合同当事人的利益捆绑在一起，符合专利法的鼓励创新目标。在采取提成支付时，由于许可使用费是与被许可人的使用（即经济效益）相关联的，这样许可人一方面可监督被许可人的使用，另一方面也会促进许可人积极协助被许可人的使用，以期实现双赢。如果当事人合作顺利，还可促进当事人在更大的范围内进行合作。

（2）提成支付的劣势

提成支付总体虽然较固定使用费具有明显的优势，但其劣势也是非常明显的。

对独占许可的许可人而言，其收取的使用费完全依赖于被许可人的实施，如果被许可人不履行其勤勉义务（不积极实施专利），导致许可人的收益无法实现。因此，在提成支付中非常强调独占被许可人实施专利技术的勤勉义务（积极实施义务）。这一情形基本上也可适用于独家许可。

对于一般许可，许可人虽然可通过另行颁布许可证来减轻对被许可人的依赖程度，然而在相同范围内颁布多个许可证必然导致被许可人之间的竞争，最终可能会影响到许可人的总体收益。如果是一次总算的，许可人的收益风险相对较小。

对被许可人而言，由于提成支付的基数是通过被许可人的财务账册来反映的，许可人必然享有对被许可人的财务状况的知情权❶，这势必将被许可人的其他财务状况向许可人公开。在此情形下，许可人通过被许可人财务账册，完全知晓被许可人的经营状况。如果被许可人为了少交或不交

---

❶《合同法》第 325 条第 3 款规定，"约定提成支付的，当事人应当在合同中约定查阅有关会计账目的办法。"

使用费，必然做假账，不利于诚信体系的建立。

5.4.4 入门费加提成支付及其后果

入门费是指许可人与被许可人在专利许可合同中约定的被许可人在实际实施专利技术之前（如合同生效、被许可人收到第一批资料）向许可人支付的费用，故也称之为预付费或初付费。

入门费加提成支付专利使用费与一次总算支付不同，被许可人在支付入门费之后仍需要支付提成费。

入门费加提成费是固定使用费与浮动使用费进行结合的一种方式，❶其兼具了固定使用费与浮动使用费的双重优点：既保证了许可人收到一定的使用费，又可风险分担，利益分享。

入门费加提成费所支付的总额理论上不可能过分高于一次总算的金额。因此入门费高的，提成低；入门费低的，提成高。此时仅为专利许可的，以入门费为主，还是以提成为主呢？

1. 从法律层面看，鼓励以提成为主。《合同法》第 325 条规定采用的是"提成支付附加预付入门费"这一用语。这一用语中的"附加"已清楚地表达了入门费只能是次要的，主要的使用费仍应为提成。

2. 从实际情形看，同样以提成为主，入门费为辅。实施专利技术来生产制品商品主要有两类情形：

一类情形是，当被许可的专利权需要少量的研发或根本不需要另行研发（被许可人根据专利申请文件即可直接来实施专利）的：①当入门费过高时，这一支付方式使固定使用费的有利之处更加明显，但同时也弱化了浮动使用费的优点：许可人减少了风险，且与被许可人分享利益。对被许可人而言，不仅同样需要向许可人进行财务公开，更主要的当被许可的专利实施效果与产生的效益不明朗的情况下，被许可人的风险进一步增加了，最终难以达成许可协议。②如果入门费低时，提成的比例较没有入门费的提成要偏低，最终许可使用费的总额偏低。同时偏低的入门费不足以减小许可人的风险。③当入门费与提成的比例适当时，理论上是可行的。但适当的比例难以确定，因为提成金额处于不确定的状态，其依赖于被许可人的实施。

另一类情形是，当被许可人根据公开的专利申请材料无法充分实施被许可的专利权时，就需要许可人提供其他技术支持（包括许可相应的商业

---

❶ 当然，也可将此时的入门费视为一种保底使用费。

秘密）或者被许可人自行改进。这类被许可的专利一般研发成本非常高昂。如果仅仅是提成支付方式，则许可人的风险特别大，特别是在独占许可的情况下。为了减少这种风险，被许可人就需要支付入门费。但此时的入门费主要针对的是技术秘密及其他技术支付，包括许可人的技术服务及将来获利的专利的许可。

总体而言，如果仅为专利权许可，则入门费金额难以确定，而且还会影响到最终许可使用费。因此，附加的入门费总的趋势是少收甚至不收，这样才真正符合提成的"利益共享、风险共担"的原则。

本章学习要点

一、专利权人如何实施专利，才能实现利益的最大化？

二、如何理解专利的财产属性与生产要素属性？

三、专利间接转让对实施专利的效果的评价。

四、被许可人在提出专利权无效时，继续支付使用费而实施专利，这样专利被认定有效后，被许可人可继续实施，这是否合理？

第六章 技术引进与输出中的专利战略

本章学习要点

1. 我国技术引进与输出的状况及存在问题
2. 我国技术引进战略
3. 我国技术输出战略

6.1 我国技术引进与输出状况及存在问题

6.1.1 技术引进的基本状况

新中国成立之初,百废待兴。为了早日成为社会主义工业强国,我国曾一度向苏联等国家大量引进成套工业设备和工程技术人员,这在当时特定的历史条件下为我国的社会主义建设创造了辉煌的成就。成套设备的引进虽然使我国生产力大大提高,但这种引进模式不利于技术的消化与吸收,我国工业技术水平未能得到很好的发展。改革开放初期,随着国内外经济、社会环境的变化和科学技术的发展,以往的技术引进模式已经跟不上时代的步伐,我国开始与更多发达国家和地区开展国际技术合作,同时扩大技术引进规模,扩展技术引进领域,技术引进的内容也从单一成套设备转向技术与设备的结合。20世纪90年代以来,知识经济浪潮席卷全球,由技术进步引发的产业革命正深刻地改变着人类社会经济和生活面貌,科学技术成为国际竞争的关键因素。为顺应国际形势,我国于1999年实施了"科技兴贸"战略,采取了一系列行之有效的措施,完善了法规和政策,极大地推动了技术引进的稳步健康发展。据商务部统计,1999~2005年,我国累计引进技术近5万项,合同总金额超过1000亿美元,其中技术费达623亿美元,占合同金额的57.6%。2005年,我国为技术引进所支出的技术费达118.3亿美元,占技术引进合同总金额的62.3%,比1999年提高31个百分点。❶另外，我国企业技术引进方式和结构也发生了重大变革，出现了购买专利、技术许可、技术合作、补偿贸易、特许经营等新兴方式；提高了产品设计、制造工艺等方面的专利在技术引进中的比例，注重引进技术的消化吸收和再创新，使企业在核心产品和核心技术上拥有更多自主知识产权。这表明，在政府政策的引导下，企业"重设备、轻技术"的技术引进观念已有所转变，软技术逐渐占据技术引进主导地位，引进技术的质量也明显改善。

随着我国自主创新能力的不断提高，技术输出模式也发生了变革。近年来，高新技术产品出口占制成品的比重不断增加，从2001年的19.4%上升到目前的30%多。以电子和通信技术为代表的高新技术产业出口持续增长，年均增速41%，产业规模迅速扩大。从高新技术产品出口来看，我国目前技术产品出口基本形成了计算机、电子技术、计算机集成制造技术、光电技术、生物技术、生命科学技术、航空航天技术、材料技术等领域全面发展格局，其中信息与通信技术领域产品一直是我国高新技术产品出口的重点。技术输出模式的转变也促进了外贸增长方式的转变。2004年，我国出口工业制成品中资本密集型产品所占比重首次超过劳动密集型产品，其中高新技术产品出口额达到1655.4亿美元，占外贸出口总额的27.9%，形成了各具特色的外向型产业集群。❷从技术出口面向的国家或地区来看，我国技术产品出口市场主要集中在美国、欧盟和中国香港地区。2004年我国对前10位出口市场的出口额达到1573.9亿美元，占总出口额的95%。此外，我国也开始逐渐重视国外专利申请。据美国专利与商标局最新公布的统计数据，2006年我国大陆企业和个人有661件发明专利在美获得授权，比2005年的402件增长64.4%，是2000年授权量的5.5倍，5年年均增长40.9%；而同期美国专利与商标局授予发明专利权总量年均增长仅2.0%，我国的增长速度居世界各主要国家之首。❸

近年来，虽然我国在改变技术引进与输出模式、提升产业结构方面一直进行着不懈的努力，也取得了很大的成就，但不可否认的是，我国企业在技术消化与吸收等方面还存在一些问题，产业技术的发展仍然是制约我国经济发展的瓶颈。我们必须把提升产业结构和自主创新工作结合起来，以科学发展观来指导技术"引进——消化——再创新"工作，扩大具有自

---

❶ [EB/OL].[2006-02-09]. http://www.mofcom.gov.cn/aarticle/a/200602/20060201474728.html.
❷ [EB/OL].[2007-02-18]. http://news.xinhuanet.com/fortune/2007-02/18/content_5752860.htm.
❸ 国家知识产权局.2006年我在美发明专利授权增长64.4%[J].专利统计简报，2007，6：1.

主知识产权、自主品牌商品和技术服务的出口，激发企业培育自主创新能力的积极性。

6.1.2 忽略专利信息的搜集

专利信息是指专利文献所包含的法律、经济、技术等方面的信息。通过专利信息系统的建立，企业可以对本行业当前技术现状作出准确分析并预测技术发展趋势，了解竞争对手技术发展动态，选择适合本企业的专利战略。

6.1.2.1 专利信息的特点

专利信息有如下特点：

(1) 内容广泛。专利文献所记载的技术内容和技术范围极其广泛，集技术、法律、经济信息于一体，是数量巨大、内容广博的战略性信息资源。当今约有 90 个国家用约 30 种官方文字出版专利文献，数量占世界每年 400 万件科技出版物的 1/4。这 100 万件专利文献反映着全世界每年约 35 万项的发明与创新成果。据 WIPO 权威人士估计，目前各国专利局出版的专利文献总数已超过 6000 万件，且每年递增 100 万件，即每分钟产生 2 件专利。❶ 另据 WIPO 统计，世界各国每年发明创造成果的 90%～95%能在专利文献中查到，且 70%～90%的发明成果仅出现在专利文献中。由于专利具有地域性，而且全世界绝大部分专利文献可以免费使用，因此善用专利文献可以节约 60%研发时间和 40%的研发经费。

(2) 传播最新技术信息。除美国等少数国家外，绝大多数国家实行先申请原则，即对内容相同的发明，专利权授予最先申请的人，因而发明人通常力求抢先提出专利申请。在如英国、德国、日本、中国等实行早期公开的国家，自申请日起 18 个月，专利局就公开出版发明说明书，推动了技术交流。同一发明成果出现在专利文献中的时间，比出现在其他媒体上的时间平均早 1～2 年。

(3) 系统、详尽且实用性强。专利文献的撰写严格遵守各国专利局的要求，将技术公之于众，并且要达到所属领域的普通专业人员能够实现的程度，因此专利文献具有形式统一规范，内容翔实、充分的特点，便于检索、阅读和发明技术的实施。

6.1.2.2 专利信息的作用

专利文献不仅是技术信息的主要来源，而且在技术贸易中发挥了重要

---

❶ 谢静波. 论专利文献在企业技术创新中的作用 [J]. 科技进步与对策，2000，17 (3)：60.

作用。[1]

其一，专利信息分析有助于避免或减少技术引进中的损失。发达国家的一些企业经常利用发展中国家企业欠缺知识产权意识的弱点，出售或许可已过保护期或者尚在申请过程中的"专利"，并按照专利技术的价格收费。如果企业没有对这些专利进行分析，则会造成很大损失。相反，如果企业建立了完善的专利信息系统，不仅会大大降低专利费，甚至可能免费使用对方的所谓"专利"。例如，某企业引进浮法玻璃生产线时，对方声称该生产线包含 200 多件专利，要价 1000 多万英镑。后来，通过专利检索发现所称 200 多件专利中的大多数已接近或超过法定保护期限。在证据确凿的情况下，对方不得不将专利费降至 32 万英镑，该企业避免了重大的经济损失。[2]

其二，专利信息分析有助于避免对现有技术重复引进或重复开发。

其三，专利分析报告有助于实施收购国外企业、购买专利权或者专利独占许可等专利部署。收买专利是目前较为普遍的一种专利技术引进方式，专利信息可以帮助企业了解核心技术分布情况和拥有者的经营状况，以便用合理价格购买所需专利技术或者通过并购企业的方式取得对方的专利技术。

其四，专利信息分析有助于避免侵权纠纷或实施专利进攻战略。国外一些企业为了通过诉讼强迫他人交纳专利许可费，经常对同一技术用不同名称申请专利，夸大自己专利的数量。例如，Aventis 公司拥有 2.9 万多项专利，其中仅约 1% 的专利在授权人中包含 Aventis 这个词，其他企业很容易被他布下的"专利地雷"所伤，极大地限制了企业的技术创新。通过搜集和分析专利信息，可以追踪其他企业的技术动态，绕过他人专利，以避免侵权纠纷。在充分分析核心专利后，可以在核心专利周围部署若干改进专利，形成自己的专利网，与外国企业形成掣肘之势。例如，在建立之初，美国 DELL 公司几乎没有核心专利技术，每年要把营业额的 4% 作为专利许可费付给 IBM。后来，通过跟踪研究 IBM 的技术，DELL 发现了一些发展核心专利的技术路线，经过 7 年努力终于在 1994 年取得了 43 项美国专利，并迫使 IBM 与自己进行交叉许可。

其五，专利信息有助于企业制定专利输出战略。对被输出国的市场进

---

[1] 顾震宇，林鹤. 网络环境下，国外专利的有偿、无偿信息源的比较研究 [J]. 情报科学，2004，22(3)：320-323.
[2] 冯晓青. 企业知识产权战略. 第 2 版 [M]. 北京：知识产权出版社，2005：205.

行调查，根据被输出国市场的需要选择最有竞争力的专利技术输出；对专利技术在各国的使用地域和保护力度进行调查，针对不同区域采取不同输出策略。

6.1.2.3 我国企业忽略对专利信息的运用

目前，我国企业缺乏应用专利信息的整体环境。绝大多数企业没有完善的专利信息系统。国家知识产权局于2002年所做的一项调查显示，仅有17%的企业有专利信息系统。由于不了解其他国家技术发展的状况，我国企业在近几年的专利战中屡屡失败，教训十分惨痛，下面就是两个典型案例。

【实例1】

1997年10月20日，日立、松下、三菱电机、时代华纳、东芝、JVC六大DVD的技术开发商结成联盟（6C）向全世界发表了其拥有制造DVD的核心技术专利并将以联合许可方式进行专利许可的声明。1999年6月10日美国司法部（DOJ）同意6C的联合许可方式。1999年6月11日，6C开始在全世界范围内向DVD生产厂商收取专利许可使用费。当时，中国作为全球最大的DVD生产国自然首当其冲。2000年11月，6C开始与中国DVD企业就专利许可费缴纳进行谈判。2002年1月9日，英国海关以未缴纳专利许可费为由，将深圳普迪公司出口到英国的3864台DVD机扣押，这一消息对我国DVD制造业来说无疑是一枚重磅炸弹。无独有偶，同年2月21日，德国海关以同样的理由扣押了惠州德赛公司出口的DVD机。3月8日，6C发出最后通牒，要求中国DVD企业必须在3月31日之前与6C达成专利许可费交纳协议，要价是每台DVD收取20美元（当时每台DVD机售价约90美元）。2002年4月，中国电子音响工业协会代表中国企业经过艰苦的谈判与6C达成协议：中国公司每出口1台DVD播放机，支付4美元的专利许可费。2002年10月，音响协会再次与3C（日本索尼、先锋和荷兰飞利浦公司）、汤姆逊、杜比等专利持有企业达成协议，缴纳的专利许可使用费从5美元到1美元不等，使出口每台DVD的专利缴费金额高达12美元。如此高额的费用让国内的DVD制造企业不负重堪，很多中小企业因此倒闭。历经数年、大规模的专利指控后，中国品牌DVD产业几乎崩盘。根据中国海关数据，2005年1～9月，作为中国DVD出口领头羊的广东省共出口DVD8060万台，其中以贴牌形式为国外品牌做加工贸易的产品出口台数为7653万台，占出口总量的95%。

【实例2】

2002年，欧盟针对每年都发生的儿童玩具打火机引发的火灾和死亡事故，拟定了一项有关打火机的安全条例。该条例规定：单价（出厂价或海关报价）低于2欧元的打火机须安装防止5周岁以下儿童开启的安全锁（CR装置），且有关型号的打火机还须通过欧盟有关部门的实验认证。而CR装置的专利技术已经被欧美国家牢牢地控制了。据统计，1999年我国对欧洲打火机出口额为6983.5万欧元，占其区外进口比重的43.65%；2000年为7658.5万欧元，占45.45%。并且这些打火机单价大多在2欧元以下。该条例如果通过，就意味着一向以产品价格低廉为优势的中国厂商将遭受重创。在得知欧盟正在拟议CR标准一事后，我国外经贸部立即会同温州烟具协会及企业代表组团与欧委会进行交涉，但由于交涉之时，CR标准草案已经讨论数年而基本成型，阻止这一标准出台的时机已经错过。2002年5月13日，欧盟公布了经表决通过的EN13869号标准，即欧盟打火机CR标准。该标准给予生产商2年过渡期，零售商3年过渡期。

前些年，我国企业大多只顾"低头走路"而不会"抬头看人"。做大做强之后才发现，原来已给别人"做了嫁衣"。专利意识淡薄已给了我们沉痛的教训，我们必须加强对国外专利信息的搜集与分析，做到"知己知彼，百战不殆"。就"DVD"事件而言，在西方DVD技术联盟形成之前，经过专利分析和市场评估之后，如果我国企业先购买几项DVD核心专利或者收购拥有该专利技术的公司，我国企业在DVD专利付费谈判中就会占据比较有利的地位。此外，我们还可以通过跟踪对手核心专利及其周围部署外围专利的情况，甚至可能以交叉许可的方式获得所需专利技术。

在"打火机"事件中，行业技术标准成为欧盟手中的"杀手锏"。这一手段在欧美企业中已司空见惯。他们常常先把技术或要求做成国际标准，然后将标准所涉技术去申请专利，最终占领市场。我国的产品要打入国际市场，势必要遵循别人已经设计的规则，因而要付昂贵的专利费。我国的企业也应该学会有效地利用技术标准这一手段。我国企业或有关职能部门应该积极参与制定技术标准，有效运用专利信息可以帮助我们"另辟蹊径"，将我国企业的专利捆绑为核心专利。在必须捆绑国外专利的情况下，可以适当地选择欧美权利人的专利，以便在最终技术标准中居于有利地位。❶

---

❶ 魏衍亮. 企业专利情报战略初探 [J]. 中国科技产业, 2004, 7: 46.

6.1.3 忽略消化吸收与创新

从技术发展历史来看,绝大多数发达国家在工业化过程中都经历过一个"引进——消化/吸收——创新"的过程。在工业化初期,一个国家可以通过大量引进现成设备迅速提高生产力,但生产力的提高不代表创新能力的提高。只有重视消化和吸收所引进的技术,才能提高科学技术水平,以便在日益加剧的市场竞争中处于不败之地。在这方面,日本汽车工业的发展经验值得我们借鉴。汽车工业是日本消化吸收国外先进技术的典范。

从二战结束到20世纪50年代,日本政府出台了一系列鼓励引进国外技术和组装国外汽车的政策。这个时期主要以技术引进为主。例如,1947年,丰田公司从德国引进了当时颇为先进的独立悬挂车轮机构;1953年,在通产省的主导下,日产公司引进了英国奥斯汀公司的A40小轿车生产线。50年代中后期到60年代末,经过多年技术和设备的引进与消化,日本企业自主创新能力快速提高,开始自主设计生产新车型。当时,出租车行业是小轿车最大的买主,丰田公司毅然决定制造一种主要面向出租车市场的轿车。丰田公司对全国各地的出租车公司进行了详细调查。调查的结果显示:美国轿车太费油且车身大,在日本的窄小马路上行驶不灵活;国产车对路面适应性差且不耐用。丰田公司针对这些问题展开技术攻关后终于研制出一种能满足出租车使用(结实、耐用、省油)的小型轿车。丰田将这种轿车命名为"皇冠"牌。1955年10月,排气量1500毫升的"皇冠"牌小轿车在日本开始销售后备受好评,丰田公司一举占领了国内轿车的主要市场。20世纪70年代至80年代是日本汽车产业高速发展的时期,发展速度、生产效率、出口增长明显加快,超过了欧美国家汽车产业。由于70年代世界发生两次石油危机,油价的提高使人们对大排量的欧美汽车的兴趣大减,这时日本小型轿车油耗低的特点赢得了消费者青睐。日本汽车出口量三年时间内翻了一番,达到200万辆。凭借汽车国内销售和出口量的双高速增长,日本创造了世界汽车工业发展的奇迹。丰田、日产、富士重工、铃木等公司迅速成为世界级的汽车生产商。1980年,日本汽车总产量达到1104万辆,超越美国而成为世界最大汽车生产国和出口国。进入90年代世界汽车市场逐步趋于饱和以后,日本又加大新产品的开发,重点开发新型环保汽车,抢占了技术领先地位。1993年日本通产省启动了We-net项目,项目计划到2020年投入30亿美元,由一个半官方的"新能源与产业技术开发组织"负责。We-net的目标是构建一个环球能源网络,用于提供氢能源的有效供给、输送与利用,具体包括系统概念设计、国际合作促进、总体评价与协调、低温材料研发、氢运输与存储技术研发、氢生产技术研发、创新的领先技术研发、氢涡轮机的研发和氢利用技术研发等 9 个子任务，We－net 项目被认为是迄今为止最为雄心勃勃的燃料电池汽车研究计划。

形成明显反差的是，我国企业在引进技术的消化、吸收与创新上投入远远不足。例如，1998 年我国引进技术共 6254 项，其中被消化吸收的仅为 3 项，占引进技术的 0.0488%；引进技术合同金额共计 1637510.45 万美元，而消化吸收合同金额只有 1293.23 万美元，占引进技术合同金额的 0.079%；[1]中国引进黑白显像管技术比韩国早 6 年，彩色显像管与韩国同时从日本引进，如今韩国在等离子显示屏、液晶显示屏技术上已经接近或超过了日本以及技术发源地美国，我国企业还在走"引进——老化——再引进——再老化"的恶性循环之路。[2]2007 年 3 月 8 日，全国政协经济委员会副主任陈清泰在以题为《中国汽车企业要注重培育"软实力"》的讲话中指出："日本引进技术时期，平均花 1 美元引进，要花约 7 美元进行消化吸收和创新。目的是把引进的技术嚼碎吃透，彻底完成一个技术学习的过程，登上新的技术平台。有美国人估计，日本引进技术经再创新后，比引进技术的效率可以提高 30% 或更多。从 20 世纪 50 年代到 80 年代短短的 30 年，日本走过了从引进到创新的过程，进入了技术输出国家的行列。韩国也大体相似。改革开放以来，中国引进技术的项目数和总支出可能比日本与韩国之和还要多，但用于消化吸收的费用只相当引进费用的 7%，与日本差了 100 倍。这一点费用只能解释图纸、对引进技术的效果做必要的验证，不可能吃透、消化，更不可能再创新。由于没有完成技术学习的过程，使我们的技术能力始终落后于引进来的、正在应用的技术。当这些正应用的技术需要更新的时候，只能再引进。在消化吸收上不到家，带来的是以更多的支出进行第二次引进和再引进。横向看，多家企业重复购买同一技术；纵向看，第一轮引进后就是第二轮引进。结果我们的技术费用总量并不少，但大都交给了外国人，没有很好地培育出自己的技术力量。"

我国企业之所以不善于消化、吸收所引进技术，与企业长期以来引进结构不合理有很大关系。单纯的硬件设备引进固然可以迅速组织生产、提高生产力，但不利于先进技术的吸收，最终导致企业技术水平发展缓慢，后继无力。另外，由于设备引进需要大量外汇支持，企业在将设备引进后

---

[1] 杨学义. 中国引进技术的消化吸收论析 [J]. 重庆商学院学报, 2001, 6: 16.
[2] 冯晓青. 试论我国企业技术引进、输出与专利战略的运用 [J]. 技术贸易, 2001, 4: 35.

一般会遇到资金不足问题，我国政府又未能及时提供辅助资金。企业为了保证正常运营，只能顾及提高生产效率、尽早将产品投放市场赚取利润等问题，无暇顾及消化吸收所引进的技术。在某些国家，政府大力推动技术的吸收与转化工作，从政策、资金等方面对企业进行扶持，大大缓解了企业资金的压力，提高了企业创新的积极性。以韩国为例，从 20 世纪 60 年代开始，韩国在引进技术创新上实行"以产业为主体、以政府为保证、以研究部门为基础"的政策，把 34 家韩国政府资助的科研院所从所属政府主管部门中分离出来，按不同领域分别建立基础科学研究会、产业应用研究会等机构，由"国家科学技术委员会"统一管理和监督，推动技术创新整体效应的充分发挥。1993 年韩国开始实施科研成果转让新措施，规定成果接受方只需支付成果开发费用的 50%，另外 50% 由政府支付。❶美国政府除了对企业提供资金扶持外，还以降低税收的方式鼓励投资者对那些有创新能力但缺乏资金的企业进行风险投资。这样既降低了企业技术转化的风险，又减少了国家的财政负担，而且又充分地调动了社会闲散资金。

我国政府应该借鉴各国的成功经验，不能认为引进技术的消化吸收与再创新仅仅是企业自身的问题，而应对创新型企业采取必要的扶持和鼓励措施，充分调动社会资源参与企业技术创新，要以企业为龙头，带动整个民族创新浪潮，提高国家的整体创新能力。

6.1.4 忽略申请外国专利

近年来，国家所实施的一系列鼓励、扶持企业创新能力的政策已取得一定成效。然而，在创新的同时我们的企业却忘记了保护自己的智力成果，把辛辛苦苦的研究成果写成论文发表，而国外的企业在这些论文所公开技术的基础申请了专利。产品出口时才发现，自己使用自己的发明成果却要向别人缴纳专利使用费。也有一些企业在一项新技术或新产品研制成功后，只注重市场占有率而没有在输出产品或技术时申请专利，以至于将自己的技术成果无偿提供给外国企业使用。由于专利意识淡薄，我们把很多发明创造都"无私地贡献给了全世界"。据国家知识产权局专利文献部副部长王强介绍，在 1999 年前，中国在海外申请发明专利的数量一年只有 300 件左右，2000 年、2001 年发明专利申请量才分别升至 1027 件、2070 件（含在港澳台地区申请的 130 件），2001 年获国外及地区授权的发明专利年均仅 74 件，更多的中国企业缺乏战略眼光和资金忽视或者无力在国外申请专

---

❶ 张宏斌. 日韩两国技术引进消化吸收经验及启示 [J]. 浙江经济，2006，6：15.

利，使得很多本应属于中国的知识产权落入他人之手，大大影响了中国企业在国内外市场上的"圈地"能力和竞争力。[1] 来自 WIPO 的统计数据显示，2006 年，全世界通过《专利合作条约》（PCT）申请的国际专利总量达到 145300 件。美国 PCT 国际专利申请量为 49555 件，占全世界 PCT 国际申请总量的 34.1%；日本申请量为 26906 件，占总量的 18.5%；德国申请量为 16929 件，占总量的 11.7%；中国的申请量仅为 3910 件，占总量的 2.7%，这与我国 2006 年国内发明专利申请量为 122318 件的可观数字相差甚远。PCT 申请排名前 50 位的申请人，有十八个来自美国，十四个来自日本，七个来自德国，三个来自韩国，我国只有华为一家企业入选，大多数企业的国际专利申请量屈指可数。[2] 另外，美国一直是世界上最大的市场，也是世界各国专利战的必争之地，但从图 6-1、图 6-2[3] 可知，虽然从 2000 年以来我国在美国的发明专利授权量呈逐年上升的趋势，但总体数量的差距还很明显。日本 2006 年在美专利授权量达到我国的 55 倍之多，我国台湾地区的授权量也已接近大陆地区的 10 倍，我国仅占美国国外发明专利授权总量的 0.8%，这与我国的大国地位不相符。日本非常注重在国外申请专利。美国专利商标局 2003 年发表的统计数据显示，IBM 公司已经连续 10 年成为获美国专利最多的公司而排名第一名，在过去的 10 年里，IBM 公司共获得 22357 项专利。与此同时，日本企业在美国的专利申请量也逐年递增。2002 年获得美国专利最多的 10 家企业中，佳能、NEC、日立、松下、索尼和三菱等 6 家日本企业均榜上有名。[4] 日本企业在美国获得的专利如此之多，不仅显示日本人对知识产权保护的重视，也显示日本对美国这个世界上最大的市场的重视。近年来，随着我国经济水平不断提高，日本企业也越来越重视我国市场。2006 年信产部科技司的总结报告指出，在信息技术领域，累计在中国申请专利数量排名前六位的国家为：日本（43.67%）、美国（22.16%）、韩国（10.76%）、德国（5.79%）、荷兰（4.79%）和法国（3.22%）。日本高居榜首，比第二名美国的申请量高出 21.51%。为此，国家知识产权局有关人士建议，中国企业应该向日本企业学习，积极实施海外专利战略，以增强自己在国际上的竞争力。

---

[1] 植万禄. 日企在华申请专利最多 [N]. 北京青年报, 2003-01-19.
[2] 国家知识产权局. 2006 年我在美发明专利授权增长 64.4% [J]. 专利统计简报, 2007, 4: 7-8.
[3] 国家知识产权局. 2006 年我在美发明专利授权增长 64.4% [J]. 专利统计简报, 2007, 6: 1-2.
[4] 马一德. 中国企业知识产权战略 [M]. 北京：商务印书馆, 2006: 59-61.

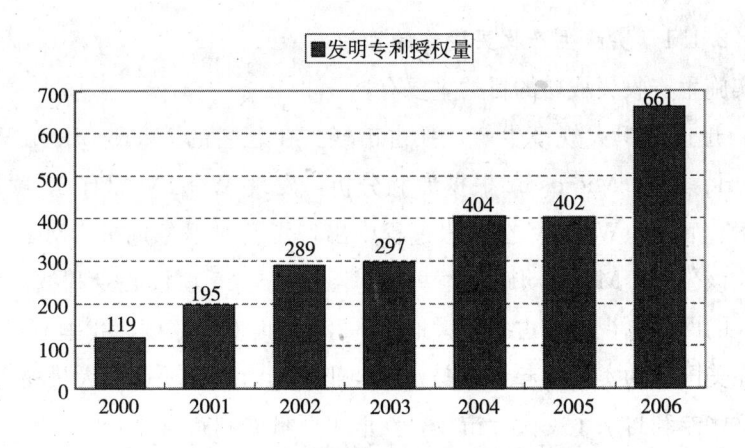

图 6-1 近年我国在美国发明专利授权量

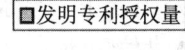

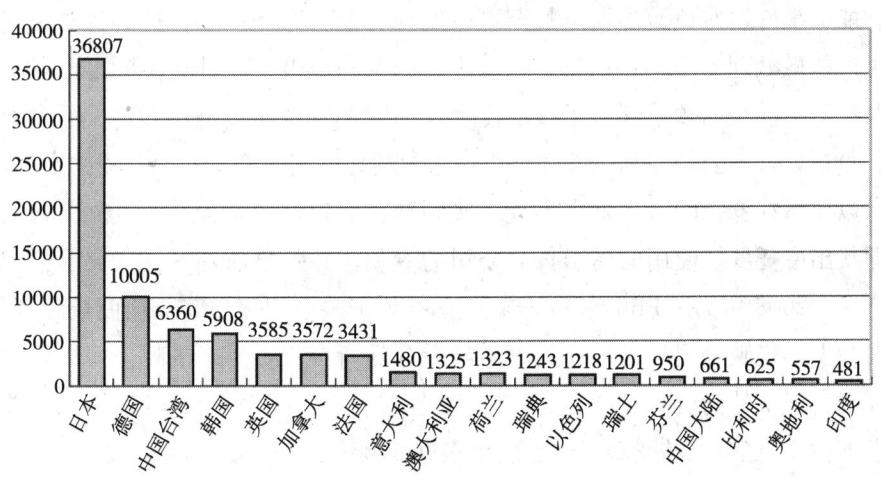

图 6-2 2006 年一些国家在美国获得发明专利授权数量

6.2 我国技术引进战略

6.2.1 生产收买战略

生产收买战略，是指为达到抗衡竞争对手的目的而购买专利所有权。购买专利权的方式有两种，即直接购买和间接购买。直接购买，是指用支付对价的方式从原权利人手中直接获得专利技术；间接购买，是指通过收购拥有专利权的公司而取得该公司专利技术。生产收买战略的实施主体一般是国际性的大公司，并且这些公司通常采取的是间接收购的方式，即通过收购一些小公司或者经营状况出现问题的大公司而获取专利技术。

6.2.1.1 实施生产收买战略的目的

实施生产收买战略的目的主要有：

1. 迅速组织大规模生产，独占市场。在著名的 Microsoft v. WebTV Network 案中，Microsoft 根据专利分析，发现 WebTV 拥有 35 项核心专利技术。后来，WebTV 在扩张过程中出现了暂时财务危机，Microsoft 趁机收购该公司。Microsoft 以此举立即掌握了这 35 项核心专利技术，从而在庞大的网络电视产业占领巨大地盘。2003 和 2004 年度，我国 UT 斯达康公司在美国成功实施两起上亿美元的企业收购活动，获得了大量核心专利；通过这些专利封杀了一大片市场，获取了巨额专利费。

2. 抵御竞争对手的攻击。为了能够最大限度地实现独占市场的目的，一些公司在部署专利战略时经常利用"潜水艇"专利攻击对手；而收买专利能够很好地避免遭受攻击甚至可以发动反击。摩托罗拉曾控告日立公司生产的微处理器侵犯专利权。在大规模的专利部署中，日立实际上已经在摩托罗拉涉足的领域部署了核心专利，而摩托罗拉对此毫不知情。通过专利分析，日立公司专利工程师认定这些专利足以制衡摩托罗拉公司的专利，所以对摩托罗拉的警告置之不理。接到摩托罗拉侵权指控后，日立公司立即找出摩托罗拉使用的属于日立公司的专利，并强迫前者签订了交互授权协议。2003 年 LG. Philips LCD 在美国控诉华映公司侵犯其 6 项面板专利。实际上，华映公司早已购得其中 4 项专利的所有权，后来华映公司以诬告和损害华映的商机与名誉为由，在美国法院反诉 LG. Philips LCD 公司，要求支付 10 亿美元赔偿金。这也一个很好的例证。

3. 有助于制定技术标准。由于技术标准化战略可以使企业获得垄断利益，因此各大企业都在不遗余力地将产品的核心专利技术捆绑在一起组建技术标准，对其他企业收取高昂的入门费。这些核心技术并非都由企业自己研发，不少是通过直接收买他人专利或企业并购方式获得的。

4. 再许可他人使用。企业实施专利收买战略并不都是为了供自己实施，有些企业将收买来的专利再许可他人使用并从中获得许可费用。再许可他人实施专利技术有两种方式。一种是建立在双方自愿基础上，即与需要该项技术的企业签订专利许可合同，收取许可费；另一种则是非自愿的，即通过大量市场调查、找出侵犯自己专利权的企业后，通过诉讼方式索要巨额赔偿，一旦对方提出和解就逼迫对方与自己签订专利转让协议或许可协议，从而获得专利转让费或使用费。例如，美国的利发克技术开发公司就是一家专靠专利诉讼起家的公司。该公司专门从企业或发明人手中购买专利，然后以专利人的身份与其他企业签订专利实施许可合同，收取高额专利使用费，或者对侵犯专利权的企业提出诉讼，迫使对方赔偿损失。该公司5年内先后把2000家企业告上法庭，仅1998年的经营额即达7500万美元。又如，拥有5000多件专利的美国得克萨斯仪器公司也是一家从事专利诉讼的公司，靠专利诉讼收取专利使用费、专利损失赔偿费已成为该公司主要收入来源。

6.2.1.2 间接收买战略

目前，在国外以获得知识产权为目的的企业并购即间接收买的战略运用越来越多。特别是一些高新技术领域，无形财产价值远远高于有形财产，一些企业为了获得具有市场价值的知识产权会花大价钱收购一些负债累累、濒临破产的企业。例如，1997年微软公司用4.25亿收购了当时已经出现严重财务危机的WebTV公司。这在当时是相当令人震惊的。实际上，这是微软公司的一个战略举措。随着网络的普及，网络电视深受广大网民喜爱，这部分市场有很大利润空间。据调查，WebTV公司拥有关于这项技术的35项核心专利，想进军网络电视领域几乎无法绕过WebTV公司的专利网。WebTV公司面临破产为微软提供了一个绝好的机会。表面上看，微软公司付了很大代价收购一个"烂摊子"，而微软实际上获得了一大笔无形资产。又如，美国S3公司只是一家从事芯片设计的小公司，1998年以1000万美元的代价收购了濒临破产的指数技术公司，只是因为指数技术公司具有比Intel公司更为先进的芯片技术。

随着我国企业实力不断提升，近年来也出现了多起国内企业并购国际知名企业的成功案例。其中最引人注目的就是曾被中国企业联合会评为"2004年十大新闻"的联想集团收购IBM全球PC业务案。通过这次收购，联想获得了IBM公司巨大的无形资产，为企业的全球化战略奠定了坚实基础。

【实例3】

IBM公司可谓现代PC（Personal Computer）之父，20世纪80年代一度垄断PC市场。在一系列商业决策失误后，IBM在PC零售领域一直受制于人，先后败给Compaq和Dell，只能屈居北美PC第三。近年来，IBM的PC产品更是连年亏损，仅2003年一年净亏损额就高达2.58亿美元。由于利润微薄、投入人力庞大，IBM近年来一度需要投入大量资金来补贴PC部门以及养老保险金，PC部门无形中已经成为整个IBM的阻力点。此时，联想集团发现了这个巨大商机，向IBM公司伸出了橄榄枝，计划收购IBM

的全球PC业务。IBM公司作为全球顶级PC厂商,拥有一流产品、技术、品牌、市场、渠道、管理及人才,而联想集团这次最为看重的莫过于驰名全球的"Think"商标和多项PC核心专利技术,一旦收购成功,联想集团将拥有几乎所有PC发展历史上的核心专利,这笔巨大的无形资产对于一个正在走向国际化的PC企业来说无疑是至关重要的。在联想收购IBM PC业务的整个谈判过程中,IBM在PC和笔记本产品上专利、品牌等问题也不出意料地成了谈判的重点和难点。这些专利和品牌,收购完成后联想能如何用以及用到什么程度,都是双方激烈争论的焦点。双方对知识产权谈判范围和交易价格花费了大量时间,谈判异常艰苦。2004年12月8日,经过旷日持久的艰苦谈判,联想集团终于以17.5亿美元的价格成功收购了IBM的全球PC业务,包括研发、生产、采购、销售。至此,联想集团将成为年收入超百亿元的世界第三大PC厂商。

虽然运用生产收买战略可以使企业在短时间内迅速击败对手、占领市场份额,但这种专利战略对企业经济实力要求较高,并且存在较大风险,因而这种战略难以适合中小企业。中小企业可以选择获取许可方式使用他人专利,或者与其他企业合作研发以提升竞争力。

6.2.2 取得许可战略

当今社会,引进专利技术已经成为企业发展的重要手段之一。引进专利技术的方式有很多,包括购买专利、许可使用、合作开发等,其中使用最为普遍的是专利许可方式。WIPO统计资料表明,1965年各国之间以专利技术为主的许可证贸易额为20亿元,1975年达到110亿元;而到1995年,许可证贸易额增长到了2500亿美元。有关取得许可战略的详尽内容,参见本书其他相关章节。

6.2.3 交叉许可战略

现代社会科技迅猛发展,计算机、半导体、电子通信等前沿领域所涵盖的各种技术联系紧密。生产这些高科技产品所需技术通常掌握在不同企业手中,采用购买专利所有权或者取得专利许可方式要耗费一笔不小的费用,而且谈判非常艰苦。作为一种特殊的许可形式,交叉许可可以克服普通许可的许多缺点,使企业更便捷地开展技术合作,被各国企业越来越多地采用。

交叉许可有广义与狭义之分。广义的交叉许可包括狭义的交叉许可和专利池。狭义的交叉许可请参见本书其他相关章节内容。

专利池(patent pool)是两个或者更多的知识产权权利人"把作为交

叉许可客体的多个知识产权主要是专利权放入一揽子许可中"所形成的知识产权集合体。进入专利池的主体可以继续使用池中的全部知识产权从事研究和商业活动，无需就池中的每个知识产权寻求单独许可；池中的主体彼此之间无需另行许可，免费或支付少量使用费就可以使用池中的专利技术。池外的主体可以通过许可证而使用池中的全部知识产权。❶ 专利池有以下特征：

（1）专利池是由两个或两个以上的专利组成，这些专利之间在技术上有着紧密联系，通常由为达到某种产品的工业标准而必需的专利技术构成。

（2）由专家小组对池内专利进行评估，确定哪些为核心专利、哪些为辅助专利，从而确定各专利权人的收益或支出比例。例如，某公司在专利池中的专利为辅助专利，这个公司使用专利池中的全部专利时就可能要按比例支付一定的专利使用费。

（3）专利池通常由一个非营利性组织统一管理，池内专利的专利权人与该组织签订代理许可协议，该组织通过打包许可的方式代权利人行使许可权，并将收取的许可费按比例分配给专利权人。

（4）池内专利人无需得到许可，即可免费或以一定费用使用专利池中的专利。

（5）专利池内的专利权人可以通过统一管理组织来许可池外第三人使用池内专利。

6.2.3.1 交叉许可与专利池的异同点

1. 交叉许可与专利池的相同点

（1）二者都属于使用权的转让，而非所有权转移。

（2）可以避免诉讼风险。

（3）可以节省部分或全部专利使用费，刺激技术研究与创新。

2. 交叉许可与专利池的不同点

（1）在交叉许可中，拥有专利权的双方权利人只能互相许可自己拥有的专利技术，他们之间签订的交叉许可合同不涉及第三人；而在专利池中，权利人不仅可以自己使用专利池中的专利，还可以许可池外的第三人使用。

（2）从实施许可的行为人和行为方式来看，交叉许可的权利人通常是亲自实施专利许可行为，如果出现多人相互交叉许可的情形则需要签订专利许可协议。专利池中的权利人通常不亲自实施专利许可，而是授权一个

---

❶ 魏衍亮. 关于专利池的过往研究［EB/OL］.［2007 - 05 - 15］. http://article.chinalawinfo.com/article/user/article_display.asp? ArticleID=36843.

非营利性组织统一实施，无需每个权利人具体参与。

（3）专利池所涉许可通常存在一个由核心专利构成的技术标准，而交叉许可通常并不存在在先的技术标准。

6.2.3.2 交叉许可在实践中的运用

随着知识经济的到来，各国企业之间的专利战已经趋于白热化。一些国际性大公司早已在其核心专利周围布满了专利网，稍有不慎就可能为竞争对手所困。出现一方侵犯另一方专利权时，权利遭到侵害的一方一般会选择诉讼程序来解决；如果双方各自都侵犯了对方的专利权，那么交叉许可无疑是他们最好的选择。下面举实例4和实例5加以说明。

【实例4】

我国台湾地区的威盛公司主要生产速度快、成本低的Intel兼容芯片组。1999年6月，Intel公司打破了威盛公司的发展计划，撤销了发给威盛公司的许可证并控告其侵权。这对一个依靠生产兼容芯片的公司而言如同晴天霹雳，但威盛公司巧妙地绕过了Intel公司的专利封锁，收购了国家半导体公司的克莱克斯芯片制造部，因为这个部门拥有Intel发放的专利许可证。根据美国的法律，克莱克斯可以委托威盛制造相关产品。面对这样的结局，Intel只好默认，然而Intel于2001年再次发起专利攻势。这次，Intel共提起11个诉讼，牵涉5个国家的27件专利侵权，声势之大让旁观者都捏着一把冷汗。威盛没有退缩，而是拿出了它早早准备好的秘密武器——1999年并购IDT旗下Centaur分支部门时所取得的专利组合提起反诉，诉称Intel的微处理器侵犯了自己的专利权。经过一场拉锯战，Intel再次妥协，于2003年与威盛达成了长达10年的交叉授权协议。

【实例5】

传统胶片影像巨头柯达在宣告进军数码领域后，便开始直面数码巨头索尼的竞争。激烈的竞争使双方矛盾不断升级。2004年3月8日，柯达把索尼告上法庭，指控索尼侵犯了柯达于1987年至2003年申请的10项专利，其中涉及图像压缩、数字存储以及其他数码相机和影像技术。而索尼公司也不甘示弱，在接到诉状三周后迅速在美国新泽西州联邦地方法院对柯达提起反诉，起诉柯达侵犯了索尼的10项数码相机专利。这场备受关注的专利诉讼持续了将近3年后，柯达公司被迫与索尼公司签订了交叉许可协议。

除了在解决专利纠纷方面起到了关键作用以外，交叉许可还可以促使实施交叉许可的双方建立良好合作关系。双方各取所需，实现双赢。另外，交叉许可还避免了冗长的谈判和高额的许可费。这方面的实例也很多，以下列举实例6和实例7加以说明。

【实例6】

2005年5月13日，微软公司和东芝公司联合宣布，双方已达成一项专利交叉许可协议，可以相互使用对方的专利。这将使它们避免专利纠纷，加速产品开发。交叉许可的内容包括微软的电脑、图形技术和东芝的微型电脑存储芯片、平板显示器、新一代DVD技术等。但双方都拒绝向外界透露交叉许可的时间和费用细节。微软发言人称，此举为双方将来开展项目合作扫清了道路，尽管目前双方还没有这种合作的具体计划；东芝公司表示，该协议解决了使用对方专利所需的长期谈判和高额费用的困扰。分析人士指出，微软在软件技术领域具有优势，而东芝的特长在硬件和数字电子技术方面，微软和东芝达成的是双赢协议，使它们能够利用对方的优势技术。

【实例7】

德国柯诺木业集团中国区总部于2006年2月15日在京宣布：基于平等互惠原则，德国柯诺木业集团旗下莱茵阳光地板和常州德威木业集团就专利交叉许可已经达成相互授权使用协议，可以交叉使用对方的（柯诺）低甲醛E0专利或（德威）V型槽专利。此次专利联姻的主角——莱茵阳光地板的制造商——德国柯诺木业集团，是一个具有109年历史的专业强化地板制造商，是世界最大的木地板生产企业（全球平均每3块木地板中就有一块是出自柯诺）；另一个是只有10年历史、规模并不很大的中国民营企业。事后，莱茵阳光地板新闻发言人、柯诺（中国）营销总监杨志明介绍说，强化木地板的固形物中90%是基材，E0专利说到底就是确保消费者享受美好家居的环保地板技术发明；而V型槽专利则是关于地板外观的创造性发明。两者结合应用，奉献给广大消费者的将是迄今为止最完美的地板。莱茵阳光地板携手德威表明了一种态度：尊重他人知识产权利国利民，也是强化木地板产业突破发展瓶颈的必由之路。

6.2.3.3 专利池在实践中的运用

作为一种专利战略，专利池在企业不同发展阶段将发挥不同作用。

处于创新阶段的企业，由于自身创新能力有限，通常需要和其他企业进行技术交流与合作，此时专利池起到了整合资源的作用。分别拥有生产某产品专利技术的企业，在专利池中进行技术交流既快捷、方便，又可以节约成本，还可以通过集体创新来提高自己的技术创新能力。美国建立专利池的初衷就是为了方便企业之间的技术交流，从而共同提高技术水平。

例如，1856年美国的缝纫机行业是世界上最早使用专利池的行业。当时很多缝纫机厂都在造缝纫机，每个厂的缝纫机都有自己创新之处且都申请了专利，但由于互相之间没有技术交流，造出的缝纫机都不是最好的。经过各厂商一致同意，缝纫机联合会把各种缝纫机专利收集到一起，让每个厂都可以用到其他厂的专利，没过多久缝纫机的质量和功能都有了显著改善。后来，航空业、无线电行业以及生物制药业等行业也纷纷建立了专利池，并且发展十分迅速。近年来，我国企业基于集体创新、共同发展的目的也陆续建立起了拥有自主知识产权的专利池。例如，2003年7月17日，经信息产业部科技司批准，由联想、TCL、康佳、海信、长城5家企业发起、7家单位共同参与的"信息设备资源共享协同服务"标准工作组正式成立（简称IGRS标准工作组，又称"闪联"）；2007年4月23日，中国十大彩电巨头建立的专利公司"深圳市中彩联科技有限公司"正式成立。与此同时，国内彩电业首座"专利池"也全面启动，10家企业将通过互利合作的方式，建立中国彩电产业知识产权的完整体系，推动产业发展。

技术处于垄断阶段的企业，专利池有助于其保持技术上的垄断地位。专利之所以发展到专利池，一个重要原因就是专利池可以达到单项专利达不到的目的——技术垄断。[1]现代科学技术十分复杂，一种产品往往包含多个专利。如果一个企业仅仅拥有一两项专利技术是无法形成技术垄断的。当拥有某项产品核心技术的所有企业共同组建专利池后，池内的企业实际上就达到了技术垄断的目的。目前，发达国家的一些跨国公司之间纷纷结成专利池，其目的也多出于此。前文提到的我国"DVD"事件就是6C、3C企业联盟以专利池的方式垄断了DVD机的专利技术，进而向我国企业收取高昂的专利许可使用费。正是由于高额垄断利益的吸引，一些有着竞争关系的企业积极参与专利池组建；同样是由于技术垄断，一些企业联盟为了赚取更大的利润而置法律于不顾，在对外实施许可时捆绑许可一些非必要专利。例如，按照美国法律和政策，专利池不能由缺乏有机联系的专利堆积而成。1990年以来，美国司法部批准的全部专利池都是对某项技术标准必不可缺的专利的集合体；而6C的专利池并不符合池中专利必须存在有机联系这一要求。6C联盟的格式化许可协议竟然明确规定，自己不保证专利池中的全部专利有效，对任何第三方可能提出的专利侵权和专利无效申请及其裁决均不承担任何责任和义务。

---

[1] 郭丽峰，高志前．专利池的形成机理及对我国的启示[J]．中国科技产业，2006，4：42．

6.2.3.4 给我国企业的建议

1. 积极参与国际标准的制定

技术标准已成为国际贸易游戏规则的组成部分,而且在国际贸易中的地位越来越重要;技术标准已成为国际经济和科技竞争的焦点。[1]对企业来说,专利技术能否成为国际标准的一部分已成为企业能否在全球市场获得商业成功的关键因素。通过专利池来制定技术标准是目前非常普遍的一种方式,我国企业应该借助专利信息的搜集与分析来跟踪世界先进技术的发展动态,积极组织人员进行技术攻关,争取尽早加入国外专利池,参与国际技术标准的制定;组建技术标准与专利相结合的管理部门,树立"技术专利化、专利标准化、标准垄断化"的工作理念,利用已形成的专利技术链的优势,积极参与技术标准制定,使自己在国内外市场竞争中获得主动权。同时,政府应积极为企业提供国际标准专利池组建信息和必要的专业指导。

2. 建立专利预警系统

如前所述,组建专利池很容易形成技术垄断,因而在创新过程中,我国企业必须关注国外同行是否已组建专利池并形成行业标准,这就需要借助于专利预警系统。专利预警,是指企业通过收集和分析与本企业主要产品和技术相关的技术领域的专利和非专利文献信息、国内外市场信息和其他信息,对可能发生的重大专利争端和可能产生的危害以及程度等情况向企业决策层发出预警预报,使企业能够及早发现问题,提前采取应对措施以规避侵权风险。专利预警系统可以对企业相关的产品和技术面临的专利侵权和被侵权风险进行客观描述,能够对企业存在的专利侵权和被侵权风险及其成因和形成过程进行综合评价,有助于从经济角度和社会角度分析企业因专利侵权或被侵权而带来的利弊得失。同时,通过分析所收集的专利信息,还可以预测技术发展趋势,为企业创新活动指明方向,有利于企业尽早研发出某项产品的核心专利技术进而获得制定行业标准的资格。

3. 要到国外部署专利

目前,日本大企业拥有的专利技术约有一半是在国外发明或者购买而来的。日本在美国等主要国外市场积极部署专利网。1970年到1989年这20年时间内,日本在美国取得的专利从占美国批准专利总数的4%升至20%;很多美国厂商被日本专利捆住了手脚,动弹不得,日本企业在很多

---

[1] 杨云芳. 中国技术标准发展战略研究[J]. 河南科技, 2005, 8: 8.

领域垄断了美国市场。在守住中国市场的同时，我国企业也要积极走出去，到美国等发达国家去开发、购买技术，并在这些地区大量部署核心专利，构建一些能够封杀国际工业标准的专利池。

6.2.4 创新引进战略

创新引进战略，是指对所引进的专利技术消化、吸收、改进创新后，研发出技术更优、市场竞争力更强的产品和技术，并在研发创新过程中尽量申请外围专利，变被动为主动的战略。[1]对于创新能力不强的企业，专利技术引进可以减少开发成本，迅速将产品商业化，提高市场竞争力。消化、吸收所引进的技术，可以降低开发新产品的风险，提高企业的技术水平和创新能力。创新引进战略分为两种：追随型专利战略和开拓型专利战略。这两种战略模式在企业不同发展阶段分别发挥着重要作用。以下将以日本企业从战后至今的发展历程为例，介绍这两种模式。

6.2.4.1 追随型专利战略

追随型专利战略又称跟随型专利战略，是指在本企业和他人已采用专利技术基础上不断改革、创新，创造出高质量、低成本的产品以控制和抢占市场并获取更大经济利润的战略。追随型专利战略要求企业有比较完整的专利信息系统，并且可以对技术发展的动态及市场前景作出准确判断。同时，还要有一定的模仿创新能力，可以在短时间内在基础专利上开发出新的专利技术，迅速打开市场。

这种模式的特点为：

(1) 所引进的技术多为成熟、先进、实用的技术。

(2) 创新方式属于改进型，即对所引进的技术加以改进后，创造出其他实用专利技术。

(3) 低风险、低投入、转化周期短、受益相对较低，适合中小企业。

二战后到20世纪70年代末的这三十多年时间里，日本企业发展十分迅速，这与他们实施追随型专利战略密切相关。这一时期，日本企业普遍采取以下做法：(1) 大量从欧美国家引进先进专利技术；(2) 对所引进的专利技术进行充分消化吸收；(3) 在所引进技术的基础上进行二次创新，并且将每一次小的改进都申请专利，逐渐形成围绕在引进技术周围的专利网；(4) 由于小改进专利改善了产品结构、性能，降低了产品成本，日本企业便展开专利回输攻势，成功地实现了"以小制大"策略。这些小专利既可

---

[1] 于志红. 谈我国企业专利战略的实施 [J]. 知识产权, 2003, 2: 37.

以是对某一技术局部改良、革新的结果，也可以是对相关但不同的专利技术在消化吸收基础上综合、嫁接、组合和提炼的结果。日本企业之所以成功地运用追随型专利战略，短时间内使企业竞争力迅速提高，与日本当时的政策、法规及政府的大力扶持是分不开的。

日本专利制度允许对技术的小改进申请专利，而且对实用新型专利实行实审制以避免重复开发，使得日本企业能够围绕基础性关键专利抢先申请质量较高的大量小专利，筑起严密的专利网，从而迫使欧美竞争对手以基本专利交换日本的小专利。此外，为了使企业有足够的时间消化吸收所引进的技术，日本政府将对工业发展有重大影响的基本专利的批准时间尽量向后延迟。例如，美国德州仪器公司的半导体专利在日本被推迟了30年才获得授权；美国梅苏克斯公司有一种红外传感技术，于1974年在本国获得专利权后又于1977年分别于前联邦德国和瑞典获得专利，然而在日本申请专利时却不顺利。日本的竞争对手利用异议制度使美国企业详细披露了该技术内容，此后一家日本企业便模仿该技术并于1976年申请了大量改进专利，在日本获得专利。而美国梅苏克斯公司的专利申请直到1985年才获批准，该公司因而失去了多年在日本市场的独占权。[1]在日本政府的鼓励与扶持下，日本企业越来越重视对所引进技术的消化、吸收和再创新，并积极将改进技术到国外申请专利，然后再以专利网的形式大量输出专利抢占国外市场。日本政府的扶持政策和日本企业自身的努力，推动了日本工业快速发展。日本走过的技术创新之路值得我们借鉴。

诚然，追随型专利战略对刚刚起步的公司来说是一个很好的战略选择，但一个企业不能长期单纯地运用追随型专利战略，否则不利于企业独立研究能力的提高。如果竞争对手有基本专利结合密集的外围专利网，追随者就难以与之竞争了。企业之间技术水平、经济实力越接近，企业从外部获得最新技术的可能性就越小；即便引进专利技术，企业最终仍要走自主开发之路，突破原有技术的既有用途。

6.2.4.2 开拓型专利战略

开拓型专利战略是指消化、吸收所引进的专利技术时打破原有技术界限，进行独立发明创造并形成全新技术体系。这种模式有以下特点：

(1) 所引进的技术多为实验室技术等未成熟技术。

---

[1] 冯晓青. 试论日本企业专利战略及对我国的启示 [J]. 北京航空航天大学学报（社会科学版），2001，14 (3): 30-34.

(2) 并非对引进技术所作的局部小改进,而是开拓性的发明创造。

(3) 高风险、高投入、高回报、转化周期长,适合资金雄厚的企业。

由于日本长期实施单纯的追随型专利战略,到了 20 世纪 80 年代这种战略的弊端逐渐显露出来。在与美国企业的专利战中,日本企业屡屡受挫。造成这一局面的原因主要有两个:第一,遭受欧美国家的技术贸易限制。由于采用追随型专利战略,日本企业工业技术产品的质量和数量迅速达到或超过欧美工业技术产品,并同时充斥各国市场。在欧美国家普遍认识到日本企业的技术成果绝大多数是在欧美国家的基础研究上开发出来的以后,欧美等国开始了有意识的技术贸易限制,大大增加了日本企业改进型创新的投入成本。特别是 80 年代中期冷战开始缓和以来,日本的工业技术产品对欧美工业企业的冲击越来越大,欧美等国政府已着手限制日本廉价获取本国工业技术。第二,高水平技术创新不足。由于长期实施追随型专利战略,日本企业的现有技术与世界先进技术的差距越来越小,用先前的专利战略所得到的利益也随之变小。而从战后技术创新的收益主体来看,战后最重要的一个新特点就是从事基础研究,这种研究在经济上的受益人是确定的,特别是在现代科学技术的基础研究中,经济收益与研究开发的主体保持了一致性。而长期以来,日本企业对基础性发明投入的研究力量很小,因而高水平的开创性发明也很少,导致日本企业在应对欧美国家的专利攻势时显得捉襟见肘。[1]

意识到追随型专利战略的弊端以后,日本开始向开拓型专利战略转型。在引进技术方面,日本企业对实验室技术的引进力度逐年加大。据统计,1981~1985 年日本引进的技术中尚未产业化的技术比例分别达到 35.8%、34.1%、40.6%、42.1%、44.2%。同时,日本政府也将大量的人力、物力投入到基础科学和技术理论研究中,并且对搞基础研究的企业给予信贷、税收等多方面的优惠。在技术创新方面,日本企业不再满足于对引进技术的局部改进,而是进行深层次研发;加强对新原理、新现象及现代技术限制的探索,逐渐由以改良创新为主演变为以技术创新为主。例如,晶体管技术是美国实验室首先发明的,但日本企业看中了该项技术的应用前景,进行了深度挖掘,取得了开拓型的创新成果。在发明者本国还只限于用来生产助听器一类产品之时,日本就将高质量的创新产品——晶体管收音机推向世界,引发了一场消费领域的电子革命。随着日本企业对半导体收音

---

[1] 郑雨. 战后日本二类技术创新模式的转变 [J]. 全球科技经济瞭望, 2006, 11: 25-27.

机、收录机和电视机产品的开发，对电子产品小型化、高性能化和价格低廉化的推动，日本成为世界上最强大的电子技术拥有国。同样，电子钟表技术也并非源自日本，而是由瑞士人发明的，但在瑞士并未得到足够重视。在引进该专利技术后，日本企业组织力量进行深层次开发，研制出比较成熟的电子钟表。电子钟表问世后，大规模地占领了机械钟表的市场。瑞士钟表出口因而受到重创，钟表厂倒闭过一半之多，而日本一跃成为电子钟表的最大输出国。

从二战后至今的几十年间，日本从百废待兴的战败国迅速成长为仅次于美国的世界第二大经济强国，有很多经验值得我们借鉴。在工业发展过程中，日本创新引进模式的成功转变给我们的启示是：一个企业乃至一个国家一定要顺应时代发展，制定适合自己的战略方针，适时引进、吸收国外先进专利技术，进行必要的创新研究，逐步建立自己的专利应用体系；制定科技政策时要高度重视基础研究，特别是要重视对原创性技术新模式的培育；要把握住战略模式转型时机，特别是要在有关科研组成结构中尽早准备，一旦在国家宏观政策上提出要求，能够快速适应这种转型。

6.2.5 专利合作战略

专利合作通常是指两个或两个以上的企业以生产合作的形式共同开发、经营管理各自拥有的专利技术。❶

专利合作战略主要形式有以下几种：

（1）为生产某种产品，各自拿出专利技术进行合作。某些产品的开发需要综合运用多种专利技术。如果这些专利技术归属不同的权利人，拥有专利技术的各方就进行专利合作。合作开发时，各方除拿出自己的专利技术和资金外，还要派出相应技术人员进行交流；这样不仅可以降低企业新产品开发成本，还可以缩短新产品开发周期。近年来，随着我国企业科技水平的不断提高，越来越多的外国企业来华寻求技术合作。2006 年，微软公司在北京举行的风险投资高峰会上宣布，授权深圳科通集团与湖南拓维信息系统股份有限公司使用由微软亚洲研究院研发的"移动图片"技术、"移动视频优化"技术和"个性化人脸卡通"技术。这是自 2005 年 5 月微软公司成立专利技术合作项目以来与中国公司的首次合作。该项目旨在通过技术授权，把来自微软的创新技术带给全球企业，以此加速业务发展并最终促进全球软件产业的成长。通过这次合作，这两家企业迈过了动漫制

---

❶ 冯晓青. 试论企业技术引进与输出中专利战略的应用 [J]. 软科学, 2000, 4：56.

作门槛，完善了卡通技术；通过技术整合和业务运营模式创新，这两家企业开拓了更大的市场。

（2）一方提供专利技术，另一方提供资金、生产设备、场地等。这种合作方式多出现在发达国家的跨国型企业和发展中国家的中小企业之间。一些发展中国家的中小企业缺乏自主研发能力且无力购买技术，与大公司开展技术合作是一个很好的选择。这种合作，客观上可以提高企业的技术水平，为企业自主创新提供技术支持。对技术输出方而言，发展中国家廉价的劳动力和丰富的资源也可以节约大笔开支。这种合作是一个双赢的选择。

（3）一方提供专利技术，另一方负责拓展市场或双方共同开拓市场。有时，一项专利技术刚被研发出来时很有市场前景，但由于未经过市场检验或价格太高等原因，没有人愿意冒风险去开拓市场。假设 A、B、C 三个企业约定，B、C 公司可以免费使用 A 公司的专利技术，但 B、C 公司负责开发市场并共同承担风险；三家公司将资源整合后形成的竞争优势有利于市场开拓和风险分担；对 B、C 两家企业而言，节省了研发成本，有利于技术水平的提高。近年来还出现了一种专门从事知识产权管理的公司。这些公司在企业知识产权战略的制定、全球业务拓展等方面有着丰富经验。企业与这类公司合作可以获得知识产权管理和运用方面系统的支持，这对身处硝烟弥漫专利战中的企业无疑是有利的。例如，2007 年 4 月 26 日，我国的华旗公司和意大利的 SISVEL 公司签署了战略合作协议。今后华旗将直接出现在 SISVEL 的全球专利许可名单上，双方将合作在全球范围内推广华旗爱国者的自主知识产权。SISVEL 是一家全球领先的专利管理公司，致力于为消费电子行业内拥有专利的企业和个人开展专利管理业务，在欧洲、美国和亚洲等地设有分支机构。这一事件合作是中外知识产权合作的里程碑，标志着中国专利开始走向世界。

6.2.6 特许专营战略

特许专营即特许经营，是近 60 年来迅速盛行并日渐国际化的一种商业和贸易经营方式，西方有人认为它是 20 世纪最有活力的经营方式。❶近年来，越来越多的企业以特许经营模式拓展业务。据统计，20 世纪 90 年代初，特许经营在美国零售业中开始居于主导地位，有 374 家大公司在加拿大、欧洲、日本、及亚洲部分国家发展 35000 多个特许经营企业。目前，

---

❶ 向欣，孟扬．特许经营：商业发展的国际化潮流［M］．北京：中国商业出版社，1997：1．

特许经营的范围也在逐渐扩大，最初仅在餐饮业和服装业存在这种经营模式，今天几乎被应用到了所有领域。简单地说，特许经营是一种规模化、低成本、智慧型的商业扩张方式。

我国政府也高度重视这种经营模式。1997年11月原国内贸易部发布了《商业特许经营管理办法（试行）》；2007年5月1日《商业特许经营管理条例》开始施行，标志着中国的特许经营进入了一个全新历史时期。《商业特许经营管理条例》第3条规定：商业特许经营，是指拥有注册商标、企业标志、专利、专有技术等经营资源的企业（以下称特许人），以合同形式将其拥有的经营资源许可其他经营者（以下称被特许人）使用，被特许人按照合同约定在统一的经营模式下开展经营，并向特许人支付特许经营费用的经营活动。

6.2.6.1 特许经营战略的优点及缺点

特许经营战略有如下优点：

（1）除了获得特许人的专利技术或专利产品之外，被特许人还可以享用知名商标、店面装潢及服务等。通常情况下，特许人在业界已经有一定知名度和固定消费群体，这些知名品牌有助于被特许人打开市场。

（2）被特许人可以节省产品开发成本。一种技术从研发到投产少则几年多则几十年，而且要投入大量人力、财力，并要承受开发失败的风险。对一些中小企业而言，可能是无法承受的。特许加盟可以省去研发这一环节，直接使用他人的成熟技术。

（3）被特许人可以获得生产、经营、管理等多方面的指导，提高企业成功的概率。一个企业的成功与很多因素有关，仅有先进技术肯定是不够的，企业的经营策略和管理方法也至关重要。如果采用其他方式引进技术，企业无法获得技术输出方的先进管理经验和成功营销策略。如果采用特许经营模式，为了维护企业形象、发展更多加盟商，特许人会将自己的经营技巧、业务知识、管理经验传授给被特许人，甚至还会派工作人员帮助被特许人解决问题。基于以上帮助，被特许人可以迅速步入正轨。

（4）被特许人可以获得广泛的信息。要在竞争中脱颖而出，企业就必须对市场作出准确判断和快速反应，市场调查和分析是必不可少的。在特许经营模式下，特许人会定期从各加盟店收集信息，并将加工后的信息及时反馈给各加盟店。对周围各种环境所作的市场调查和分析，可以帮助各加盟店及早采取对应措施。

当然，任何一种技术引进战略都有其弊端，特许经营也不例外。例如，特许经营中的被特许人复制的是标准化的产品和服务,不一定适合当地的实际情况;因受特许经营合同的限制和监督,被特许人缺乏自主权,特许人决策失误在一定程度上会牵连被特许人;强调连锁企业的统一性会阻碍被特许人的创意,不利于企业自主创新。

6.2.6.2 企业实施特许经营战略应注意的专利问题

1. 特许经营中专利权的保护期限问题

特许合同的期限一般是由当事人双方协商确定的。通过特许经营方式引进特许人的专利技术时,被特许人应当注意合同期限与专利保护期的关系。通常而言,如果特许经营合同中包含了专利技术,特许人在收取特许经营费时一般会将专利使用费包含在内。依据《专利法》规定,发明专利的保护期为 20 年,实用新型和外观设计的保护期限为 10 年。超过保护期限的专利技术,任何人都可以免费使用。如果某特许人的专利保护期只剩下 5 年,而特许经营合同为 10 年,如果被特许人不知情而以 10 年专利费为标准向特许人缴纳特许经营费就花了冤枉钱。在订立特许经营合同时,被特许人要尽量避免合同期限长于专利保护期的情形;即便特许经营合同期限较长,也要弄清楚专利权的期限,等特许人专利权到期之后要及时从特许经营费中扣除专利使用费。

2. 特许经营过程中专利权的地域性问题

被特许人既可以是本国企业,也可以是外国企业。当特许人和被特许人分属不同国家时,应当考虑特许人的专利技术是否在被特许人所在国也受到保护。众所周知,专利权是有地域性的,如果一项外国专利技术没有在本国获得授权,本国国民同样可以免费使用该项技术。特许经营必须在专利权有效范围内行使,特许人无权在专利有效范围以外的区域向被特许人收取专利使用费或设定限制。在以特许经营的方式加盟国外企业连锁时,我国企业应当查明该国企业的专利技术在中国是否也获得授权,以免为在我国没有专利权的"专利技术"多付特许加盟费。

3. 特许经营过程中专利权的归属问题

为了保持经营和管理的统一性,特许人会在特许经营合同中作出种种限制,然而这种限制条款不能凌驾于法律之上。按照《专利法》的规定,任何企业和个人都可以对现有技术进行改进与创新,只要符合《专利法》有关新颖性、创造性和实用性的要求就可以获得专利权。加盟特许经营以后,被特许人完成的新发明应该归属被特许人还是特许人呢?这个问题的答案可以从特许人与被特许人之间的关系中寻得。根据国际特许经营协会

(International Franchise Association) 的定义，特许经营是特许人与被特许人之间的一种契约关系。根据契约，特许人向被特许人提供一种独特的商业经营特许权，并给予人员训练、组织结构、经营管理、商品采购等方面的指导与帮助，被特许人向特许人支付相应的费用。其中，契约的一方当事人——特许人往往是具有法人资格的企业，而另一方当事人则可能是法人企业或非法人组织。按照《专利法》第 6 条❶及《专利法实施细则》第 12 第 2 款❷的规定，员工利用执行本单位的任务或者主要是利用本单位的物质技术条件所完成的发明创造为职务发明创造，专利权归属于单位。这里所指的单位既可以是发明人长期工作的单位，也可以是临时工作的单位。事实上，被特许人并非《专利法》所称的职工，被特许人在经营过程中的新发明不属于职务发明，专利权不能归属于特许人。

由于特许经营要求经营统一化和服务标准化，即使被特许人完成了更为先进的技术发明，在未征得特许人批准之前，被特许人不能将它应用于特许经营业务中。特许经营可能会闲置先进的技术。为了双方的共同利益，特许人和被特许人可以在特许协议中约定：被特许人在特许经营过程中完成的与特许经营业务有关的发明创造的申请专利的权利和专利权应转让给特许人，特许人有权在整个特许经营组织中推广使用，特许人向被特许人支付转让费。这样既可以保证特许经营的统一性，又可以提高特许业务的技术水平，受许人也可从中获得丰厚的回报。

6.2.7 补偿贸易战略

补偿贸易是当前国际贸易的常见形式。当技术贸易已成为国际贸易主要形式之一时，补偿贸易在企业技术引进与输出的专利战略中也会经常用到。补偿贸易战略，是指作为引进方的企业在信贷基础上引进输出方的专利技术和成套设备，并将开发出来的产品返销给输出方以偿还技术贷款的一种战略。❸补偿贸易是从 20 世纪 60 年代末逐渐发展起来的。早期的补偿贸易主要用于兴建大型工业企业，且多以引进现成设备为主。例如，当时苏联从日本引进价值 8.6 亿美元的采矿设备，以 1 亿吨煤偿还；波兰从美

---

❶《专利法》第 6 条规定："执行本单位的任务或者主要是利用本单位的物质技术条件所完成的发明创造为职务发明创造。职务发明创造申请专利的权利属于该单位；申请被批准后，该单位为专利权人。非职务发明创造，申请专利的权利属于发明人或设计人；申请被批准后，该发明人或者设计人为专利权人。利用本单位的物质技术条件完成的发明创造，单位与发明人或设计人订有合同，对申请专利的权利和专利权的归属作出约定的，从其约定。"

❷《专利法实施细则》第 12 第 2 款规定："专利法第 6 条所称本单位，包括临时工作单位；专利法第 6 条所称本单位的物质技术条件，是指本单位的资金、设备、零部件、原材料或者不对外公开的技术资料等。"

❸ 冯晓青. 企业知识产权战略. 第 2 版 [M]. 北京：知识产权出版社，2005：203.

国进口价值4亿美元的化工设备和技术，以相关工业产品返销抵偿。进入80年代以后，补偿贸易的范围逐渐多样化。一些如IT、生物工程等高科技领域，越来越多的专利技术就是通过补偿贸易方式引进或输出的。在实行市场经济之后，我国补偿贸易在利用外资和促进销售方面都起到了很重要的作用。

6.2.7.1 补偿贸易的主要形式

（1）返销又称回购贸易，是指用进口设备或其他物资生产的产品偿付进口所需的货款。用进口设备或其他物质生产的产品通常被称为直接产品。返销一般适用于设备和技术贸易，也有人称之为"工业补偿"。我国一般称之为直接补偿。

（2）互购又称商品换购，是指设备进口方支付设备的货款，不用直接产品而用双方商定的其他产品或劳务来偿付货款。互购其实为两笔互有联系但分别进行的交易。

（3）多边补偿又称转手补偿，是指由第三国替代首次进口方承担提供补偿产品的义务，或由第三方接受并销售补偿产品。

（4）部分补偿，是指部分产品或劳务、部分现汇的补偿方法。

6.2.7.2 补偿贸易战略的特点

补偿贸易战略有以下特点：

（1）由于补偿贸易是基于信贷理论构建的贸易形式，引进技术时无需动用外汇。将用所引进的技术和设备生产出的产品返销的价款冲抵设备、技术款，可以解决设备更新和技术改造所需资金短缺的难题，从而提高产品市场竞争能力。

（2）在通常情况下，技术出口方都有稳定的销售渠道和市场，进口方通过返销可以拓展自己的销售渠道，有助于进入国外市场。

（3）技术引进方大多为发展中国家，出口方通过补偿贸易方式可以将产业转移至发展中国家。这样既可以获得转让设备和技术的价款，又可以从返销商品的销售中获利，可谓一举两得。

6.3 我国技术输出战略

6.3.1 功能部分性技术输出

随着世界新技术革命的深化和新兴技术产业的发展，国际技术贸易日益扩大，其中以发达国家之间的技术转让为主。日新月异的技术发展大大缩短了产品的生命周期，客观上也加速了技术转让进程。一般来说，技术贸易的显著扩大还只停留在传统技术领域，各国为了维护自己在高新技术领域的垄断地位，纷纷对这些领域创新技术的出口附加种种保留或限制。例如，某国出口一项专利技术时将生产工艺方面的关键技术予以保留，结果使技术引进方的生产效率远远低于技术输出方。

此外，某些国家从本国或本集团的政治、军事、外交及经济目的出发，对某些战略意义的技术和高技术产品的出口予以限制或禁止，即贸易管制。例如，美国对华出口管制产品和技术包括核材料、电子产品、计算机、通讯及信息安全等十大类，其中管制重点涉及核技术、航空航天技术、导弹制造技术、生化商品和技术、高性能计算机、通讯及信息安全、材料加工等高技术领域。在这些受管制的技术领域，输出方对输出的技术做了很多保留，最核心的技术内容一般不会输出，引进方也只能获得该项技术的某一部分功能。有鉴于此，在不断拓展海外市场的同时，出于国家安全和长远经济利益的考虑，我国也应对某些领域的创新技术出口作必要的保留和限制。实施功能部分性输出，可以使企业在获得专利技术使用费的同时，又在一定时期内保持该技术的领先地位，为企业创造更多的财富。

6.3.2 区域限制性技术输出

从出口市场来看，我国对外技术输出过于集中。多年来，我国外贸出口较多依赖美欧和以日本、香港地区、东盟为代表的亚洲市场，新兴市场的份额增长一直偏低。2004年，我国对日、美、欧盟的出口占出口总额的51.51%。❶过高的出口依存度和出口市场过于集中，不利于应对突发状况。如果这些国家和地区实施大规模的贸易管制或对我国采取反倾销等措施，将极大地影响我国对外贸易。为此，在输出技术时，我们要注意区域平衡，必要时要对某一区域的输出量进行限制以保证贸易平衡和贸易安全。从企业自身发展角度考虑，对不同国家和地区应采取不同的技术输出战略。这需要借助于专利信息系统。分析专利信息，考察各国的强势技术和弱势技术情况，结合本企业技术特点，企业可以有选择地输出技术，以保持自己的竞争优势。

由于专利权受地域限制，一项专利技术不可能在每个国家都拥有专利权。分析专利信息，找出竞争对手没有布局专利的国家和地区，有助于尽早占领部分外国市场。

---

❶ 孙景舒，普杰. 我国对外贸易依存度分析[J]. 开放导报，2006，1：29.

6.3.3 技术与产品同步输出

近几年，我国高新技术产品出口增长较快，已成为我国对外贸易出口的增长点。据外经贸部统计，1991年我国高新技术产品出口额仅为28.8亿美元，到了1999年出口额猛增到250亿美元，占我国商品出口的比重达12.8%；2000年1月~10月，高新技术产品出口总额又同比增长51.8%，达到外贸出口总额的14.4%。然而，我们在大量输出高新技术产品的同时，却忽略了同步输出高新技术。近年来，一些发达国家纷纷进行产业转移，将传统制造业转向国外，他们只需输出自己的专利技术就可以利用引进方的丰富人力、物力资源为自己创造财富。

一项技术出口往往能带动输出国数倍甚至数十倍的产品出口。在一般情况下，在引进工业技术时，引进技术方会接受技术输出方所提出的购买有关产品的条件，技术输出方既可以赚取技术转让费，又可通过提供有关设备、原材料、零部件来控制和占领输入国的商品市场。在进行技术贸易过程中，我们要尽量实施技术、产品同步输出的战略，在保持高新技术产品出口量稳步增长的同时，逐步加大专利技术出口力度，开创对外技术贸易新局面。

本章思考与练习

一、简述专利情报的特点？
二、实施生产收买战略的目的有哪些？
三、试论我国企业实施创新引进战略的战略意义？

第七章 技术标准化中的专利战略

本章学习要点

1. 技术标准与专利的关系
2. 发达国家的技术标准化战略
3. 发达国家技术标准化中的专利技术壁垒
4. 我国企业的技术标准化战略
5. 我国企业技术标准化中的专利战略
6. 我国企业技术标准化与专利战略的推进模式

7.1 技术标准与专利技术

7.1.1 技术标准概述

7.1.1.1 技术标准的定义及其特征

所谓技术标准，是指一种或一系列具有一定强制性要求或指导性功能，内容含有细节性技术要求和有关技术方案的文件，其目的是要相关产品或服务必须达到一定安全要求或市场进入要求。技术标准的实质，就是对一个或几个生产技术设立的必须满足的条件和实施技术要求。技术标准包含两层含义：(1)对技术要达到的水平划了一道线，未能达到这一标准的就属于不合格技术；(2)技术标准中的技术是完备的，未能达到生产技术标准的，可以向标准体系寻求技术许可。❶

从技术标准的定义可以看出技术标准具有以下特征：(1)普遍适用性，技术标准强调在整个技术领域内推广应用。(2)统一性，即技术标准为企业的生产制定了一个统一标准，未达标准的就属于不合格产品。(3)双重性，即指技术标准在提高产品质量、保护国家安全和消费者利益方面具有

---

❶ 张平，马骁. 技术标准与知识产权的关系——"企业技术标准与知识产权战略"专题之二[J]. 科技与法律，2003，2: 112.

合法合理的一面，同时兼具贸易保护功能；技术标准具有合理合法和隐蔽的双重性质，正日益成为国际贸易保护主义的高级形态。（4）垄断性，由于专利权有地域性和排他性，一旦专利和技术标准捆绑在一起并得到普及就会形成垄断。

7.1.1.2 技术标准的分类

技术标准按照不同标准可以划分为不同类型。根据标准制定人和技术标准地位的不同，可以将技术标准分为法定标准、事实标准和普通标准：

（1）法定标准，是指政府标准化组织或政府授权的标准化组织建立的标准。

（2）事实标准，是指单个企业或者具有垄断地位的极少数企业建立的标准。事实标准是某生产商凭借技术主导地位使自己的产品技术逐渐成为行业通用标准，其他企业产品若与之不符或不兼容，将很难在市场中生存。微软公司的Windows操作系统和Intel公司的Intel微处理器所共同形成的"Wintel"就是典型的事实标准。

（3）普通标准，是指由私人标准化组织建立的标准。与"法定标准"不同的是，制定普通标准的组织并非政府，而是由多个企业组成的私人标准化组织。普通标准是今后技术标准的发展趋势，尤其是在高新技术领域。6C联盟和3C联盟的DVD标准是典型的普通标准。

根据技术标准的执行严格程度，技术标准可以划分为推荐性标准、协调性标准和强制性标准：

（1）推荐性标准，是国家鼓励自愿采用的、具有指导作用而又不宜强制执行的标准，即标准规定的内容具有普遍指导作用。使用推荐性标准的目的是为了对产品开发商的产品设计、发展进行指导，避免低水平重复设计和开发以及不协调的发展。

（2）协调性标准，主要是为产品生产方和订购方商定合同提供依据，以保证产品质量达到客户要求，是一种中等严格执行程度的标准。

（3）强制性标准，是指国家要求必须强制执行、不允许以任何理由变更或违反各项技术内容的标准。强制性标准主要用于规定安全、卫生、环境等以及法律规定必须严格执行的事项，是一种严格执行程度要求很高的标准。

另外，根据技术标准实际作用范围的不同，还可以把技术标准分为国际标准和区域标准，国家标准和地方标准等不同种类。

7.1.1.3 技术标准的作用

(1) 技术标准已成为企业竞争的新武器

拥有技术标准中核心技术的企业可以垄断市场，从而限制其他企业在同一市场上的竞争。思科诉华为即是一个典型案例。作为事实标准拥有者的思科取得了垄断地位，拒绝向华为许可私有协议，限制了华为在北美市场的扩张。拥有了技术标准，即使其他企业参与同一市场上的竞争，也要付出高额的专利许可费，大大增加了竞争对手的生产成本。例如，在 DVD 事件中，6C 和 3C 联盟就是利用事实标准向我国 DVD 生产商收取了高额的许可费，削弱了我国 DVD 生产商的竞争力。

(2) 技术标准成为新型贸易保护手段

由于 WTO 规则的限制，关税壁垒的作用逐渐减弱，但发达国家依靠强大的技术支持在发展中国家面前重新竖起了一道道贸易保护的技术壁垒，技术标准即是其中之一。欧盟拥有通过设置技术标准阻挡他国产品进入最多的地区，在汽车、电机、机械、制药和家电等类产品方面尤为明显。欧盟 2002 年公布了针对打火机的 CR 法案，要求销往欧盟市场低于 2 欧美元的打火机必须安装安全锁。这一标准的目的虽是为了保护儿童的安全，但由于围绕这一标准的技术已被欧盟国家的公司申请了很多专利，要达到 CR 法案标准，中国企业必须支付专利使用费。削弱中国打火机在欧盟市场的竞争力的目的基本实现。

(3) 技术标准成为获取高额利润的工具

技术标准的制定和实施迫使生产商使用技术标准中的专利技术。技术标准中专利技术的拥有者在得以推广专利技术的同时获得了高额的许可费用或转让费用。"三流企业卖劳力，二流企业卖产品，一流企业卖技术，超一流企业卖标准"已经成为高科技时代的真实写照。美国高通公司就是一家专门靠卖标准获得可观经济收益的公司。2001 年，我国信息产业部与高通公司就有关中国生产 CDMA 标准手机进行谈判时，高通公司就专利技术许可费开价为每部手机 360.80 元。按照三年生产 2800 万部手机计算，中国要付出 104 亿元的许可费。❶ 再如，韩国数字电视机采用了美国 ATSC 标准设计了电视接收集成电路芯片，即使由自己完成设计和生产工作，每套也要向美国交纳 30~40 美元专利技术费。如果我国也全套采用外国数字电视技术标准，按中国市场 3 亿台的销量计算，我国要交纳 1000 亿人民币的

---

❶ 张平，马骁. 标准化与知识产权战略 [M]. 第 2 版. 北京：知识产权出版社，2005：11.

技术许可费。[1]

7.1.2 技术标准与专利的关系

7.1.2.1 技术标准与专利技术结合的必然性

专利权本质上属于独占权,而技术标准本质上却属于一种社会公共资源。设定技术标准主要是为了保障产品的互换性和通用性,因而标准应该具有公开性和普遍适用性。强调行业推广,其实与独占性并无关联。诞生伊始的技术标准与现代技术标准相去甚远,那时的技术标准着眼于服务社会,不具有私权属性。早期制定的标准都尽可能避免将专利纳入其中,只是在步入知识经济时代以后才将专利技术放入技术标准之中。随着新技术领域专利技术的大量出现,专利对技术标准的影响越来越大。当一项专利技术先进且适应市场需求时,专利便可能与技术标准结合起来了。依仗专利权的保护,借助技术标准的平台,专利技术可以寻得更大利益。技术标准为产品设计了市场准入条件,排斥"不合格"产品,只为符合技术标准的产品开绿灯。这就是专利的排他性和标准的统一性结合在市场竞争中所发挥的威力。

技术标准与专利的结合,倡导了一种新理念的技术领域竞争和技术许可贸易的新规则。在当今世界,谁掌握了技术标准的制定权,谁就占据了市场竞争的主动地位,也就有了将技术转化为经济收益的能力。同时技术标准与专利的结合,也成为技术型国家实施非关税壁垒的重要手段,强化了专利型技术壁垒对贸易的影响。

7.1.2.2 技术标准与专利的关系

1. 技术标准与专利的关联性

(1) 专利是形成技术标准的基础

制定技术标准的公司通常会有很多关键技术已获得专利权。为了谋求对技术标准的控制地位,引导技术标准的发展方向,企业会设法将自己的专利技术融入技术标准。美国高通公司的 CDMA 移动通讯标准,就是以自己的 1400 多件专利为支撑的。IBM 在美国拥有 17500 件有效专利,在全世界范围内拥有 32000 件有效专利,每年基于技术标准的专利许可费收入就达 15 亿美元之多。6C 联盟所掌握的生产 DVD 的核心技术背后也有 2000 多件专利,而且 6C 联盟将 1500 多件专利捆绑起来联合许可,对其他生产商构筑起了坚固的技术壁垒。以此为基础,日立、松下、三菱、飞利浦、

---

[1] 邓颖禹. 刍议现阶段技术专利标准竞争态势 [J]. 商业时代, 2002, 22: 61.

先锋、索尼、汤姆逊、时代华纳、东芝、JVC等10家跨国公司联合发起了DVD论坛，共同制定了DVD技术标准。

技术标准之争是为了争夺专利技术的市场，争夺方式就是垄断。想要实现垄断，就必须拥有垄断性的技术标准，而技术标准的垄断则靠专利来支撑。利用专利的地域性和排他性，技术标准得以普及、推广，排斥不符合技术标准的产品，从而形成垄断。

(2) 技术标准是专利推广的最高表现形式

将专利技术纳入技术标准对专利效益最大化具有重要意义。未被纳入技术标准的专利技术，受专利地域性影响难以被广泛使用。一旦纳入技术标准这一市场准入条件之中，生产同一类产品的其他企业就必须适用该标准，从而必须支付专利许可费。专利技术纳入技术标准之后，专利权人不仅可以就专利技术的使用收费，还可以凭借市场竞争优势（如控制专利许可证的发放，阻止竞争对手进入市场，或者企业将技术标准作为左右市场的游戏规则），使众多厂商、用户以及竞争对手不得不跟随其后。从这个角度来看，专利与标准的捆绑使得专利具有战略价值，而非简单的许可收费问题了。[1] 例如，Intel公司不断推出芯片产品，从8080、8086、286、386、486系列一直到Ⅰ、Ⅱ、Ⅲ、Ⅳ系列。每推出新一代芯片，所有配套零部件都要随之更换，因为芯片是计算机硬件系统的基础平台，而从芯片到主机板、从主板到计算机整机是一条完整的价值链。如果不能跟随新芯片推出新的配套零部件，厂商就会被淘汰出局。作为中国主机板的重要制造商的联想，就紧跟Intel公司芯片升级步伐不断创新换代主机板，否则就会从价值链中消失。通过技术标准，Intel公司实际上控制了计算机市场竞争的节奏和游戏规则，正如Intel副总裁所言"智者依标准而行"。如果以是否获得专利为一项技术研发成功与否的标准，那么一项专利技术被成功写入技术标准则意味着市场开发的成功。

专利技术纳入技术标准对于国家经济发展亦有重要影响。一件专利在一个企业运行，可能只影响该企业的利益，一旦纳入技术标准就可能影响一个行业，有时甚至直接关系到国家利益。如果欧盟国家仅仅拥有打火机安全锁的专利，或许我国打火机生产商并不一定会使用，但当欧盟将这个专利纳入技术标准后，专利的威力大增。我国的打火机必须符合这一标准方可进入欧盟市场，而达到这一标准就必须使用安全锁的专利技术。专利

---

[1] 冯晓青. 企业知识产权战略 [M]. 第2版. 北京：知识产权出版社，2005：178.

许可费使生产成本大大提高,本来靠价格取胜的我国打火机生产商在欧盟市场的竞争力被大大削弱。正是利用专利与标准的捆绑,欧盟国家的企业不仅获得许可费,而且保护了本地区的打火机产业。

2. 技术标准与专利的冲突

技术标准与专利技术在一定程度上相互依赖。如果专利权人不想将自己的专利技术纳入标准,或者想建立另外一个对自己更有利的标准,或者由于不同意标准制定组织的专利许可费价格等原因,专利权人有可能拒绝将专利技术纳入技术标准之中。在这种情况下,任何标准制定组织都无权要求专利权人将这些专利技术无偿提供给他人使用,即使这些专利技术是标准中的核心技术,否则将构成侵权。由此可见,一旦专利权人拒绝专利许可,就会阻碍技术标准的制定与实施。技术标准与专利权的冲突,其实质是专利权人的私人利益与行业整体利益之间的冲突。[1]我国国家标准化管理委员会正在起草的《在制定国家标准中涉及专利技术的暂行规定》就力求能妥善解决两者之间的冲突,促进技术标准采用新技术,保障专利权人的合法权益。

7.1.2.3 专利上升为技术标准的条件

虽然专利权人都希望自己的专利能够纳入技术标准之中,以获得专利效益的最大化,但是并非所有的专利都能纳入技术标准。专利上升为技术标准是有条件的,其中最主要的就是专利技术在整个技术标准体系中的必要性。这种必要性体现在两个方面:其一,该专利技术不可缺少,即没有其他的非专利技术或专利技术可以替代;其二,该专利技术必须与标准针对的产品或技术方案直接联系并且相对应。只有具有必要性的专利技术,才可纳入技术标准。这种必要性的取得并不简单,没有技术上的强劲实力和市场认可,专利技术就不可能成为必要技术。一般而言,专利技术成为技术标准要经过以下历程:专利→实践检验→成熟→工业化生产→市场认可→推动行业技术进步→保持行业中技术领先地位→标准。[2]

7.2 发达国家的技术标准战略与专利技术壁垒

7.2.1 发达国家的技术标准战略

7.2.1.1 技术标准战略的内涵及特征

通常认为,技术标准战略是指一种围绕技术标准而制定的使企业在竞

---

[1] 朱晓筱,朱雪忠.专利与技术标准的冲突及对策[J].科研管理,2003,1:141.
[2] 张勇刚,张素亮."专利性技术标准":一种新的知识产权形态[J].建筑科技,2005,11:62.

争中处于有利地位的总体谋划。为了更为准确地诠释内涵和外延，本文对技术标准战略所作的解释是：通过有效运用现有技术标准或通过技术标准的创新，在技术竞争和市场竞争中谋求国家或企业利益最大化的一种战略。技术标准战略具有以下特征。

1. 垄断性

技术标准常常与专利捆绑，这是当今世界技术标准发展的重要趋势。技术标准已成为专利推广追求的最高体现形式，技术标准之争实质上就是争夺专利垄断地位的斗争。国外企业运用技术标准战略的方式之一，就是在新产品开发之初就将专利战略与标准战略并行运作。将专利上升为标准（尤其是行业标准或国际标准）后，他人在使用标准时就必须使用标准中内含的专利技术，从而有助于实现经济利益的最大化。美国高通公司实施的技术标准战略，就是以拥有 CDMA 国际移动通讯标准背后 1400 多件专利为依托的；对高通公司而言，专利使用费收益成为其收益的主要来源。

2. 扩散性

从控制市场角度来看，技术标准有别于专利。如果说一件专利对应一件产品，技术标准所对应的就是一个技术群落。技术标准往往决定了某一行业的技术路线，并可以最终决定企业产品的发展方向。技术标准的扩散性特征赋予了它非同寻常的影响市场、控制市场能力。一般而言，如果产品技术被国际标准采用或成为事实上的国际标准，就会迅速扩散，从一个国家扩散到多个国家，甚至扩散到全球。例如，由于欧洲研制的 GSM 制式手机成了欧洲标准，仅在 2000 年 6 月至 2001 年 6 月这一年的时间里，欧洲 GSM 技术标准就普及到了 135 个国家，控制了世界 66％的市场，成为事实上的国际标准。❶ 标准的技术扩散性为技术标准战略的应用创造了条件。

3. 国际性

制定技术标准战略的目标就是要通过技术标准来拓展或控制市场。在经济全球一体化的背景下，国际市场一体化进程也在加快。在以国际市场为目标的争夺战中，必然要牵扯到国际上的各方力量，因而技术标准战略的制定、实施必须考虑到国际化这一因素。

4. 政治性

由于涉及某一行业领域的控制权，事关国家重大经济利益（3G 通讯标

---

❶ 陶琼．实施技术标准战略应对经济全球化的挑战［J］．中国标准化，2004，6：26．

准将决定数千亿美元资金的流向),因此许多国家都将技术标准战略上升为国家战略的高度。美国、日本、英国、澳大利亚等主要发达国家都已经制定了自己的技术标准国家战略,并通过技术标准设置贸易技术壁垒,从而控制国际市场。这就是技术标准战略的政治性特征。

7.2.1.2 技术标准战略兴起的背景

最近几年,一些国际标准化组织、区域性标准化组织和主要发达国家都开始制定并实施技术标准战略,动作之大、影响之广备受关注。近期之所以兴起技术标准战略,主要是因为在 WTO 框架下的世界经济一体化趋势增强,各国之间经济依赖关系加深。经济和技术的交流打破了原有狭小经济圈,逐渐形成了全球经济圈和全球大市场。出于市场秩序维护和控制的考虑,应该要建立市场参与者必须共同遵守的一些规则,技术标准正是这些规则之一。在保证商品质量、提高市场信任度方面,在加速商品流通、推动全球大市场发展方面,技术标准都具有不可替代的作用。

技术标准战略的兴起还有其他多种原因。许多国家和企业已经意识到,技术标准是市场竞争的有力武器,开发技术标准比开发新产品更具战略意义。如果一个企业的技术标准被提升为国际标准,则可以带来巨大收益。技术标准可能影响一个产业的技术路线,甚至可能影响整个国家的经济利益。有些发达国家还意识到,他们当前所面临的国际标准竞争不是单纯的技术问题,而是一个战略问题,必须把参与国际标准的制定提高到战略高度,采取有决定意义的战略措施,占据国际市场竞争的主导权。各国的技术标准战略正是在这样的大背景下产生的。

7.2.1.3 主要发达国家的技术标准战略

在已取得国际标准竞争丰硕成果的基础上,欧盟进一步推行国际标准化战略,牢牢控制了国际标准的制高点,正在实施"控制"战略。凭借经济实力最大、技术能力最强的超级大国优势,美国在控制现有领导权的基础上,全力争夺国际标准的制高点,正在实施"控制、争夺"战略。依靠强大的经济实力和技术能力,日本在拼命争夺国际标准的制高点,正在实施"争夺"战略。

1. 欧盟技术标准战略

1998 年 10 月,欧洲标准化委员会(CEN)和欧洲电工标准化委员会(CENEIFC)相继发布了 CEN2010 年战略和 CENEIFC2010 年战略。该战略的核心是,充分利用《维也纳协定》和《德累斯顿协定》来制定国际标准,以便在国际标准化活动中扮演重要角色。战略要点主要包括:①支持欧洲单一市场的形成；②加强欧洲产业在世界市场的竞争力；③在国际标准化活动中形成欧洲统一地位；④重申与ISO和IEC签订的《维也纳协定》和《德累斯顿协定》的重要性；⑤深刻认识欧盟作为制定欧洲标准利益方的重要意义。

1999年10月28日，欧盟通过了欧洲理事会决议"欧洲标准化的作用"战略决议。这一战略旨在建立强大的欧洲标准化体系，对国际标准化产生更大的影响，承担更多的秘书处工作并努力将欧洲标准推荐为国际标准，力争国际贸易的主动权。欧盟标准化战略的要点包括：①建立强大的欧洲标准化体系，进一步扩大欧洲标准化体系的参加国。②继续为欧洲标准化活动提供财政支持。欧盟和欧洲自由贸易联盟（EFTA）的资金占欧洲标准化委员会（CEN）收入的49%。③欧盟各国在国际标准化组织中的标准化提案要协调一致。[1]

2. 美国技术标准战略

20世纪70年代以前，世界头号经济强国——美国并不重视国际标准化活动，在对外贸易中强调以美国标准为依据，以专利技术作为国际经济竞争的主要手段。由于某些国际标准中并没有纳入美国的专利技术，在每1500亿美元的进出口贸易中，美国遭受了200亿至400亿美元的技术壁垒。遭受的巨大经济损失迫使美国调整策略，转而重视技术标准战略。

从1998年9月至2000年9月，美国耗费两年时间制定了美国技术标准战略。美国标准化战略的目标是：加强国际标准化活动，使美国技术进入国际标准，承担更多的ISO、IEC秘书处工作。战略的重点领域包括健康、安全、环保等方面。美国标准化战略包括12项战略要素、62项战略措施。这一战略的要点包括：①扩大美国的标准体系，将所有有贡献机构纳入标准体系；②美国要在几个主要技术领域重点开展ISO、IEC工作；在所有国际标准化活动中始终如一地作出贡献，努力制定反映美国技术的国际标准；③为将标准作为满足管理要求的一种手段而在全世界进行协调；④提出一个向国外展示美国技术、标准和过程价值的全面计划；⑤对公私行业决策者进行标准价值方面的教育；⑥为标准化基础体系建立稳定的筹款机制。[2]

美国技术标准战略的要旨是：以企业协会为主体，以产业界自律和自

---

[1] 杨辉. 技术标准战略刍议 [J]. 航天标准化，2004，2：8.
[2] National Standards Strategy for the United States [EB/OL]. [2007-04-21]. http://www.ansi.org/standards-activities/nss/nss.a-sox? menuid=3.

治为特征，以自愿加入与自由竞争为运作形式。政府一般并不干预技术标准的制定，也不强制技术标准的执行，仅对在竞争中脱颖而出的民间协会和企业标准进行扶持，帮助推广并推向国际市场。

美国是一个技术标准数量繁多的国家。由于科技、工艺、配方等诸方面都很发达，美国制定的技术标准往往是相对独立且具有很高水准。美国利用安全、卫生检疫以及各种包装、标签等规定对进口商品进行严格检查。除了要求进口商品满足 ISO9000 系列标准之外，美国还附加了许多其他限制，具有较强的保护主义色彩。

在对待技术标准方面，美国的技术标准战略具有两面性。在极力倡导贸易自由化的同时，积极制定了维护自身利益的在技术标准及其相应法规。美国的技术贸易壁垒大大超出了 WTO《技术性贸易壁垒协定》所作的"不得作为对其他国家歧视或对国际贸易隐蔽限制手段"的规定。

3. 日本技术标准战略

2001 年 9 月，日本完成了日本标准化发展战略的制定任务，发布了标准化战略。这一战略的制定，耗时两年三个月，投入专项资金 50 亿日元。按照日本 2000 年 4 月发布的《国家产业技术战略》以及 2001 年 3 月内阁会议上批准的科学技术基本计划中有关标准化战略要求，日本标准化战略将下述三个方面内容作为标准化发展战略的重点：①确保标准的市场适应性和效率；②制定国际标准化活动的战略；③协调统一标准化政策和研究开发政策。同时将下述四个领域作为标准化重点领域：①信息技术标准化；②环境保护标准化；③反映消费者、老年人、残疾人需求的标准化；④制造技术、产业基础技术的标准化。日本标准化战略包括 3 个战略目标、4 个重点领域、12 项策略、46 项措施；将确保标准的市场适应性及效率、国际标准化活动战略以及标准化政策和研究开发政策的协调统一作为战略目标；将信息技术标准化和制造技术、产业基础技术的标准化作为重点领域。❶

4. 澳大利亚技术标准战略

澳大利亚技术标准战略的核心是：注重推动标准创新战略，注重国际化战略，积极参与产业界技术标准的制定，注重科学研究开发与技术标准战略相协调，把标准化作为通向新技术与市场的工具，深刻认识以标准化为目的研究开发的重要性。注重与国际标准组织的协调，为国际标准组织

---

❶ 王金玉. 日本标准化战略[J]. 世界标准信息，2002，9：25.

提供便利。澳大利亚是从政策层面积极鼓励企业参与国际技术标准的制定，励企业积极参与 ISO、IEC 等国际标准组织有关标准的制定工作，努力提高在国际标准活动中的影响力。在澳大利亚国家标准战略中，首要的战略还是标准国际化战略。❶

5. 加拿大技术标准战略

加拿大标准审议会（SCC）于 2000 年 3 月发布了加拿大标准化战略，旨在全球经济发展中增进加拿大的社会福利和提高经济发展水平。战略的重点领域包括健康、安全、环境和贸易等诸多方面，强调加强国际标准化活动，加大将区域标准（北美标准）转化为国际标准的力度。❷

7.2.1.4　主要发达国家技术标准战略的特点

综观主要发达国家的技术标准战略，虽然各自表述和侧重有所不同，但具有以下共同特点。

1. 注重标准的国际化

发达国家都把国际标准化战略放在整个标准化战略的首要位置。TBT 协定强调各国在制定技术法规、标准时，应以国际标准为基础；国际标准化机构在制定国际标准过程中要真实地反映各国情况，最大限度地确保标准的透明度、开放性、公平性。为了保证国际标准充分体现欧洲利益，欧盟最大限度地控制国际标准化活动的技术领导权，承担了 ISO 的 60％、IEC 的 50％的 TC 秘书处工作。欧盟积极争取主持制定国际标准，已经主持制定的国际标准占国际标准总数的 50％左右。欧盟还极力提倡在世界范围内采用国际标准，倡导开展国际认证。欧盟成功地将本地区技术标准制定成国际标准并向全世界推行。❸

美国在几个主要技术领域重点承担或从事 ISO、IEC 的秘书处工作，同时积极参加所有国际标准化活动，努力制定出反映美国技术的国际标准。针对国际标准化活动，日本制定了相应的战略措施；1979 年制定了《JIS 标准与国际标准整合化原则》，承担了 20 多个 ISO/IEC 的 TC 秘书处工作并积极推进亚太地区的国际标准化活动。

2. 强调市场的适应性

所谓市场的适应性，就是要充分反映市场的需求，保证技术标准能够有效地适用，从而能够更好地为生产、贸易、科研服务，为消费者服务。

---

❶ Austrlia standards Strategy［EB/OL］.［2007-04-21］. http://www.agimo.gov.au/practice/mws/metadata.
❷ 杨辉. 技术标准战略刍议［J］. 航天标准化，2004，2：9.
❸ 王金玉，徐萍：《研究制定我国技术标准国际战略的紧迫性［J］. 世界标准化与质量管理，2003，8：25.

不同的技术标准应由不同部门制定，行业技术标准应由行业性技术标准组织自行制定，而法定标准组织一般只制定公共性的技术标准。例如，在美国，国家对技术标准的制定采取以企业协会为主体，以产业自治、自愿加入、自由竞争为主的技术标准运作模式，政府一般不干预技术标准的制定。这种政策使制定出的技术标准能够有效地适应市场需求，充分发挥技术标准在统一规则、提高竞争力方面的效用，值得我国借鉴。

3. 强调科技研发与技术标准制定相结合

在制定技术标准战略中，各国都强调标准制定与科技研发的结合，都强调企业要在核心技术研发初期就运用技术标准战略，而不是在核心技术研发成功以后才考虑将之上升为技术标准。各国都推进标准化政策和产业创新政策的一体化，建立支持标准化研究的开发体系，增加科研预算经费。例如，日本规定将科研人员参加标准化活动的水平作为个人业绩加以考核。美国也规定，科研人员有义务参加国内、国际技术标准活动并作为业绩考核指标，政府为科研人员参与标准化活动提供财政支持。1999年，美国联邦政府机构有2800多人参加了标准化机构的活动。

4. 将信息、环保、制造等领域技术标准作为战略重点

信息技术是实现国民经济增长、推动信息化社会进步的重要基础领域，是当今技术标准争夺最为激烈的领域，也是最有希望实现跨越式发展的领域。发达国家均把这一领域作为标准化战略的重点领域。环境保护和资源循环领域是能够让社会受益的公益性领域，是关系社会能否可持续发展的重要领域。发达国家把这一领域作为标准化战略的重点领域，纷纷采取积极对策。制造技术和产业基础技术是产业的支柱，是促进国民经济增长的重要领域，也是当今技术标准争夺较为激烈的领域。忽视将这一领域的标准的国际化，也有可能会丧失产业竞争力。

7.2.2 发达国家技术标准化中的专利技术壁垒

7.2.2.1 技术贸易壁垒与专利的结合

技术性贸易壁垒，是指一国政府或非政府机构以国家安全或保护人类健康与安全、保护动植物的生命与健康、保护环境、防止欺诈行为等为由，所采取的可以成为其他国家商品进入本国市场实实在在障碍的一些技术法规、标准、包装、标签以及符合这些要求和确定产品质量及适用性能的认证和检验、检疫的规定和程序。❶ 在WTO规则下，关税壁垒已经不再成为国际贸

---

❶ 王江，郑小玲. 技术性贸易壁垒的新趋势——与知识产权相结合 [J]. 对外经济贸易大学学报，2005，5：17.

易保护的主要手段，而技术壁垒却成了各国主要的非关税贸易壁垒，这是因为技术标准、技术法规赋予了 TBT 实施名义上的合理性、形式上的合法性与手段上的隐蔽性。无论是实质，还是表现形式，技术贸易壁垒都与专利密不可分，技术贸易壁垒与专利紧密结合。运用技术标准、专利构建更加严密、更加复杂的专利技术壁垒已经成为一种趋势。有些技术标准名义上是为了保护环境或消费者权益，实质上背后隐藏着专利大棒。由于符合新标准的替代技术已经由发达国家申请了专利，我国产品要进入市场就必须以购买专利技术为代价，而高昂的专利许可使用费使我国产品低成本的优势丧失殆尽。前述的温州打火机事件正是欧盟运用专利技术壁垒限制我国打火机出口的一个典型范例。专利技术壁垒对于占领和控制市场作用巨大，逐渐成为发达国家的非关税壁垒一种主导形式。

7.2.2.2 专利技术壁垒的特点

由于专利技术壁垒将技术贸易壁垒与专利相结合，因而与一般技术贸易壁垒相比具有以下特点。

1. 隐蔽性和合法性

专利的无形财产属性使得专利技术壁垒具有隐蔽性特点。专利权人拥有合法的垄断权又赋予了权利人垄断的合法性。实施知识产权壁垒所依据的法律都是基于 WTO 的 TRIPS 制定的，各成员的知识产权法律制度不仅要保护本国专利权人的利益，也要保护非本国专利权人的利益，知识产权法律制度至少在形式上对所有人都应平等对待。正是基于这些原因，专利技术壁垒具有符合 TRIPS 等国际规则的合法性特征。也正是基于这些原因，专利技术壁垒的受害方很难抗争，通常只能接受现实而承担自己的损失。

2. 时间性和地域性

专利权要受到期限限制，一旦法定期限已到，专利权就不复存在。专利的时间性决定了专利技术壁垒亦具有时间性。此外，专利权还具有地域性，这同样决定了专利技术壁垒只能在专利受保护的国家发挥效力。

3. 歧视性和限制竞争性

发达国家往往利用雄厚的技术基础，针对不同国家设置不同的技术壁垒。专利技术壁垒的歧视性，首先体现在对发展中国家与发达国家的巨大差异视而不见，将已制定的标准强加给发展中国家；❶其次表现为价格歧视，如微软公司将在美国市场售价不足 100 美元的 WINDOWS 软件投放中国市场销售

---

❶ 张薇等. 知识产权壁垒初探 [J]，重庆社会科学，2005，5：73.

时，定价提高到 1998 元人民币。在中国市场的售价是美国市场售价的 2.5 倍。

通过设置专利技术壁垒，发达国家迫使出口商支付专利使用费，从而达到提高竞争者生产成本，削弱竞争者产品出口竞争的目的，这就体现了专利技术壁垒的限制竞争性。前述 DVD 专利使用费案件即是明证。专利技术壁垒比一般贸易壁垒更具有限制竞争的危害性。

7.2.2.3 专利技术壁垒的主要表现

1. 在国际范围内申请专利

通过在他国大量申请专利，外国企业可以将高技术领域一个个新技术圈进自己的堡垒，既为自己筑起了一道专利壁垒，又可以打压他国尤其是发展中国家科研立项和生产的空间。从 20 世纪 90 年代开始，跨国公司开始在中国有计划、有规模地申请专利。在华专利申请量以平均每年 30% 的速度高速增长；到 2008 年底，外国人在中国发明专利申请量已高达 70 万件。日本企业到中国申请专利的数量最多，其次是美国和韩国。这些申请专利的技术都具有很高水准。电子信息、生物医药、新材料等领域的高科技核心技术都被少数跨国公司掌控，像高通、诺基亚、西门子等少数几家跨国公司就掌握了 80% 以上的通信专利技术。[1]一旦这些专利技术被用作贸易壁垒，将会对我国对外贸易产生严重影响。由于或多或少会触及在我国已有专利的 Intel 等国际知名企业的知识产权垄断地位，我国自主研制生产的"龙芯"CPU 被限制在狭窄的技术创新空间内举步维艰。

2. 跨国公司贸易内部化

有关统计数据表明，目前世界贸易的 75%、工业生产的 60%、高新技术转化的 80% 是在跨国公司之间完成的。为保持在高技术领域的垄断优势，一些发达国家的跨国公司有将专利或含有专利的商品的贸易高度内部化的倾向，具体表现为跨国公司的高技术或含有这些技术专利、专有技术的商品主要流向自己拥有多数或全部股权的国外子公司。即便有技术创新成果与企业现有经营不相吻合的情况，企业也不会轻易让出该技术，而是将它作为交叉许可的筹码来换取其他企业的技术。这种内部化贸易倾向限制了商品和技术的流通，形成了专利技术壁垒。与一般非关税壁垒措施不同，专利技术壁垒是由技术或技术商品的输出国主动采取的，其目的是为了限制竞争，保持自己产

---

[1] 罗方. 如何应对知识产权壁垒 [J]. 合作经济与科技，2006，8：8.

品的市场优势甚至独占地位，比一般非关税壁垒更具垄断性。❶

3. 择时发动知识产权侵权之诉

近几年，中国企业频频遭到国外企业的诉讼，诸如制造 DVD 的中国企业被 6C、3C 联盟起诉，深圳华为公司遭思科公司起诉。缘何近几年诉讼才频发？这主要是因为中国企业以前的实力尚不够，并没有对外国企业构成实质性威胁。在中国企业把国内市场培育起来之后，这些外国企业觉得到了抢占商机的时机已经成熟，纷纷提起诉讼以便削弱中国企业的竞争力并赚取巨额专利许可费。

本书第 6 章温州打火机就是国内企业遭受发达国家专利技术壁垒的典型案例。

7.2.2.4 我国遭遇专利技术壁垒的现状

发达国家所设置的专利技术壁垒对我国外贸和民族产业产生了严重的影响。2003 年，我国对外贸易在 DVD、彩电、打火机、电池、手机等行业就遭遇了技术性贸易壁垒。1999 年欧盟公布了 EC 指令，要求从 2000 年 3 月 8 日起禁止销售供 3 岁以下儿童使用的、放入口中的含 6 种邻苯二甲酸酯类增塑剂中的一种或多种聚氯乙烯软塑料玩具及儿童用品。据外贸部门统计，符合要求的替代品——柠檬酸酯已被欧美公司申请了专利。美国政府于 2000 年规定，凡进入美国市场的 13 英寸以上彩电必须具备"童锁"功能。2003 年 6 月，加拿大 Tri-Vision 公司声称自己已就"童锁"技术申请了专利，要求中国出口到美国和加拿大的彩电就"彩电童锁"交纳专利使用费；每台大约征收 1.25 美元或总售价的 0.9%。❷ 2003 年，华为公司也遭到思科公司依据美国 337 条款提起的诉讼。此时，华为刚刚将自己的产品出口到美国。假如赔偿，数额可能不大；但如果遭遇禁令，华为在美国的出口将被封杀，华为从此将被挤出美国市场，损失可想而知。

337 条款是美国企业利用专利技术壁垒对付国外企业的"法宝"。美国国际贸易委员会目前调查的 11 起诉讼中，有 4 起是针对中国企业的。近三年来，美国企业动用 337 条款起诉中国出口产品的诉讼已有 17 起。❸ 面对如此严峻的形势，中国企业应该分析原因，寻找突破这一壁垒的方法。

7.2.2.5 我国企业遭遇发达国家专利技术壁垒的原因

1. 外在原因

在我国加入 WTO 以后，发达国家对我国采取的关税和数量限制等传统

---

❶ 朱茂琳. 宁波出口面临知识产权壁垒及应对策略 [J]. 宁波广播电视大学学报，2005，3：34.
❷ 王江，郑小玲. 技术性贸易壁垒的新趋势——与知识产权相结合 [J]. 对外经济贸易大学学报，2005，5：18.
❸ 罗方. 如何应对知识产权壁垒 [J]. 合作经济与科技，2006，8：8.

贸易壁垒已大幅度下降，发达国家逐渐转向采取将专利技术标准与贸易壁垒相结合的专利技术壁垒，限制我国外贸出口。凭借专利的合法性这一外衣，专利技术壁垒就能在限制进口的同时获取高额专利许可费。可以断言的是，专利技术壁垒最根本的动因乃是对市场支配权、话语权的争夺，对经济利益最大化的追求。

2. 内在原因

据国际经合组织统计，美国 1999 年的科研投入为 2500 亿美元。我国一年用于研究与开发的费用只有美国的 1/40，相当于美国几所著名大学对研究开发的年投入。在电子与通讯设备制造业方面，我国投资强度（即科研投入占国民经济生产总值的比例）仅为 0.7%，与经济合作与发展组织国家相差 25 倍。❶打火机专利问题直到欧盟出现了 CR 法案才受到重视。这些事实表明，我国厂商对技术研发不够重视。许多企业即便开发研制出了适合企业发展的核心技术，也不主动寻求知识产权保护，对专利战略的研究和运用更是陌生。研发投入少、缺乏自主知识产权的核心技术、缺乏专利战略的运用是我国企业遭遇专利技术壁垒的重要原因。

7.2.2.6 我国企业针对发达国家专利技术壁垒应采取的对策

1. 创立自主核心技术，依靠专利垄断市场

面对外国筑起的专利壁垒，中国企业应该加大核心技术研发力度，建立企业主导下的研究与开发体系，尽快形成独立自主的技术创新能力，使自己获得更多专利并尽可能把核心技术申请为专利，以便从根本上规避和跨越发达国家所构筑的专利技术壁垒。例如，海尔"小神童"洗衣机已含有 26 件专利，核心技术已经得到保护，保住了自己在国内外市场的竞争优势。

2. 结合专利与标准，突破技术壁垒

中国企业生产的产品大多使用国外发达国家制定的标准。这些技术标准大多数包含了大量专利在内。在发达国家制定的标准背后，早已布满了"专利陷阱"，那些符合新标准的替代技术已被发达国家申请了专利，我国产品进入市场必须要购买受专利保护的替代技术。"谁掌握了标准的制定权，谁的技术成为标准，谁就掌握了市场的主动权，所谓'得标准者得天下'"。❷在进行核心技术研发的过程中，我国企业应将专利战略与标准战略并行运作。有实力的企业必须参与标准的制定，在专利产品尚未商业化之前，率先制定和发

---

❶ 殷宝庆. 出口企业遭遇知识产权壁垒的原因及对策[J]. 江苏商论，2004，11：121.
❷ 李健. 专利之争+标准之争[N]. 南方周末，2001-11-01（10）.

布拥有自主知识产权的标准，以参与高科技的国际市场竞争。例如，中国大唐电信集团起草的第三代移动通信世界标准 TD-SCDMA，是经我国政府和企业不懈努力而完成的，已成为继美国 CDMA2000、欧洲 WCDMA 之后的第三个国际主流标准，不仅改变了我国在通信技术领域"一代买、二代跟"的被动局面，而且为我国参与今后全球第三代移动通信产业领域的竞争赢得了优势。❶

3. 加强专利管理，冲破专利技术壁垒

为了应对国际贸易中的技术壁垒纠纷，企业有必要加强专利管理工作。在产品出口前，企业首先应就有关专利情况进行检索与分析，发现有侵犯外国公司专利可能的，应及时修改产品设计，如采用变更原有设计代以非专利技术的方法来避开侵权纠纷。基于专利技术壁垒存在时间、技术和地域等方面的限制，我国企业可以通过本土化的创新设计和组合，将对方的核心专利改进为更适合本土市场的新的专利技术。新的专利技术可能成为交叉许可的筹码，并进而成为化解专利技术壁垒良方。

4. 合理运用国际规则，改变被动应付局面

我国企业应该学会充分运用 TBT 和 SPS 协定来应对所遭遇的技术壁垒，防止发达国家对我国商品实行双重标准或其他歧视待遇，对明显的歧视性措施要坚决反击，要合理运用双边磋商或诉诸 WTO 的争端解决机制，维护自身合法利益。此外，要充分利用 TBT 和 SPS 协定有关条款，尤其是"例外条款"，改变我国疲于应付的被动局面。❷

7.3 我国企业技术标准化与专利战略

7.3.1 我国专利、技术标准竞争状态及成因分析

7.3.1.1 我国的专利竞争状态

专利竞争已经成为国际科技竞争和经济竞争的战略制高点。自 1985 年《专利法》实施以来，我国专利制度在促进科技进步和社会经济发展、保护和鼓励技术的公平竞争、促使发明创造转化为生产力方面发挥了积极作用，取得了一定成绩。然而，从整体情况来看，我国企业专利工作十分落后，存在许多问题。

---

❶ TD-SCDMA—中国移动通信产业的希望 [N]. 人民日报（海外版），2000-12-20（8）.
❷ 田芙蓉. 论与知识产权有关的技术壁垒 [J]. 信息技术与标准化，2003，9：56.

1. 发明专利申请成功率较低

从表7-1和表7-2可以看出,《专利法》实施以来的25年时间里,外国申请人提交的发明专利申请量为821267件,其中341459件获得授权,平均授权比例为41.58%;我国申请人提交的发明专利申请量为1184512件,其中268130件获得授权,平均授权比例仅为22.64%。申请成功率远低于国外发达国家,在一定程度上反映了我国申请人的发明技术质量不高。

2. 国内发明专利比例偏低

从表7-1可以看出,《专利法》实施以来的25年时间里,我国专利申请量为5060165件,其中发明专利只有1184512件,仅占总量的23.41%,绝大部分是实用新型和外观设计专利;国内专利申请量为951283件,其中发明专利有821267件,占总量的86.33%。从表7-2可以看出,《专利法》实施以来的25年时间里,我国专利授权量为2776842件,其中发明专利只有268130件,仅占总量的9.66%;国内专利授权量为453835件,但发明专利就有341459件,占总量的75.24%。我国发明专利占专利总量的比例小且申请成功率低,这将导致我国在关键技术领域落后并受制于人。

3. 职务申请比例偏低

从表7-1可以看出,《专利法》实施以来的25年时间里,我国申请人所申请专利的44.5%属于职务申请,而国外申请人的这一比例高达96.1%。这说明我国以个人为专利申请主体,而国外则以企业为专利的申请主体。与个人相比较,企业作为申请主体具有许多优势。例如,企业有专业化的研究条件和资金保障,有利于将专利转化为现实的生产力。职务申请比例偏低,反映我国企业创新能力较低,开发新产品能力不足,竞争能力较差。

4. 国内企业国外申请专利少

专利先行是国际市场竞争的惯用战略。外国企业在中国加紧"专利圈地"时,中国仍然依赖低成本优势向国外大量出口商品,很少有到国外去申请专利的。1999年之前,中国在国外申请发明专利的数量一年只有300件左右,2000年、2001年国外发明专利申请量虽然有大幅度提高,但分别只有1027件和2070件;获授权的就更少了,2001年获国外授权的发明专利仅74件,2002年为192件。与此同时,国外企业和个人向国内申请大量专利并获得授权,2001年美国、德国、韩国以企业为主体来中国申请职务发明专利的数量十分可观,依次为7840件、3126件、1802件,获中国授权的职务发明专利量依次达 2190 件、1265 件、680 件。[1]

表 7-1 1985 年 4 月～2010 年 3 月国内外三种专利申请受理状况总累计表

单位：件

按国内外分组		合计		发明		实用新型		外观设计	
		申请量	构成	申请量	构成	申请量	构成	申请量	构成
合计	小计	6011448	100.0%	2005779	100.0%	2073596	100.0%	1932073	100.0%
	职务	3165201	52.7%	1567139	78.1%	763476	36.8%	834586	43.2%
	非职务	2846247	47.3%	438640	21.9%	1310120	63.2%	1097487	56.8%
国内	小计	5060165	84.20%	1184512	59.10%	2058905	99.30%	1816748	94.00%
	职务	2250971	44.5%	774610	65.4%	752095	36.5%	724266	39.9%
	非职务	2809194	55.5%	409902	34.6%	1306810	63.5%	1092482	60.1%
国外	小计	951283	15.80%	821267	40.90%	14691	0.70%	115325	6.00%
	职务	914230	96.1%	792529	96.5%	11381	77.5%	110320	95.7%
	非职务	37053	3.9%	28738	3.5%	3310	22.5%	5005	4.3%

表 7-2 1985 年 4 月～2010 年 3 月国内外三种专利授权状况总累计表

单位：件

按国内外分组		合计		发明		实用新型		外观设计	
		授权量	构成	授权量	构成	授权量	构成	授权量	构成
合计	小计	3230677	100.0%	609589	100.0%	1421046	100.0%	1200042	100.0%
	职务	1645642	50.9%	527617	86.6%	559597	39.4%	558428	46.5%
	非职务	1585035	49.1%	81972	13.4%	861449	60.6%	641614	53.5%
国内	小计	2776842	86.00%	268130	44.00%	1409234	99.20%	1099478	91.60%
	职务	1208970	43.5%	196852	73.4%	550332	39.1%	461786	42.0%
	非职务	1567872	56.5%	71278	26.6%	858902	60.9%	637692	58.0%
国外	小计	453835	14.00%	341459	56.00%	11812	0.80%	100564	8.40%
	职务	436672	96.2%	330765	96.9%	9265	78.4%	96642	96.1%
	非职务	17163	3.8%	10694	3.1%	2547	21.6%	3922	3.9%

7.3.1.2 技术标准竞争状态

长期以来，我国缺乏对技术标准战略的系统研究。现行的技术标准体系

---

[1] 朱根发. 实施专利战略刻不容缓 [J]. 现代商贸工业, 2003, 3: 24.

不完善，技术标准总体水平较低，国际标准采标率更低。公众技术标准意识淡薄，不能适应市场经济发展的需要。

1. 国际标准采用率很低

国际技术标准作为全球贸易的工具，在国际贸易中的作用日显重要，采用国际标准和国外先进标准对我国参与国际市场竞争越来越重要。多年来，我国一直致力于采用国际标准的推进工作，但效果不理想。我国的 19744 项国家标准中（2001 年底的统计），国际标准和国外先进标准采标率为 43.7%。国际标准化组织（ISO）和国际电工委员会（IEC）现行有效的 16745 项国际标准中，我国的转化率为 38%。到 2004 年底为止，国家标准总数 20206 项，采用国际标准和国外先进标准共有 8931 项，采标率也仅为 44.2%，其中采用 ISO 标准 4646 项、采用 IEC 标准 1751 项、采用其他标准 2534 项，远远低于发达国家的采标率。目前，美国和英国、德国等欧盟发达国家的国际标准采用率已达 80%，日本制定的国家标准 90% 以上采用国际标准。❶

2. 技术标准总体水平较低

我国的技术标准不仅与国际标准严重脱节，而且技术标准中的项目指标大大低于发达国家和国际组织的要求。这些标准之间还存在大量交叉、重复甚至互相矛盾的现象。基于管理体制和运行机制等方面原因，我国目前标准的制定与相关技术的科学研究严重脱节，尤其是在高新技术领域，标准制定不能适应市场和技术快速变化、发展的需求。

这些问题具体表现为：(1) 标准立项与市场需求脱节。有相当一部分技术标准立项的出发点并不是为了满足市场需求，而是为了争取国家经费补助、获得科研立项。(2) 技术标准脱离研究和实验。很多技术标准不是在大量科学研究、生产实验和分析测试基础上形成的。标准制定过程中，没有让使用主体积极参与。全国专业标准化技术委员会成员大多数来自于大专院校和研究机构，企业代表很少，影响了企业使用标准的积极性。(3) 技术标准制定时效性差、技术标准更新慢。目前，大多数技术标准研究机构把标准研制混同于一般的科研项目，缺乏竞争意识和时间观念，研制时间过长。据报道，我国目前有近 2 万项国家标准，制定时间超过 10 年的达 700 多项，相比之下，国外技术标准修改周期一般为 3～5 年。❷

3. 参与国际标准化工作不够

谁掌握了标准制定权，谁的技术就很有可能成为国际技术标准，从而控

---

❶ 杨辉. 技术标准战略刍议 [J]. 航天标准化，2004，2：10.
❷ 刘新民. 加快制定和实施我国技术标准战略 [J]. 宏观经济研究，2004，9：43.

制国际市场。美、英、德、法、日等发达国家始终把领导、参与国际标准化组织作为控制国际技术标准制定权的主要途径。国际标准化组织（ISO）现有技术委员会187个、分技术委员会552个。我国仅承担其中1个专业技术委员会和5个分技术委员会的秘书处工作。而美国仅在国际标准化组织信息技术标准化委员会（ISO/IECJTC 1）所属的17个分技术委员会中，就负责6个秘书处的工作。国际标准化组织举办的各种会议，中国代表参加的远不如外国多。有时国内虽然派人参加，但由于语言原因或不熟悉国际标准化规则等原因只能当配角。这种情况已经严重影响对技术信息、标准信息和市场前景的了解与掌握。❶

7.3.1.3 我国专利、标准竞争状态成因分析

1. 申请专利、参与技术标准的意识淡薄

包括高科技企业在内的我国企业专利意识十分淡薄。至今，我国还有60％的企业没有专利申请；15000个大企业，平均每个企业的专利申请只有2.2件。❷既不重视开发、申请专利技术和运用专利利器去赢得市场，也不重视保护别人的专利，缺乏对专利保护重要性的足够认识，未能从经济和市场的角度真正领会专利的深刻内涵。此外，企业还缺乏将专利技术上升为技术标准的意识，缺乏对标准地位和作用的认识，相当多的企业仍然认为制定技术标准是国家的事，与企业的关系不大；即使参与，主动性和实际投入也有限。不改变我国企业专利和标准意识不强的现状，我国在国际贸易中遭受惨痛损失是不可避免的。

2. 自主创新能力不强，过分依靠专利引进

我国多数行业和企业的核心技术与关键设备基本上是从国外引进的，在技术引进后偏重使用而忽视了消化、吸收和创新。在大部分高新技术领域，外国专利网已经阻碍了我国技术的发展。我国企业、科研单位、高等院校国外发明专利申请还不多，❸这充分说明了我国自主创新能力与外国的差距。自主核心专利技术的缺乏，使得我国企业没有能力参与国际标准制定，在国际竞争中受制于人。

3. 专利与标准化工作的经费投入不足

研发能力已成为一个国家和地区经济发展的核心竞争力和专利创造能力的基础。我国研发经费支出额约是日本的1/18，韩国的1/20。2000年，全国

---

❶ 李健．关于入世后我国技术标准战略的思考［J］．科技成果纵横，2002，5．
❷ 李国平．企业实施专利战略的重要性［J］．现代情报，2003，3：145．
❸ 王浩．我国企业专利战略的不足与应对［J］．哈尔滨学院学报》2005，6：57．

研发经费总支出为 896 亿元，占 GDP 的 1%，远低于发达国家；这一指标，美国为 2.6%，日本为 2.87%，德国为 2.58%，英国为 2.08%，法国为 2.42%。❶我国在标准化工作上的经费投入也严重不足。美国政府每年仅对美国标准科学技术研究院的拨款就达 7 亿美元。相比之下，我国对标准制定修订的经费投入少得可怜。2000 年以前，财政部每年只安排标准补助费 2400 万元。2001 年，财政部标准补助费虽然增加到 6600 多万元，但与实际需要还有很大差距。

4. 缺乏对专利与标准工作的组织管理

我国企业普遍缺乏知识产权管理机构，也缺乏专利和标准管理方面的基本制度。很少有企业把专利和标准工作作为公司经营发展的一个重要环节进行经营管理；企业的科技管理、经济管理与专利保护、标准制定相脱节。比如，在企业专利和标准工作的经营管理上，企业没有将专利战略和标准战略相结合，研发工作、专利申请工作与标准制定工作脱节，未将科技成果申报专利，未将核心专利技术上升为技术标准，企业创新成果不能获得最大化的经济效益。我国大多数企业没有专门负责知识产权管理的人员，大部分现有管理人员达不到专利战略和标准战略管理的要求，难以驾驭综合技术、法律、经济等多因素于一体的专利与标准战略。

5. 企业之间缺乏有效的专利与标准联盟

在将专利技术上升为技术标准并将技术标准向市场推广的过程中，除了需要国家法律和技术法规的保障之外，标准能否被市场认可往往还需要厂商之间协同努力。我国高科技企业在标准推广上未能形成有效的合作机制。例如，在 DVD 专利纠纷后，我国家电和影碟机企业决定发展自主产权的高清晰视盘标准。为了冲破外国企业专利封锁，整个产业全力协作拟通过拥有自主知识产权的标准，先后成立了 EVD 联盟、HDV（高清数字电影播放机）联盟、HVD（高清晰度视频光盘）产业联盟等。然而，这些不同的产业联盟并没有致力于建立共同的标准，而是形成了几个不同标准，造成国内影碟机市场割裂和混乱的局面，增加了消费者的选择难度。无论哪个标准最终胜出，都要面临强大的国外对手——蓝光 DVD 标准的竞争。❷

7.3.2 我国企业技术标准化战略分析

7.3.2.1 我国企业技术标准化战略工作的现状与问题

近年来，面对经济全球化以及高新技术迅猛发展和产业化的趋势，标准

---

❶ 郑小玲，王江. 专利、标准、技术性贸易壁垒 [J]. 商业经济文荟，2005，4：90.
❷ 陆婵. 我国技术标准战略与高科技企业标准工作研究 [J]. 科技管理研究，2005，8：14.

化工作在我国受到了高度重视。我国成立了国家标准化管理委员会，由国务院授权履行行政管理职能，统一管理全国的标准化工作。我国企业也加强了技术标准战略的制定。有些企业在进行研发时已经融入了标准化意识，将企业的研发成果申请为专利，并积极参与国际、国家及行业标准的制定或结成产业联盟，力图将含有专利的技术融入行业、国家甚至国际标准中去，提升本企业在行业、国家和国际竞争能力。例如，2002年10月，华立集团与大唐电信、普天信息产业集团、中国电子、中兴通讯、华为、南方高科、联想等8家企业结成了 TD-SCDMA 产业联盟，共同开发推进中国3G 标准的产业化，联盟覆盖了从系统设备到终端相对完整的产业链，以便集产业联盟优势推动标准的产生、产业化和商业化运作。

与市场和产业发展的需求相比，我国企业技术标准战略工作仍有较大差距，主要表现为：我国企业对技术标准的重视程度不够，技术标准战略意识不强，对技术标准战略还缺少完整的战略考虑和规划，技术标准制定与修订的工作经费不足，对技术标准的创新热情不够高，参与国际技术标准化程度不足，缺乏制定和实施技术标准战略的国际化复合型人才等。我国在技术标准领域还处于劣势地位，还处于追随和使用标准的阶段。如果我们能够研究国外企业的技术标准战略，了解标准制定相关战略，就可以在某种程度上扭转这种劣势局面。

7.3.2.2 我国企业技术标准化战略的模式选择

由于我国各个产业技术发展不平衡以及各企业自身具有特殊性，各个企业所采取的战略也是不同的。为了获得竞争优势，企业必须面临战略选择，即企业必须在各种技术标准战略方案中对资源进行分配。技术标准战略选择是：企业应将资源集中于所做出的有限选择，以便在盈利空间上获得显著竞争优势。根据我国企业技术优势程度的不同，对企业的技术标准战略选择提供以下建议。

1. 技术优势型企业的技术标准战略

（1）参与标准制定

在研发过程中积极参与标准制定的准备工作，尽量使自己的技术在标准形成中发挥作用。标准代表了一条产业链，因而链条中的企业必须密切关注标准化发展方向以及标准竞争情况，从而决定选用的标准。技术领先企业有制定标准的能力，应当参与标准制定并设法让自己的专利技术被标准制定组织接受。例如，我国的华为公司通过实施专利战略和技术标准战略，形成了完整的自主核心技术创新体系，拥有专利3889件。在此基础上，华为已加入39个国际标准组织和论坛，成为国际ITU-T/R/D三个部门的成员并负责和参与十几项国家、行业标准的制定，获得了通信核心网络技术产业技术标准竞争的整体优势和产业核心竞争力。❶

(2) 标准取代战略

当某项技术标准已经存在新旧标准竞争时，如果使用了他人控制的现有标准的企业拥有强大的用户基础，就可以借助用户数量上的优势力争替代现有标准。企业可以设法使自己的专有技术或专利成为事实标准，这就是标准取代战略。实际上，标准取代战略就是利用用户优势来建立新标准。实施取代战略的企业具有后发优势，因为后发企业拥有技术风险、市场风险都很小等一系列优势，只需付出比先行者小得多的技术研发成本、市场开拓成本、产品销售成本等就能获得成功。标准挑战者可以充分利用这一优势，改进现有标准、解决问题和缺陷，从而建立强有力的新标准。

(3) 主流标准争夺战略

在技术标准竞争中，常常遇到不同的技术标准同时出现且技术先进程度相当的问题。第三代通信技术标准3G标准的竞争即是如此。在这种情况下，企业应实行标准主流争夺战略。这一战略要求企业控制标准的形成、主导标准的发展，使自己主导的标准能够成为事实上的标准、惟一的标准和未来的标准，从而实现行业垄断、获得持续盈利并主导产业的发展。要想成为主流标准的拥有者，企业不仅要保持技术标准的先进性和创新性，还要保证所控制的标准关注用户的需求，以保障被用户普遍接受。例如，在移动通信标准主流竞争中，欧盟的GSM标准最终战胜CDMA标准成为主流标准，绝大多数国家移动通信标准采用了欧盟的GSM标准。❷

2. 技术落后型企业的技术标准战略

(1) 标准追随战略

由于实力较弱的企业技术研发能力薄弱，欠缺市场主导能力，在缺乏有效自主知识产权支撑的情况下，追随他人标准是比较可行的策略。Intel公司的副总裁虞有澄曾言："智者依标准而行。"以计算机芯片为例，计算机芯片标准的制定者——Intel公司每推出一个新的芯片就能在几个月内覆盖全球市

---

❶ 宋祚锟. 全球化格局下企业技术标准战略定位探讨[J]. 世界标准化与质量管理，2004，8：40.
❷ 在第二代移动通信技术领域的技术标准中，有美国的A-MPS和CDMA标准，日本的PDC标准和欧洲的GSM标准，而后者是世界上被广泛运用的移动通信标准。截至2003年1月底，全世界共有192个国家使用该标准，用户达到8.052亿，占全部数字移动通信用户的71.6%，这是欧洲通信企业进行技术标准联盟，实施主流标准争夺的成功典范。

场，不跟随新芯片推出新的配套零部件的硬件生产商就会被淘汰出局。作为主机板的重要制造商，联想公司如果不能在新芯片出来后几个月内推出相应的主机板，就会从这条价值链中消失。❶实施追随战略的企业必须在标准形成的初期密切关注各种技术标准的动向，但并不能急于输入标准，因为改变技术标准的转换成本很高，一旦决策失败，就会失去原有市场。在引入标准前，追随型企业应把精力放在诸如降低成本、提升客户价值等方面。在3G标准大战中，中国联通没有选择大唐电信的TD-SCDMA标准而选择了技术相对成熟的CDMA标准，就是成功一例。

（2）标准引进战略

对技术处于劣势的企业而言，随着经济全球化的发展，技术性贸易壁垒问题会日渐突出。直接引进、使用别国或国际先进的技术标准，不仅有利于缩小我国与世界先进标准的距离，提高产品质量和市场竞争力，还有助于打破贸易技术壁垒，扩大产品市场。从国外引进先进技术后，企业必须重视技术创新，将制成品的生产和出口提高到一个新的技术水平，尽快完成从比较劣势向比较优势和竞争优势的转变。例如，为了掌握市场的主动权，大连瓦轴集团始终坚持把企业标准化工作作为推动技术进步、提高产品档次、扩大海外市场的重要途径。在企业标准体系建设过程中，大连瓦轴集团积极引进国际标准和国外先进标准，促进了产品质量的全面提高。目前，大连瓦轴集团生产的9大类型轴承产品中，已有8个类型产品取得了国际标准验收证书，国际标准的采用率占到达90%以上。通过引进标准，增强了公司产品的市场竞争能力，大连瓦轴集团近年来的重大革新项目已达688项，其中很多项目填补了国内技术空白，承担制定国家轴承行业标准达25项。❷

（3）标准联盟战略

企业间建立战略联盟，既可以优势互补、优化资源配置，又可以避免企业间技术标准的恶性竞争。为了分散产业标准竞争中的巨大风险，对于资金、技术相对弱小的我国企业来说，应重视战略联盟的作用。例如，我国在家电行业拥有众多较为先进的技术专利，但仍遭外国大企业联盟的排斥，遭遇了很多技术壁垒。为了应对国外大企业联盟的"数字家庭工作组"，我国家电行业中的联想、TCL等企业联合组织了"闪联标准工作组"，取得了同外国企业谈判的筹码。当然，与国外大企业建立技术标准战略联盟，对我国资金、

---

❶ 叶林威，戚昌文．技术标准战略在企业中的运用［J］．商业研究，2003，18：81．
❷ 宋祚锟．全球化格局下企业技术标准战略定位探讨［J］．世界标准化与质量管理，2004，8：42．

技术相对弱小的企业而言仍具有重要意义，如 TD-SCDMA 标准的拥有者——大唐电信在开发过程中就与德国的西门子公司合作组成战略联盟。

当然，这些技术标准战略的选择并非绝对，企业可以选择其中一个或者几个战略同时运用，而且这几种战略在一定条件下可以相互转化，因此企业须注意技术标准战略的协调问题。

7.3.2.3 我国企业技术标准化战略的实施

考虑到我国企业技术标准发展的现状，企业技术标准战略的实施应解决以下问题。

1. 强化企业技术标准战略意识

由于标准化意识不强、技术研发能力较弱，我国企业在标准制定过程中还未找到自己的位置。一旦参与制定了标准，企业可以防止自己的生产与标准严重脱节。另一方面，企业参与标准的制定，可以率先占领技术制高点，借助技术标准优势提高竞争力，获得巨大市场和经济利益。在管理、研发、市场开拓等各方面，我国企业尤其是高科技企业要强化技术标准战略意识，介入技术标准战略。

2. 加强标准战略的组织管理

制定和实施标准战略应加强组织管理工作。首先，企业应建立标准和知识产权管理部门。企业要从经营战略的高度对标准工作进行规划、协调和管理，制定完善流程，将研发、专利申请与标准制定衔接起来。其次，企业应加强从事标准工作相关人力资源的开发、培养、激励和管理，培养熟悉知识产权、掌握国际技术和经济发展动向、熟知本企业竞争能力的人才。

3. 将标准化战略与专利战略融入企业研发过程

"产品未动，标准先行"，技术标准是科技成果产业化的桥梁和纽带。在努力提高产品技术水平的同时，企业必须从研发初始就介入专利战略与技术标准战略。在这一点上，外国公司所采取的"先期介入"做法值得我们借鉴：在研发过程中，企业利用各种信息渠道了解专利状况，做到专利工作、标准化工作与研发工作同步。通过先期介入，企业不仅可以通过技术标准化占领市场竞争制高点获得巨额利润，而且可以通过标准化加速扩散技术，又提升自己竞争力。

4. 建立国际技术标准数据库，实现技术标准信息化

根据技术水平的变化及贸易的需求，发达国家不断修订、更新有关标准，拉大了与发展中国家技术标准的差距，构建了技术壁垒。例如，前述温州打火机纠纷一案，尽管欧盟是于 2002 年通过了 CR 法规这一技术壁

垄，但我国企业在交涉中发现欧盟实际上早在1998年就推出了CR法案草案。我们的信息获取整整迟了4年，在我国企业抵制抗辩时，对方已进入表决倒计时，为时已晚。❶行业组织应根据企业的需要组织专门人力、物力研究国际技术标准体系，收集、整理、跟踪国外技术标准状况，建立国际技术标准数据库，推进技术标准的信息化，掌握国际动态，以防措手不及。

5. 争取国家支持

单纯依靠企业力量实施标准战略是不现实的，必须依靠国家的支持。例如，TD-SCDMA的突破和第三代移动通信标准的争夺决不是单纯的技术问题，而是关系到国家安全和经济发展的大事。不管是高通的CDMA，还是欧洲的GSM，都得到了本国政府的有力支持。我国政府也应为企业技术标准的制定提供必要支持和帮助，政府应出台措施鼓励拥有自主知识产权产品的企业参与制定国际标准，尽量为企业提供国际技术标准的动态信息。政府应着手改革或建立国家标准研究机构，组织、协调包括企业、高校、研究机构在内的全社会力量，共同从事技术标准研究工作，和企业一起建立适合我国企业实际的技术标准发展战略。

7.3.3 我国企业技术标准化中的专利战略分析

7.3.3.1 企业技术标准化的前期专利战略

在技术标准化的前期，企业必须对技术标准所需专利进行可行性分析，根据本企业的技术状况有针对性地申请专利。这是技术标准制定的前提和基础。

1. 专利信息分析战略

专利信息是企业技术标准化的重要部分，贯穿于技术标准制定的始终。

（1）技术可行性分析

标准技术方案或技术要求的分析是制定标准的基础。技术可行性分析至少应当完成以下几个方面的工作。首先，企业要了解该技术领域现有标准状况和现有技术状况，要掌握这一技术领域发展的状况、标准建立的前景、核心技术构成以及处于优势的国家、企业或科研机构。❷其次，企业要预测本行业技术发展动态和新技术竞争焦点，了解现有技术所处阶段、未来发展方向以及新技术涉及的关联领域等信息。此外，作为标准发起人，企业还必须分析自己的技术状况，找出自己的优势和劣势，以便积极争取标准话语权。

---

❶ 良翰. 技术标准化与市场经济［J］. 中国标准化，2002，5.
❷ 张平，马骁. 标准化与知识产权战略［M］. 第2版. 北京：知识产权出版社，2005：292.

（2）专利可行性分析

在完成标准的技术状况分析以后，要剖析标准涉及的专利。首先，企业依靠大量的专利检索，掌握核心专利、权利人以及专利的法律状态、授权国家等信息。其次，企业要分析自己的专利状况，提高标准发起人专利的保有量和质量，以便在标准建立过程中同其他专利权人的交叉许可或组建专利联盟，使相关专利能够进入标准提案，缩短标准的建立时间。

2. 专利申请战略

标准的建立必须有大量的专利作为依托。在技术标准建立前期的专利可行性分析基础上，企业可以在标准草案起草之前迅速申请一批专利，以夯实技术标准的基础。专利申请战略包括基本专利战略、专利网战略和国际专利申请战略。

（1）基本专利战略

"基本专利"的概念是 3GPP 等通信标准化组织为了区分不同专利对标准的影响程度而设定的。例如，CCSA 下属 TCS 无线通信组（其前身为 CWTS，即 China Wireless Telecom - munication Standard Group）的《知识产权公约》规定："基本专利是指那些基于技术（而非商业上）的理由，考虑到制定标准时通常的技术经验及技术现状，在制造、销售、租赁、处置、修理、使用或操作符合某项标准的设备或方法时不可能不涉及的知识产权。"❶更明确地说，符合标准的产品必然采用的专利技术就是基本专利；如果不使用基本专利，产品就可能不符合标准要求。

基本专利是企业拥有的划时代的、先导性的核心技术或主体技术，具有广泛的应用价值和获取巨大经济利益的前景，❷具有覆盖面广、适用范围大、针对性强的特点。控制了基本专利技术，就可以在激烈的技术竞争中排挤竞争对手，获得独占优势或迫使对手交纳大量专利使用费。基本专利如果和技术标准相结合，使基本专利上升为技术标准，那么企业在该技术领域的统治地位将进一步增强。基本专利是标准发起人必须具备的，没有核心专利技术的企业是不可能在标准制定过程处于领导和控制地位的。

（2）专利网战略

专利网战略，即采用具有相同原理并围绕他人基本专利而开发的许多不同的专利，形成专利网的反包围，以加强企业参与技术标准制定的战略。❸日

---

❶ 曾云．从通信企业角度谈标准与专利［J］．世界电信，2006，3：7．
❷ 刘劲松．从朗科专利案浅析我国企业专利战略的实施［J］．技术与创新管理，2004，6：44．
❸ 倪蕙文．企业专利战略应用研究［J］．科学管理研究，2003，5：71．

本的做法值得我国企业借鉴。在遭遇到发达国家技术壁垒的限制时，日本企业针对获得的核心技术进行深入研究，将在核心技术的基础上二次开发出的一些辅助技术申请专利（即"二次专利"）。由于第二次技术成本低且更先进，具有经济价值，可以作为与基本专利权人交叉许可的筹码。❶目前，发达国家已经掌握着大部分高新技术标准以及核心专利技术，专利网战略是我国企业参与技术标准制定可以运用的一种战略。

利用得好，专利网战略可以形成两个优势。其一，交叉许可的筹码。核心专利的使用离开不了外围专利，基本专利权人发起设立某种技术标准时不得不交叉许可，这样有助于我国企业参与技术标准的制定。其二，争夺主流技术标准。针对现有市场已经成熟的产品开发外围专利，在绕过专利保护范围的同时，将设计的类似新产品申请专利，逐渐制定围绕自己专利的技术标准，与其他类似标准争夺主流技术标准位置。

（3）国际专利申请战略

由于专利具有地域性，在一国获得的专利在任何他国并非当然受保护。为了获得越来越多国家法律的保护，企业就必须在越来越多的国家申请专利。为了开拓国际市场，企业必须积极到国外申请专利。

7.3.3.2 企业技术标准化的中期专利战略

前期专利分析和专利申请的完成意味着本企业内部的技术标准制定的专利准备工作基本完成。然而，由于现在的技术标准所需要的专利技术非常庞大，仅靠本企业的专利显然不够，技术标准的发起人还必须运用不同的专利战略与其他企业就该技术标准所需要的专利达成协议，以便让技术标准成本降低、质量提高。

1. 专利联盟战略

以现代移动通信网络为例，现代移动通信网络主要由终端、无线接入网和核心网三部分组成。这个网络表面看似简单，实质上涉及一整套复杂技术解决方案和设备。比如，在 TD‑SCDMA 标准上，大唐的强项在于终端与基站之间的无线接入网，主要优势在于拥有软切换、分布式智能天线等技术；而在核心网方面，诺基亚、爱立信拥有的技术优势更明显。再以手机为例，芯片设计、核心软件和整机设计、应用软件和整机集成、测试生产等方面都存在很多专利。不同于 2G 手机的是，3G 手机还要具备双模、多模、MPEG4、手机电视等功能，手机已变成一个具备娱乐和商务强大功能的综合

---

❶ 郑春华. 跨国公司知识产权滥用与垄断问题研究［J］. 商业时代，2006，15：37.

智能终端,家电等领域的专利技术方案也会被移植到智能终端上。❶可见,由于技术的庞大和复杂,任何一个企业都难以同时控制某一产品的全部核心技术。除了新技术的出现及其产业化因素以外,技术标准的形成还需要较多企业跟随采用同一技术,以便形成一定市场。

技术标准化中的专利联盟是跨国公司在技术标准制定过程中的一个重要战略。比如,Intel 公司、Dell 公司以及其他 8 家公司为了组建策略联盟,共同开发了一套移动互联网技术标准;而三菱、索尼和东芝等 5 家公司达成协议,共同合作为新一代数码图像电视接收器的加密技术、付费系统和其他技术制定统一的技术标准。最近,通用、丰田与埃克森石油公司决定联合开发新一代燃料电池车,三巨头组成强大联盟,意在掌握未来燃料电动车的技术标准制定中的主动权。❷

在外国跨国公司技术标准和专利技术占优势的情况下,我国企业要冲破专利和技术标准障碍更需要借助专利联盟这一手段。在制定技术标准过程中,我国企业不仅要实现国内企业间的专利联盟,也要积极建立国内企业与国外企业间的专利联盟。目前我国企业的专利联盟意识正逐步增强,1999 年 11 月 13 日,中国第三代移动通信系统研究开发项目知识产权联盟在北京正式成立。该联盟是以实现中国第三代移动通信(CDMA 移动通信)产业化为目的,由 3G 项目总体组为核心,首批成员包括大唐电信、华为、南方高科、华立、联想、中兴、中国电子、中国普天等 8 家国内知名通信企业。该联盟成员一次性交纳联盟会费 300 万元后,享有 3G 项目总体技术与核心技术及其知识产权,或者分享向联盟成员以外第三方转让知识产权所获得的收益等。❸ 2002 年 12 月 24 日,由中科院计算所、海尔集团、长城集团长软公司、中软股份、中科红旗、曙光集团、神州龙芯等国内 7 大豪门联手发起的"龙芯联盟"在北京正式成立。这个联盟的目标是:以龙芯 CPU 技术为龙头,以中科院技术为依托,以国内优秀企业为骨干,联合国内各类应用技术研究发展单位,形成国产关键技术的强大推动力、强壮的产业链。该联盟还提出了"双百计划",其中之一就是要吸引 100 家以上各专业领域的产研单位加盟;这 100 家加盟单位可以是各行业巨头,也可以是在某个领域有着领先优势的中、小型企业。❹

---

❶ 曾云. 从通信企业角度谈标准与专利 [J]. 世界电信,2006,3:9.
❷ 邓颖禹. 刍议现阶段技术专利标准竞争态势 [J]. 商业时代,2006,22:62.
❸ 郑巧英等. 大唐电信第三代移动通信 3G 技术标准战略 [J]. 世界标准化与质量管理,2004,2:49.
❹ 龙芯联盟成立推双百计划 [J]. 信息系统工程,2003,1:5.

2. 交叉许可战略

交叉许可是指两个或两个以上独立专利权人为相互使用对方发明达成的许可协议。在竞争对手的专利妨碍技术标准制定时，可以通过交叉许可来避免纠纷，降低制定技术标准的成本，达到互惠互利的目的。交叉许可战略在国外的运用较为普遍，如 1999 年 DELL 公司与 IBM 达成了价值 160 亿美元的交叉许可协议，减少了双方的研究开发和技术购买成本，缩短了双方的技术创新进程，同时提高了双方的市场竞争力。针对他人指控专利侵权的情况，日本三菱公司常常利用专利交叉许可手段抵御他人的侵权指控，即以自己的专利为谈判的筹码，与对方谈判相互交叉使用专利技术，达到了顺利解决专利纠纷的目的。❶企业拥有基本专利并不意味着与他人专利无关。在不拥有基本专利的情况下，我国企业也可以利用手中的从属专利与基本专利权人进行交叉许可，以便参与技术标准的制定。

3. 专利引进战略

在技术标准制定过程中，我国企业可能缺失技术标准中的某些专利技术的所有权，如果这些专利是制定技术标准必要的技术，引进战略是解决问题的有效手段。一个企业不论有多强的技术创新能力，也不可能研究、开发出所有所需的专利技术，国际贸易为专利技术引进提供了良好的外部环境。专利技术引进具有一些优点，如节约研发费用，规避研发风险等，引进专利战略在发达国家已广为运用。尽管美国是世界上头号技术输出国，但每年还要花费数亿美元引进专利技术。日本也是最成功运用这一战略的国家，其每年花费 20 亿美元从国外引进 2000 多件以上的技术，其中 80％为专利技术。❷

在经济全球化的新形势下，我国企业要正确理解技术自主化的含义。自主化并不要求一定要自己去研发每一单项技术，企业可以通过自主集成现有成熟技术而获得知识产权。这一点对技术实力较弱的我国企业来说尤为重要，可以走"拿来、改良、创新"的路线，吸收、借鉴现有专利中有益内容，在改进、创新之后适时申请专利。比如，我国远大的中央空调，就是在集成引进技术基础上，研制出来的以日本技术为代表的世界先进水平的直燃机。远大公司通过技术改进，独创百余项技术，获得 25 项国内外专利，达到世界领先水平。

4. 市场推广战略

在技术标准制定过程中，之所以要提倡专利的市场推广战略，是因为占

---

❶ 冯晓青. 企业知识产权战略 [M]. 第 2 版. 北京：知识产权出版社，2005：120.
❷ 冯晓青. 企业技术创新中的专利战略研究 [J]. 渝州大学学报（社会科学版），2002，2：11.

领市场的并不都是技术性能最优的产品。技术虽然不是最优,但先期得以广泛应用的技术仍然占领了市场。QWERTY 键盘设计、PC 的系统结构、录像机的 VHS 系统等产品即是明证,那些在当时性能最先进但尚未得到广泛应用的专利技术,未能控制市场。可见,技术上的优势并非技术标准确立的惟一条件,最先占据市场、暂时落后的技术往往可以成为事实标准。这对我国企业而言,无疑值得借鉴。

(1) 以市场合作扩大专利技术在现有市场的应用

在标准确定之前,市场上可能会有由不同专利技术生产的同类型产品。由于技术性能处于劣势,这些产品往往不被看好,这些产品的竞争力并未引起技术先进企业的重视。技术落后者可以抓住机会,寻找开发、占领市场的同盟者,通过扩大市场份额来对抗竞争对手的技术优势。在顾客产生依赖性以后,落后技术企业就能以市场空间换取技术创新、升级的时间,获得后续技术开发时间,成为市场认可的事实标准。

IBM 公司 Wintel 计算机结合成为事实标准即是典型一例。计算机发展过程中曾出现两种主要的计算机内部结构,即 IBM 公司倡导的系统结构和 Apple 公司倡导的系统结构。在微型计算机市场迅速扩大、许多厂商希望购买两个公司的电脑系统结构专利生产微型计算机之时,IBM 和 Apple 采取了截然不同的策略。就当时技术而言,IBM 生产的电脑比 Apple 公司生产的电脑的性能要差一截,Apple 自恃技术优势而未将电脑系统结构技术的专利开放给其他生产商。IBM 则让其他电脑厂商无偿(或低价)使用自己所拥有的计算机结构技术,生产出很多与 IBM 公司电脑兼容的机器,即市场上所称的"兼容机"。当时,市场上同时出现了以 IBM 为首的 PC 机和以 Apple 为首的 Mac 机,Mac 机曾经占领以美国为主的世界市场的 50%以上。自 20 世纪 90 年代以来,世界计算机市场的 90%以上被 Wintel 结构的 PC 机所占领,而 Mac 机占领的市场缩减到 6%以下。❶IBM 正是利用市场合作的战略,扩大了技术的市场份额,Wintel 结构最终成为微型计算机市场认可的事实标准。相比之下,Apple 公司封闭在自身的技术圈子里,从电脑硬件到软件都独自牵头开发,最终失去了市场份额,技术优势并没有让自己控制技术标准。

(2) 抢先进入新兴空白市场,获得先发优势

技术标准一经确立就具有一定的稳定性,因为用户很难改变使用中形成的习惯,因而改变技术标准必然增加用户的转换成本。用户希望技术标准是

---

❶ 葛亚力. 技术标准战略的构建策略研究 [J]. 中国工业经济,2006,6:94.

稳定的，以迁就自己的使用习惯；此外，用户还希望后续技术开发能兼顾以往的使用习惯，减少因技术升级改变使用习惯而增加的学习成本。尽管有一种技术标准更为先进，如果这一技术标准不能被市场认可，这种技术标准必然是短命的。在某些情况下，抢先进入新兴空白市场，获得先发优势，制定已被市场广泛接受的技术标准，对在技术暂时落后的企业来讲具有重要意义。[1]

计算机键盘排列技术标准的确立就是一个典型例子。当前，计算机键盘设计采用的是QWERTY键盘，键盘上字母排列的设计（当初是一种专利技术）并不是按照使用过程中最优化结果进行设计的。虽然DVORAK键盘方案是目前输入效率最高的排列方式，然而并没有被实际应用。其原因在于，在计算机键盘出现之前，QWERTY的排列方案是为了满足机械式打字机生产需要设计的，计算机键盘产生时沿用了打字机键盘的设计，满足了那些习惯使用打字机键盘的用户。尽管推出了多种对字母排列进行优化设计的键盘，但是已经习惯了使用QWERTY键盘的使用者未能接受。键盘的生产厂商直接采用了QWERTY的排列方案，并不生产"优化"键盘。随着QWERTY键盘在新兴市场的销售，逐渐扩大了在全球市场的影响，从来没有使用过键盘的用户所接触的都是QWERTY键盘，新兴市场失去了更改键盘设计的机会。在技术上并不是最先进的QWERTY键盘标准，凭借其广泛的市场占有率和人们的使用习惯，成为计算机键盘排列的事实标准。[2]

7.3.3.3 企业技术标准化的后期专利战略

企业技术标准化是一个系统工程。技术标准的建立并不意味着整个标准工作的结束。如何维持技术标准生命力、如何许可技术标准才能实现最大化收益、如何扩大技术标准的市场适用率都是企业标准推行的关键步骤。

1. 技术标准中专利价值的评估

技术标准初步确立，企业通常要制作"专利权利要求和标准文档的对照表"（Claim Chart），评估技术标准中专利的价值，为技术标准许可做准备。对照表分为左右两部分，左边第一行记录专利号及其申请日期或授权日期等基本信息，第二行以后记录该专利的部分或全部权利要求；右半部分第一行记录标准号和版本号，第二行之后记录对应左边专利权利要求的保护范围以及专利技术方案在标准文档中的相应体现。通过分析积累，企业对自己的专

---

[1] 这里提到的暂时落后技术，是指一项技术在刚开发时稍微落后其他先进技术，而不是彻底落后于先进技术。如果彻底落后于先进技术的技术标准，虽然具有广泛的市场占有率，那么这种占有也是暂时的，必将被先进技术所取代。

[2] 葛亚力. 技术标准战略的构建策略研究 [J]. 中国工业经济, 2006, 6: 93.

利价值可以有清晰的认识，为今后的专利许可打下良好基础。例如，通信技术领域专利与跨国公司首次谈判时，国内公司就碰见外方抛出厚厚一叠 Claim Chart 和一堆专利文件的情形。谈判还没有正式开始，外方就在气势上占了上风。❶

2. 技术标准制定后专利的许可

"技术专利化——专利标准化——标准许可化"是对企业建立技术标准最终目的的描述。2001 年初，信息产业部在和美国某公司就 CDMA 标准中的专利许可使用费谈判时，美国公司开价为每部手机 360.8 元人民币。❷技术标准建立后，专利许可对实现技术标准的最大收益具有重要影响。

除了 UMTS 标准允许成员在一定范围内签订双边专利许可协议之外，如 DVB、HAV1 等其他标准均采用由技术标准管理机构负责统一对外许可的模式。这种统一许可模式比同各专利权人逐个谈判的模式更为方便、节约成本，有利于技术标准的推广使用。统一对外许可的模式又可分两种情况：(1) 标准体系的成员不必单独交纳许可使用费，每年交纳的成员费可以冲抵许可使用费；(2) 标准体系外的主体要获得许可，须向技术标准体系管理机构申请，获准后按统一格式的许可协议进行收费。❸许可费用的收费方式有以下两种可供选择：(1) 按每一个申请单位收费；(2) 计件收费，也就是对每一个产品（包括有关的零部件）收取费用。采用计件收费模式要求监测申请者的产量，相比之下第一种收费方式更为方便。

3. 技术标准制定后专利信息的跟踪

技术的发展必然不断涌现新的专利。从最初的 Release 99（R99）版本，3G 标准经历 R4，R5 和 R6 版本，目前正在制定 R7 版本的 3G 标准。在第一版之后的不断演进过程中，3G 标准每年收到超过 1000 项的变更请求。❹在制定技术标准后，应当加强标准专利的信息跟踪工作：(1) 不断加强自己的专利申请工作，维持技术优势；(2) 关注本技术领域的新专利情况，通过协商方式将标准体系需要的专利纳入技术标准体系，对那些协商仍无法纳入的，可以考虑修订标准以消除潜在影响。❺

4. 技术标准市场的扩张

企业技术标准化的最终目的是为了赢得市场。如果标准中虽有专利技

---

❶ 曾云. 从通信企业角度谈标准与专利 [J]. 世界电信, 2006, 3: 8.
❷ 刘守文. 3G 即将到来的世纪盛宴 [N]. 通信产业报, 2001-07-21 (3).
❸ 张平, 马骁. 技术标准与专利许可策略 [J]. 交通标准化, 2005, 5: 12.
❹ 曾云. 从通信企业角度谈标准与专利 [J]. 世界电信, 2006, 3: 8.
❺ 张平, 马骁. 标准化与知识产权战略 [M]. 第 2 版. 北京: 知识产权出版社, 2005: 297.

但没有市场，那么这种标准将是短命的，很快会被新的技术标准替代。能否获得市场的支持应当是企业技术标准的重要评判标准。微软、Intel 公司依靠强大的市场占有能力维持了技术标准的垄断地位，由于自己的产品具有极高的市场占有率，所推出的技术标准即使不能成为法定标准，也可以成为事实标准。欧盟的 GSM 移动通信标准也是凭借市场占有率击败了美国的 CDMA 标准、日本的 PDC 标准，成为全球 192 个国家普遍使用的标准。只有占有市场的标准，才是有生命力的标准，因此技术标准制定后必须做好技术标准的市场推广工作。

【实例 1】Motorola 在 GSM 标准制定中的专利战略及其对我国企业的借鉴意义

作为一家美国电信设备供应家，Motorola 积极参加欧盟的 GSM 标准制定乃是专利战略所致。虽然 Motorola 不希望欧盟的 GSM 标准成为移动通信的主要标准，因为在参与欧盟的 GSM 标准之前，Motorola 公司就已经参与其他通讯标准（如美国的 D-AMPS 移动通信系统）的制定，GSM 标准的扩张会影响它在这些地区的利益。然而，如果 Motorola 不参加 GSM 标准的制定，将会失去广大的欧盟市场及其他市场。现在来看，Motorola 这一战略极其正确，因为欧盟的 GSM 标准已成为世界移动通信的通用标准。作为标准的参与者之一，随着标准的扩张，Motorola 产品的市场也得到不断扩张，这也是 Motorola 能够成为世界电信设备主要制造商的关键原因。法国的 Matra 公司、丹麦的 Dancall 公司以及许多日本公司就因为未能获得许可证而被排斥在通信产品市场之外。一些日本公司因此大约推迟了 6 年时间。Motorola 抓住了这次机遇，获得了持续的市场扩张力。在参与 GSM 标准的制定过程中，Motorola 主要运用了以下几个专利战略：

(1) 在 GSM 标准制定初期，ETSI（欧洲电信标准协会）实行无偿许可。当许多欧洲公司依照传统将技术无偿转让给标准制定组织时，Motorola 公司将许多 GSM 标准的关键技术申请了专利保护。当 1987 年欧洲电信运营商试图要求制造商提供全世界范围内免费使用专利许可时，Motorola 公司明确表示拒绝。Motorola 公司的行为激发了其他设备供应商的专利保护意识，得到了一些电信设备商的默认和支持。在电信设备商的抗拒下，GSM 标准最终采用有偿许可机制，实现了 Motorola 在该标准中的最大化利益。

(2) 在制定 GSM 标准过程中，Motorola 公司组建了以自己为主的专利联盟。1993 年，Motorola、Nokia、Alcatel、Ericsson 和 Siemens 共同组建了一个基于专利交叉许可的专利联盟，共享专利技术。Motorola 专利联盟的成立为 Motorola 公司带来了巨大的战略利益。首先，Motorola 公司免费获得了其他公司的 GSM 标准专利技术。在专利联盟内部，Motorola 公司可以和成员共享 GSM 标准专利以及所需的其他相关专利技术。比如，Siemens 的 GSM 专利具有的交换平台方面的优势正好弥补了 Motorola 技术的不足，而 Motorola 投入的专利并不多，只有 379 项；相比之下，Nokia 公司拥有最多的专利，共 1284 项，约占全部专利的 35%。凭借专利交叉许可机制，Motorola 得到了 Nokia、Ericsson 等公司的专利许可。❶ 其次，专利联盟的成立增强了 Motorola 公司与 GSM 标准化组织的谈判能力，提高了市场竞争力。

Motorola 公司在 GSM 标准制定过程中的专利战略的应用，对我国高科技产业技术标准的制定以及企业在标准制定过程中的作用都有很好的借鉴意义。(1) 与欧洲公司不同的是，Motorola 不仅支持 GSM 标准，而且支持 CDMA 标准，还是美国 CDMA 标准的倡导者之一，也是 CDMA2000 技术标准化联盟的发起者。Motorola 公司的创新精神和企业战略值得我国企业学习和借鉴。(2) 当今的技术标准必须是一个开放的标准，越来越多的国际标准将出现，我国企业不仅要参与国内标准的制定，更要和 Motorola 一样广泛参与国际标准或其他区域标准的制定。在制定标准过程中，如果国内企业并不具备全部专利技术，我国企业应该积极吸纳国外先进技术加入标准，提高标准的质量和开放度。(3) 重视专利联盟在技术标准过程中的作用。由 Motorola 公司联合 Nokia、Alcatel、Ericsson 和 Siemens 共同组建的专利联盟，在维护企业自身利益、促进技术标准推广方面都起到了积极作用。在专利技术并不占优势的情况下，我国企业更应该建立专利联盟，提高竞争力，以便与国外企业相抗衡。由大唐电信、普大信息产业集团、中国电子、中兴通讯、华为、南方高科、华立集团、联想等 8 家企业结成 TD - SCDMA 产业联盟在这方面做出了有益探索。❷

7.3.4 我国企业专利技术标准化与专利战略的推进模式

企业专利技术标准化是一个系统工程。企业不仅要加强核心技术的研发、提高标准意识，还要加强企业专利联盟，实现专利战略与标准战略齐头并进；行业协会应提升自己在技术标准制定中的作用，进一步加强行业协会相关的服务、协调、中介、自律管理、协助参与等职能；政府应对企业的专利技术标准化提供支持和服务。

---

❶ 李再扬，杨少华. GSM 技术标准化联盟的成功案例 [J]. 中国工业经济, 2003, 7: 92.
❷ 李玉剑，宣国良. 标准与专利之间的冲突与协调：以 GSM 为例 [J]. 科学学与科学技术管理. 2005, 2: 47.

7.3.4.1 企业工作层面

1. 专利战略和标准战略齐头并进

企业要想有所发展，观念是第一位的。一谈到技术标准，有些企业仅仅把它与质量管理联系起来，这种理解是狭隘的。要获得可持续发展，企业要从发展战略高度运用技术标准，要从管理、研发、市场开拓等方面介入技术标准制定。同时，企业还必须将专利战略和技术标准战略捆绑，以防科研开发与技术标准制定脱节。在进行技术研发时，企业必须将标准战略纳入其中，否则到技术成熟时才想到标准化为时已晚。另外，企业还必须具备国际标准化意识，积极采用国际标准，提高产品国际竞争力，克服国际技术贸易壁垒，积极参加国际标准化活动，参与有关国际标准的制定、修改，跟踪国际标准动态，充分实现企业利益最大化。

2. 加强企业之间的战略联盟

影响标准的因素既有技术方面的，又有市场方面的。如果标准制定后没有市场，就只能成为企业内部标准，标准的拥有者无法获得市场优势。技术标准的形成不仅需要相关技术基础，还需要与其他企业组建联盟。产品技术更新周期越快，对企业资金的投入量就越大。想要形成标准性技术，企业之间组建战略联盟，可以取长补短以达到优化资源配置的目的，还可以降低新技术开发风险。对于资金、技术都相对薄弱的我国企业来讲，加强企业之间的战略联盟、共同开发核心技术以及相应的技术标准是提高国际竞争力、冲破国外跨国公司设置的专利和技术标准障碍的有效途径。

3. 加强专利和标准的管理工作

在实施专利标准化中，企业应完善内部的技术标准与专利管理机制。企业应当成立专门机构负责企业专利和标准的管理工作，推进企业信息化工程，利用信息弥补技术的不足，建立技术和技术标准信息库。在企业制定技术开发路线、生产和营销对策时，专利和标准管理部门应当对采用什么技术路线、研发什么技术、开发什么产品、采用哪些营销方式等提供大量标准和专利信息；为技术研发人员提供专利文献；制定专利标准；负责本企业专利和标准的许可工作；参与专利申请、专利权纠纷和诉讼处理；定期对企业员工进行标准和专利知识培训工作。此外，企业还应制定一套具有可操作性的专利、标准管理规章，明确规定专利、标准管理工作的程序和职责，使专利标准管理工作有章可循，有条不紊，确保专利标准管理工作达到一定层次。

7.3.4.2 行业工作层面

1. 发挥标准行业协会的纽带作用

标准化协会以及标准化研究院作为标准的行业组织与机构应当整合资源，

发挥整体优势，进一步完善行业协会的服务、协调、中介、自律管理、协助参与等职能，真正成为政府和企业的纽带。首先，要发挥标准化协会、标准化研究院在标准研究、宣传和咨询方面的优势，开展国家标准、行业标准的宣传贯彻和培训工作，帮助企业正确理解专利标准化战略的重要性。其次，发挥标准信息资料收集方面的优势和 WTO、TBT 信息通报的便利，为出口企业提供国内外技术法规、技术标准和合格评定程序等信息，作出评估方案，提出应对措施，以便为企业参与国际经济合作与竞争、打破国外技术性贸易壁垒发挥作用。此外，可以通过出版刊物、举办讲座、召开座谈会等方式，介绍国内外标准化情况，交流标准化工作经验，组织有一定层次的学术和对外交流活动，与国外重要标准化组织建立协作和联络关系。

2. 加强民间标准组织的建立

在市场经济环境下，政府不能直接控制企业的行为。相比之下，民间标准化组织通过内部协商的方式可以限制少数大企业滥用权利，以便在标准制定中体现大多数企业的意愿。在制定标准时，民间标准化组织要在第一时间反映市场的变化并提出方案。美国大约有 9.3 万个标准，其中 4.9 万个（52.7%）是由 620 个民间标准组织制定的，其余标准则由联邦及各州政府机构制定。美国试验与材料协会（ASTM）、美国机动车工程师协会（SAE）等 20 个主要非政府机构制定的标准，占民间标准总数的 71%。❶ 这些民间组织制定的标准，具有很大的权威性，不仅在国内享有良好声誉，在国际上也得到高度评价并被广泛采用。可以说，民间标准化组织起着承上启下的作用，最能体现市场的需求。发展民间标准化组织是现代技术标准管理体制的必然要求。

7.3.4.3 政府工作层面

1. 推动相关法律、政策的制定与完善

（1）法律方面

我国《标准化法》《标准化条例》主要规范工业产品技术标准。随着经济结构的不断调整，技术标准工作应当从工业领域向农业、服务业和高科技行业延伸。现行技术标准的制定程序与 WTO 的《贸易技术壁垒协议》（TBT）要求不协调，规定过于原则而不具有操作性，应该加强对国际标准化总体发展动态和我国标准化发展战略的研究，尽快建立既符合 WTO 规则，又能保

---

❶ 汤万金，房庆. 关于我国技术标准管理体制转型战略的思考［J］. 世界标准化与质量管理，2003，10：7.

护本国利益的国家技术标准立法体系和技术法规体系。此外，跨国公司实施的"私有协议"在相当程度上具有垄断性，我国应当尽快建立反垄断、规制知识产权滥用和技术标准审查等法律制度。

(2) 政策方面

企业技术标准化战略的实施，在很大程度上需要国家政策支持。欧盟针对打火机制定 CR 法案，就是为了保护欧盟整体经济安全和经济发展，政策支持极其明显。我国应该建立采用国际标准和国外先进标准的激励机制，制定对采标先进企业的奖励政策与优惠措施，鼓励和引导企业采用国际标准和国外先进标准。此外，我国应该利用 TBT 协议中的有限干预原则和对发展中国家的优惠政策，将一些具有民族特色、国外企业难以达到的技术标准升格为国家标准，以对抗发达国家的技术性贸易壁垒，构筑自己的贸易壁垒，保护我国民族产业。❶2006 年 2 月 1 日，就推行无线局域网产品政府采购问题，财政部、国家发展和改革委员会与信息产业部提出了《无线局域网产品政府采购实施意见》。该意见明确指出各级国家机关、事业单位和团体组织用财政资金采购无线局域网产品和含有无线局域网功能的产品时，应当优先采购符合国家无线局域网安全标准并通过国家产品认证的产品；国家有特殊信息安全要求的项目必须采购认证产品。在政府采购过程中，WAPI 标准很有可能被强制执行，WAPI 也将广泛应用。这是我国国家政策扶持民族技术标准的一个范例。❷

2. 为企业技术标准的制定提供支持和帮助

(1) 资金支持

我国应将技术标准经费纳入国家公共开支范围并保持适当的增长比例，制定引导企业增加对技术标准投入的政策和激励机制。我国政府用于技术标准方面的财政资金不足，每年约为 8000 万人民币，每年我国推出的各类标准 1000～2000 项。除去各种行政开支，每个标准分得的实际补助位 1～2 万元。而日本政府每年标准化经费预算为 4 亿美元，法国为 2.8 亿美元，德国为 2 亿美元，其中国际标准化经费约占 50%。欧盟和欧洲自由贸易联盟每年支持欧洲标准化委员会的资金占欧洲标准化委员会年经费的49%。❸欧盟、美国、日本和加拿大在标准化战略中纷纷提出要筹措专项资金，支

---

❶ 冯晓青. 企业知识产权战略 [M]. 第 2 版. 北京：知识产权出版社，2005：194.
❷ 唐自华. 从 WAPI 看专利标准的角力 [J]. 中国新通信，2006，3：14.
❸ 佚名. 实施中国标准化战略的紧迫性 [EB/OL]. [2007-04-21]. http://www.cnis.gov.cn/zjjs.

持产业界参加国际标准化活动。我国政府应该加大财政投资力度，以保证我国企业技术标准工作的可持续发展。

(2) 技术支持

国际上一般把产业技术分为专有技术、共性技术和基础技术三类。专有技术主要指以基础技术和共性技术为基础进行商业竞争的应用性技术，这种技术开发一般属于企业行为。基于行业或企业公用的性质，技术开发有较大风险性，一个企业通常难以完成共性技术的开发。技术法规、标准和检测技术的研究开发就属于为各方所公用的共性技术，这需要政府的大力支持。

(3) 信息支持

政府要着手建设国家层面的标准化信息系统，建立技术标准信息跟踪机制，分析与研究国际标准和国外先进标准；建立技术标准数据库和共享合作分析机制，建立权威的标准服务网站，为社会提供咨询服务平台，为行业或企业的产品标准采用国外先进标准确定方向；建立信息快速反应机制，积极开展对高新技术标准的研究，在具有相对优势的领域加快制定有关标准。

(4) 人才支持

国家要改革技术标准人才培养培训、评价考核与激励的机制，培养一批熟悉国际标准规则、业务能力强、外语好的复合型人才。发达国家非常重视培养熟悉 ISO、IEC 的国际标准审议规则、具有专业知识的国际标准化人才；发达国家以 MOT (Management of Technology，意为技术管理) 来规范国际标准化的人才，这些经验值得我国借鉴。美国设立 MOT 硕士课程的院校已超过 100 所，欧洲和亚洲各国近几年也加快了创建 MOT 硕士课程的步伐。我国应该加强国际标准化人才的培养，建立一支具有开拓精神、熟悉市场经济规则、懂业务会管理的技术标准人才队伍。

3. 积极参与各种国际技术标准委员会

我国在这方面做得还不够。我国参与涉及高新技术的国际标准化技术委员会的人员少，参加的活动少，提交的提案更少。在各技术委员会中担任职务的人很少，技术委员会设在我国的更是少之又少。从近年参加工业数据分析技术委员会年会的情况来看，美国有五六十人，日本有三四十人，德、英、法等国也有一二十人，而我国经过几代人努力才有一两个人。由于国际技术委员会多由西方少数发达国家把持，我国的技术标准要想获得通过就难上加难。TD-CDMA 要不是我国一再坚持，要不是我们有巨大的市场支撑，恐怕早就被封杀了。[1]因此，我国要积极为各国际标准组织提供秘书处，积极出席国际标准组织的会议，提出一些对我国有益的建议或措施，扩大我国在国际技术标准制定、修订方面的影响力。在国际标准的制定、修订方面，我们要积极争取承担或参与起草工作，以保证国际标准充分体现我国利益。

【实例2】大唐TD-SCDMA技术标准的推进模式

1998年6月30日，经信息产业部批准，大唐集团以电信科学技术研究院的名义代表中国向国际电联提交了第三代移动通信传输技术TD-SCDMA标准提案。2000年5月5日，在土耳其召开的国际电联2000年全会上，TD-SCDMA被批准为国际电联的3个3G正式标准之一。TD-SCDMA是中国通信领域第一个拥有自主知识产权的国际标准。该标准的建立应该说是企业、政府、产业联盟共同努力的结果，大唐TD-SCDMA技术标准的推进模式是我国企业建立技术标准的一个典范。

1. 自主研发模式

作为TD-SCDMA技术标准的发起人，大唐从开始起就制定了"专利入手，标准先行"的战略参与全球产业竞争，而没有被动跟随他人的标准。在研发初期，大唐就加强自主知识产权的研发，将专利战略和技术标准战略有机结合。TD-SCDMA标准包含了多项大唐的核心专利，尤其是构成TD-SCDMA基础的智能天线技术、同步CDMA技术和接力切换技术等。此外，TD-SCDMA概念性的设计思想，包括符合这一标准的设计技术和实现方法、TD-SCDMA系统的工作方式都明显不同于传统的CDMA技术。例如，TD-SCDMA系统未采用软切换方式而采用大唐拥有专利的接力切换方式，从而保障了系统的高容量。这些都是TD-SCDMA系统的基础。[2]可以说，尽管大唐所拥有的TD-SCDMA技术的专利数量不是很"惊人"，但技术专利"含金量"无疑很高。如果大唐公司没有这些专利技术，就不可能推行TD—SCDMA标准。大唐公司的自主研发成果是TD-SCDMA标准得以建立的前提。

2. 产业联盟模式

由于TD-SCDMA技术标准涉及很多专利技术，大唐公司不可能拥有所有的专利技术，因而需要整个产业的支持。上下游产业链上的企业应当共同推动标准的应用。2002年10月30日，TD-SCDMA产业联盟正式成

---

[1] 叶林威，戚昌文. 技术标准—专利战的新武器[J]. 研究与发展管理，2003, 2: 58.
[2] 刘春辉. TD—SCDMA自主知识产权不容置疑[N]. 人民邮电报，2003-03-11 (6).

立。作为首批成员,大唐、南方高科、华立、华为、联想、中兴、中电、中国普天等8家知名通信企业签署了致力于TD-SCDMA产业发展的《发起人协议》,标志着TD-SCDMA获得产业界的整体响应。由于这一阵营覆盖了从系统设备到终端的完整产业链,产业化进程获得了重大突破。TD-SCDMA还得到了国内外主要通信厂商的大力支持,除了国内几乎所有大型通信企业已加入TD-SCDMA阵营外,国外的主要通信巨头(如Nokia、UT斯达康)也大都加入了这个阵营。❶ TD-SCDMA整个系统产业链已经初步形成,为TD-SCDMA被批准为移动通信国际标准之一奠定了坚实基础。

3. 政府推动模式

TD-SCDMA成为国际标准之一并得到顺利发展,与政府的推动是分不开的。1999年8月,在大唐向国际电联提交了TD-SCDMA标准提案之后,意外地得到了几个国家意图封杀TD-SCDMA的消息,邮电科技委员会为此召开紧急会议讨论对策。经过讨论,邮电科技委员会坚持认为中国有足够的市场空间来支持一个标准的建立,即使有的国家意图封杀TD-SCDMA标准,中国政府也要支持这个标准并使之成为一个事实标准。正是基于中国政府据理力争、坚定支持标准的态度,在2000年土耳其召开的国际电联全会上,TD-SCDMA被批准为国际电联的3个3G正式标准之一。政府对TD-SCDMA的产业开发提供了政策支持和资金资助。2002年10月25日,信息产业部通过了中国的3G手机频谱规划方案。我国政府为欧洲W-CDMA标准和美国高通CDMA2000标准共留了60M×2的频段,为大唐电信的TD-SCDMA标准留出了155M的频段,这个频谱划分方案立刻引爆了投资。❷ 正是国家的这种政策性支持,TD-SCDMA在产业开发上得以顺利进行。

本章思考与练习

一、为什么技术标准与专利的市场结合具有必然性?

二、为什么技术标准与专利之间既具有关联性,又具有冲突性?

三、主要发达国家技术标准战略的内容及其共同特点?

---

❶ 郑巧英等. 大唐电信第三代移动通信3G技术标准战略 [J]. 世界标准化与质量管理, 2004, 2: 50.

❷ 王正鹏. 中国3G频谱规划敲定, TD-SCDMA获强大支持 [N]. 北京晨报, 2002-10-25.

四、专利技术壁垒产生的原因及我国企业的应对策略?
五、如何选择适合我国企业发展的技术标准战略模式?
六、我国企业技术标准化中专利战略的内容是什么?
七、如何推进我国企业技术标准化与专利战略的实施?

第八章 企业专利战略的制定与实施

本章学习要点

1. 企业专利战略方案的类型及选择
2. 企业制定专利战略的基本原则、过程及其基本内容和结构
3. 企业专利战略实施的基本条件与措施

前面系统介绍了企业技术创新的本质、企业技术创新与自主知识产权的关系、企业专利战略的战略意义等问题,并就企业技术创新各个阶段中的专利战略问题进行了探讨,且针对每个阶段中的特殊战略背景提出了一些战术性和策略性建议。本章将基于上述各章的研究与分析,从一个企业专利工作的战略制定出发,系统介绍专利战略的战略方案及其选择、制定专利战略应当遵循的基本原则、应当经历的一般过程及其专利战略的基本内容与基本结构。最后还将介绍专利战略实施的具体方法与措施。

前几章已经就企业技术创新各个阶段中的专利战略问题作了较为系统的分析与研究,现在我们需要就企业专利战略的制定与实施问题进行实证性探讨。

首先有一个重要的问题需要回答,那就是为什么要制定专利战略,或者说制定专利战略的具体目标究竟是什么,只有很清楚地明了这一问题,才有可能针对这些目标建立起科学的企业专利战略。这些目标归纳起来主要包括这样几个方面:一是充分利用专利信息;二是避免专利侵权;三是应对竞争者的技术及专利战略避免其垄断市场;四是超越竞争对手占领技术制高点;五是有效推进技术创新增加企业竞争力;六是有效配置专利技术资源;七是充分利用专利权利创造财富;八是准备协商与谈判的筹码以应对可能发生的诉与被诉的纠纷;九是有序管理专利资源便于可持续战略发展。

针对上述企业专利战略目标,我们可以将企业专利战略的制定与实施工作主要归纳为以下几个方面:本企业专利战略资源的状况分析、战略手

段的确定、战术策略的选择、战略实施步骤的安排、战略实施效果评价指标体系的建构及其评价方式等重要问题。我们将这些问题分为企业专利战略方案的选择、企业专利战略的制定以及企业战略的实施三个方面进行讨论。

8.1 企业专利战略方案的选择

企业专利战略方案的选择是企业专利战略制定的重要前提,只有针对企业的特殊情况选择了合适的专利战术与策略,才能制定出行之有效的专利战略。专利战略的方案有多种多样,但归纳起来不外乎有进攻型战略、防御型战略和综合型战略三个基本方面,在什么情况下使用什么样的战略直接决定了专利战略的科学性与客观效果,因此,我们首先应当充分了解这三方面战略的运行机理,然后再根据实际需要来做出正确的选择。

企业专利战略方案主要是指基于企业实现技术创新与提高综合竞争力的需要,企业科学进行专利信息分析、成功获取专利权利、有效利用专利资源以及依法保护企业技术与专利利益的战术性与策略性工作计划。这种方案主要分为四种基本类型:专利信息战略方案、专利获权战略方案、专利利用战略方案和专利保护战略方案。

8.1.1 专利信息战略方案

这一战略方案主要是通过信息检索获取各种技术信息及专利信息,经过多次筛选从中寻找出有价值的信息,然后对这些信息进行周密的技术性和专利性分析,提炼出企业专利战略构建的基本元素,并基于这些元素而形成一种专利战略。在这一环节中企业专利工作本身也将是一个具有策略性与战术性的工作过程。这个过程分成检索、分析和报告三个基本阶段。

首先,要进行核心技术检索、相关技术检索、核心专利检索、周边专利检索、同族专利检索、逾期专利检索、将逾期专利检索。这些检索主要是根据各种官方公告文件与民间技术及专利数据库、网站等信息渠道所进行的检索,诸如技术公告、专利公报等等,这种检索对于企业制定专利战略来说具有一定的盲检性,所检索到的信息往往量大且大部分并非有价值信息。

除此之外,还可对特定的技术目的及特定的专利项目,进行特殊检索,这种检索的期待信息往往并不能按一般检索所确定的主题词从信息源中直接获取，需要对技术目的及专利项目进行相关分析之后根据需要确定相应的主题词再进行检索，比如，有关技术的技术状况的检索；有关产品的市场及销售状况的检索；有关专利权利边界的检索；有关专利权许可转让对象、区域、期间的检索等。

其次，通过上述这样一组检索之后将获得一系列检索资料，这些资料中包含了所有与检索主题词相关的技术及专利信息资料，这些资料并不全部具有价值性、可用性，需要我们从这些检索资料中筛选出载有与本企业技术创新相关的技术及专利信息的文件来，这一过程叫做预分析；预分析实际上只是一个文件整理和归档的过程，为技术及专利信息的进一步分析做好了文件准备。

最为重要的过程便是技术及专利信息的细分析阶段，这一过程直接决定了一个企业是否真正掌握了当前的技术动态和专利状况，因此，应当由具有专业知识的技术人员、专利专业人员及法律专业人员共同进行。细分析阶段主要是进行本企业核心技术状况的分析；其他企业与本企业核心技术相同之技术及相近之技术的技术状况分析；本企业专利技术的技术状况、权利状况、利用状况、二次开发状况、期间状况以及前景状况的分析；竞争性企业专利技术的技术状况、权利状况、利用状况、二次开发状况、期间状况以及前景状况的分析；然后是本企业及相关企业技术开发利益与专利权利利益的比较性预期分析；继而还要进行本企业与相关企业间有关技术利益及专利利益的冲突分析、媾和分析与争讼分析。

最后，应当分析结果形成系统完整的分析报告，该报告应当包括几项基本内容：核心技术现状分析与技术预测分析报告；核心技术可专利性及专利权利预期报告；本企业专利技术与权利开发与利用报告；核心技术中心专利、周边专利及同族专利报告；竞争性企业技术状况及专利状况分析报告；企业技术及专利不安因素及规避措施报告；还应当绘制企业相应的专利地图。

8.1.2 专利取得战略方案

如果企业专利信息分析人员已就技术与专利信息进行了深入分析，并提供了完整的分析报告，那么企业主管专利工作的决策者应当会同知识产权部与开发部相关人员共同研究核心技术及相关技术的可专利性、是否应当申请专利、申请何种专利、何时申请专利、申请何国专利等重大问题。

专利取得战略主要涉及以下几个方面的问题：

首先，在确定申请专利与否的阶段，应当根据技术成果的技术特征来做相应的判断,并非所有的技术都以申请专利为上策,都以通过专利法律制度加以保护为最佳,因为有些技术由于其自身的技术特性实际上不便通过专利权利要求书加以描述;或者难以通过权利要求书加以描述;或者即便其技术特征能够通过权利要求书加以描述,但是边界不明确、不具体或不清楚,以至于将来难以作出侵权与否的判断;或者将来有可能因产生太多的侵权行为而导致难以起诉或起诉风险很大等。

在这种情况下,可以采纳可口可乐公司的做法,将可口可乐的配方通过技术秘密(Know - how)方式加以保护,任何人都不得以非法手段窃取其技术秘密,否则将受到法律的追究。但他们并未在可口可乐的配方上寻求专利法的保护,因为正如上所分析的,饮料的配方实际上是一个技术边界难以确定的、易导致争议的技术成果,所以在争议解决时往往存在权利主张者举证上的困难,所以对这样一类诉讼风险大的技术成果,最好采取其他保护方式,而非专利保护。

【实例1】

1886年,美国亚特兰大市的药剂师约翰·潘伯顿将碳酸水、糖及其他原料混合在一起,无意之中创造了后来风靡全球的软饮料。后来,一个叫做弗兰克·梅森·罗宾逊的人从这种新糖浆的两种原料,古柯(koca)和可乐(cola)果的名称上得到启发,为这种饮料命名。为了字母书写的一致,他把kola的字母k改写成c,中间用连字符相连,这就是可口可乐(coca - cola)。可口可乐能长盛不衰,很大一部分原因在于它的神秘配方。

可口可乐公司享誉盛名的元老罗伯特·伍德拉夫在1923年成为公司领导人时,就把保护秘方作为首要任务。当时,可口可乐公司向公众播放了将这一饮料的发明者约翰·潘伯顿的手书藏在银行保险库中的过程,并表明,如果谁要查询这一秘方必须先提出申请,经由信托公司董事会批准,才能在有官员在场的情况下,在指定的时间内打开。

截至2000年,知道这一秘方的只有不到10人。而在与合作伙伴的贸易中,可口可乐公司只向合作伙伴提供半成品,获得其生产许可的厂家只能得到将浓缩的原浆配成可口可乐成品的技术和方法,却得不到原浆的配方及技术。

事实上,可口可乐的主要配料是公开的,包括糖、碳酸水、焦糖、磷酸、咖啡因、"失效"的古柯叶等,其核心技术是在可口可乐中占不到1%的神秘配料——"7X商品"。"7X"的信息被保存在亚特兰大一家银行的保险库里。它由三种关键成分组成,这三种成分分别由公司的3个高级职员掌握，三人的身份被绝对保密。同时，他们签署了"决不泄密"的协议，而且，连他们自己都不知道另外两种成分是什么。三人不允许乘坐同一交通工具外出，以防止发生飞机失事等事故导致秘方失传。

其次，确定申请专利之后，申请何种专利也是需要作战略考量的，是申请方法专利还是产品专利；是申请发明专利还是实用新型专利，抑或外观设计专利；或者是根据技术成果的可分性兼而申请之。尽管技术成果的技术特性是决定选择的一个重要方面，战略战术的考虑也是一个影响选择的不可忽略的重要因素。

对于一项技术成果来说，如果是申请方法专利，其权利要求书所主张的保护范围主要限定在生产手段、制作方法、技术过程、工艺流程等方面；如果申请产品专利，那么其权利要求主要限定在产品本身，一般在许多国家的司法审判中不延及生产方法，即使在采纳"等同侵权"原则的国家，延及生产方法的司法判断都是极其罕见的。这就需要根据技术本身的技术特征来做出正确的选择，之所以要强调其选择的战略战术性，那就是说，在做出这种选择时一是必须考虑自己的技术成果能够充分、有效地获得法律的保护，另一方面还必须考虑如果在之后又有同样的发明成果或相关的发明成果诞生，对自己的这项技术成果将会产生的影响。因为，作不同的战略选择时，将意味着你可能在确定申请日、国内优先权、获权的可能性等方面都会有不同的法律后果。

再次，何时申请专利也需要做出战略性选择，选择的恰当与否也会直接影响到企业的技术利益和专利效果，而并非越早越好。我国在专利申请上采取的是国际上的通行做法：早期公开、延迟审查。意味着一旦你提出专利申请，专利局就会将你的技术实质通过专利申请公告文件向社会公开，由于申请者在其申请文件中已经按照专利法要求将其技术实质描述得使"所属技术领域的技术人员能够实现"，显然，这种公开将对自己技术成果的技术价值及市场价值产生影响。

一般来说，如果相关研究者的研究内容与自己的研究内容相差无几，那恐怕得尽快申请专利，否则一旦对方申请在先，本企业将遭受重大损失；如果对方的研究内容与自己的研究有较大差距，并不担心竞争者在自己估计的期间内做出相同的技术成果，那可适当推迟申请时间，以免过早让竞争对手们了解到该项技术的技术实质，因为当他们了解到这项技术的技术实质之后，他们完全可以在这项技术实质的基础之上继续研究，研究出新的改进技术来，或者研究出新的相关技术来，或者研究出新的周边技术来，并申请专利。严重时甚至有可能有能力封杀你已经获得专利的实际技术使用，因为当你利用你的核心专利技术生产产品时，你的生产活动有可能会僭越他人已经获得专利的周边专利技术的权利范围。

最后，在目前中国企业逐渐开始关注、开拓国际市场时，一个重要的专利战略是我们必须予以高度重视的，那就是企业的国际专利战略问题。这是一个十分复杂的问题，但对一个中国企业来说，归纳起来无非是这样一些基本方面，一是向哪些国家提起申请；二是何时提起申请；三是提出何种申请；四是能否享有优先权。

向哪些国家提起申请，当然是我们首先需要考虑的问题。这主要考虑两个方面的因素：一方面是市场方面的因素；另一方面是法律方面的因素。市场方面的因素主要是指企业产品的市场空间及市场前景问题，也就是企业准备将产品投向哪个国家或区域的市场；法律方面的因素主要是对计划投入产品的国家或地区的法律制度，尤其是工业产权法律制度了解多少，是否作出了法律环境较为宽松安全的判断或者即使严格严峻但可规避的判断，另外还要了解相关技术在同一国家或地区申请专利的状况和这些国家或地区相关专利的权利边界与期间状况。

何时申请主要取决于技术本身的状态分析和利益分析。一般来说，国际申请是越早越好，因为你并不精确了解国际范围内技术研究与开发的进展情况，消极的主观判断有可能会被一个突然冒出的相同申请案毁掉国际市场。当然对于实行"发明在先"制的国家，比如美国等，如果你有足够的、足以令司法采信的发明在先的证据，你可以适当推延你的申请时间。

关于提起何种申请问题，应当结合拟申请国专利法律制度中关于发明专利、实用新型专利（有的国家没有这一类型的专利）、外观设计专利、方法专利和产品专利的相关规定做出正确的抉择。现在国际上对发明的创造性审查标准有普遍放宽的趋向，因此，申请专利时，要根据自己技术成果的技术特征、产品利益和保护目标做出恰当的选择。

至于优先权问题，也是企业在制定专利战略时需要高度关注的一个重要问题，因为在大多数国家的法律制度里都建立了外国优先权制度，即申请人自发明、实用新型或者外观设计在其他国家第一次提出专利申请之日起一定期限内，又在该国就相同主题提出专利申请的，依照外国同该国签订的协议或者共同参加的国际条约，或者依照相互承认优先权的原则，可以享有优先权。由于这种优先权制度具有普遍性，因此我国企业应当做好专利申请的整体规划，有步骤地申请国内专利和国外专利。在申请国外专利时,应当充分了解国际上的一些国际公约、区域协定、相关国的法律规定,以及工业产权方面的国际惯例。

8.1.3 专利利用战略方案

专利权实际体现着两方面的权利价值,一个是技术的法律保障;另一个是权利的商业利用。后者对于企业来说,似乎更加重要。在现代企业分类中,往往是龙头企业卖标准,一流企业卖专利,二流企业卖服务,三流企业卖产品,四流企业卖劳力。龙头企业通过专利联盟形成行业技术标准获得巨额的"标准"使用利益;一流的企业通过对众多专利技术及专利族群进行许可、转让获得专利利益;二流的企业通过现代服务等方式获得服务利益;三流的企业只能通过生产获得微薄的产品利益;而四流的企业就只能通过贴牌加工等更加初级的生产方式来获得更加微薄的由廉价劳力所赚取的利益了。如果说三流的企业还有自己的"名分"的话,而四流的企业连这种基本的"名分"都没有,这类企业目前在我国尚大量存在。

前二类企业主要是依靠高附加值的技术创新活动来获取企业利益,这种利益具有裂变增值性,而主要手段就是通过技术创新获取高、新技术,通过获取专利取得技术的专有垄断权利,再通过专利的交叉许可,即专利联盟方式形成行业技术标准,从而达到技术控制的目的,一旦形成了这种利用行业技术标准进行技术控制的格局,这类企业坐收高额利润的情形将难以避免。我国 DVD 行业所遭受的 3C 和 6C 专利使用费的追缴便是非常典型而惨痛的例子。

这二类企业主要是通过专利权利的许可与转让来获取相关利益的。对我国一部分核心企业来说,尤其是已受到行业技术标准威胁的企业,应当尽快通过建立行业联盟来积极应对即将大举进军我国的外国技术标准专利联盟战略;而对我国大多数企业来说,同样应当尽快建立企业专利战略,一方面是要针对目前的严峻形势作好战略性应对;另一方面是要通过建立专利战略尽快加强专利方面的综合竞争力。

为尽快有效实施我国企业专利战略,以下专利战略性方案是可资借鉴的。

1. 独占实施专利战略

主要是指通过对自己技术创新所获得的专利技术,或者对因需要或因廉价而受让的专利技术,采取垄断性实施专利的方式来达到控制产品市场的目的。这一专利利用方案对于竞争力小的产品或企业,较为适宜。

2. 交叉专利许可战略

主要是指由于企业生产与发展需要，企业需要某种他人的专利技术，但因对方不愿意许可或转让，或者许可或转让出价太高无法接受时，双方可以采取"互通有无"的方式，相互许可各自需要的、对方的专利技术，以减少企业的专利使用成本。

3. 专利引进吸收战略

这一战略是日本与韩国在早期发展阶段所广泛采用的一种专利方面的战术与策略，这种战略的实施极大地推进了日本及韩国的企业发展。先用低成本收买他人专利，然后做解剖研究，分析技术机理、找出技术关键、形成改进方案，然后针对改进后的技术方案的技术特征申请外围专利（或称周边专利），从而反钳原有专利技术，即核心技术。

4. 合作实施专利战略

这种战略方式主要是在无法实现上述三种专利战略时所采取的一种专利战术。通过合作研究与开发方式共同进行某项技术的开发，其优点是一方面在合作研究与开发中掌握了专利技术的实质，另一方面也在共同开发中利用了专利技术；但其缺点是这种合作研究与开发对非自主专利技术的一方来说往往是缺乏话语权的、所得到的利益往往也是很有限的。

5. 专利收买战略

这种收买战略主要是针对以下几种专利的收买：（1）自己生产所必要的专利的收买；（2）有开发前景的专利的收买；（3）能形成交叉许可的专利的收买；（4）能形成专利族的专利的收买；（5）有改进价值的专利的收买；（6）能阻止竞争者的专利的收买；（7）即将逾期但仍有技术价值的专利的收买；（8）有利于开拓国际市场的专利的收买；（9）有利于构成或者规避技术标准的专利的收买等等。这种收买战略显然必须基于企业专利战略发展需要来作出相应选择。

【实例 2】

日本索尼公司的前身东京通讯工业公司，是 1946 年由几位退伍军人合伙建立的一家只有资金 19 万日元、职工 20 来名的小企业，产品就是二波段电子管收音机。1952 年，该公司老板井深大获悉美国贝尔实验室发明晶体管并取得专利权的信息，尽管当时的晶体管还不能用于制造产品，一些权威专家甚至预言，即使能够用于制造产品，也只能作助听器之类的元件，不能用于收音机的高频电路。但井深大独具慧眼，认为其应用前景无限，商业价值很高。1953 年，他花 3000 美元便将该项专利技术引进。他的目的不是用来作助听器——那个市场太小了，而是要用来制造可以进入千家万户的收音机。引进之后，他集中全公司的精锐技术力量研究改进，经过多次失败，终于在1957年制成当时世界上最小的可以放在衬衣口袋里的晶体管收音机，并使用"SONY"这四个字母作商标。一投放市场，便大受用户欢迎。公司也于1958年改用"SONY"作名称。索尼产品由此起步，走向世界。索尼公司也以此为契机，不断推出世界市场上从未见过的新产品，如晶体管电视机、袖珍录音机等，由一个默默无闻的小公司，一跃而成为名闻全球，在美国、欧洲、澳洲等地设有多家分公司和近20家工厂的跨国公司，"SONY"商标，也成为世界十大名牌商标之一。

6. 专利出让战略

这种出让包括两种基本形式：使用权的许可与专有权的转让。由于专利许可包括多种许可的形式，独占许可与非独占许可、单许可与复许可、普通许可与交叉许可等，所以企业在进行专利许可时应当根据自己许可的目的，选择不同的许可方式。由于不同的许可方式会产生不同的法律后果，所以企业在制定自己的专利战略时，应当充分预见各种不同的专利许可形式在双方当事人间所形成的权利义务关系。其战略考虑简单说主要在两个重要方面：一个方面是形成专利许可关系前必须关注时限和域限问题及其权利滥用问题，也就是说，专利许可实施合同应当限定受许可人实施专利的期间和地域，尽量避免采用复许可；另一方面，形成专利许可关系前必须比较许可他人实施专利所获利益与单纯由自己实施专利所获利益的价值量，还要考虑因许可他人实施专利对自己市场的显性和隐性影响。至于说转让，它是一种专利权利除人身权外的卖断性让渡，所以法律关系相对比较确定。

7. 失效专利利用战略

失效专利可能因为两方面原因失去专利效力，一方面可能因为出现法律规定的无效宣告事由而失去效力（无效专利）；另一方面可能因为法定期限届满或期限虽未届满但因权利人放弃专利权而失去效力（终止专利）。无论哪种原因的效力丧失，都意味着专利的失效，即排他专有权的灭失。此时，一项失效专利技术实质的任何知悉者都可以无偿使用这项技术。无论是无效专利，还是终止专利，往往并不因为法律上效力的灭失而失去其技术应用上的价值，所以对于这类失效专利应当予以战略性的考量，或者直接加以应用，或者进行适当改进，或者用于二次开发，总之，对于企业来说，在其专利战略制定中应当重点关注与本企业技术，尤其是与核心技术相关的专利技术的权利期间及权利状况，对于即将逾期或已经逾期的、即将宣告无效或已经宣告无效的、即将放弃专利权或已经放弃专利权的技术项目进行战略性利用。

【实例3】

虽然目前在我国对于失效专利进行利用的成功案例较为鲜见，但在国外的成功案例却不胜枚举。最为典型案例当属苹果公司了。早在1972年，美国费莱·瓦尔丁就出于这一目的走进了美国专利与商标局。他是个风险投资家，但因投资失误而变得几乎身无分文。他在该局的失效专利文献中查阅到了一份微电脑技术方面的失效专利，经过冷静地分析，认为该项失效专利技术仍有较大的技术价值和市场价值，因而他决心与人合伙，再次筹资50万美元成立了微电脑公司。该公司利用这项失效专利技术努力开发、谨慎经营，成功地研制出了后来誉满全球的苹果电脑。10年之内销售额竟达到了1500万美元。此后几年不断发展，分别增至7000万美元、3.35亿美元、5.8亿美元，成为全美颇有影响的高技术企业——苹果电脑公司。

8. 专利与商标结合战略

尽管专利法保护的是新产品或新方法，直接涉及产品的结构、用途及其制造方法或者产品的外观设计，而商标法保护的是商品标识的使用、产品的来源及其商业信誉和品牌质量，但它们都涉及企业的产品生产环节，且在技术创新与品牌建设之间存在着必然的内在联系。这一联系显然就是产品，因此企业应当将专利战略与商标战略相结合，形成更加有效的企业技术创新战略。这种结合包括两个方面的结合：一方面是自己的专利与自己的商标的结合；另一方面是自己的专利与别人的商标的结合。

(1) 专利与商标共立品牌的战略。首先是在品牌建设中、在宣传自己的商标时，应当不失时机地宣传自己的专利产品，比如在展览期间、产品广告上，以及产品包装上。一个企业拥有的专利量多，在公众心目中就会形成一种技术创新能力强劲的良好企业形象，进而会提高企业市场竞争力。

(2) 专利与商标一并许可战略。即企业在许可其他企业实施自己的专利时，同时将自己的、与专利产品相关的商标的许可作为专利许可条件一并许可对方。使用这种战略，既可获得专利许可利益，又可获得商标许可利益，还可获得市场品牌效应的利益，以扩大本企业的知名度。

(3) 专利与商标交换许可战略。这是一种作为专利权人的企业以专利技术使用权换取另一企业注册商标使用权的战略。这种战略的使用，既可使专利技术成果能够尽快产业化，又可尽快进入主流市场，还可免付商标许可使用费。这一战略主要是在企业成长之初尚未在市场中树立起本企业品牌时，想"借鸡下蛋"以较快方式大量销售产品、尽快积蓄资金以快速发展壮大企业所采纳的一种专利策略与战术。因此，使用这一策略与战术时，一旦原始积累阶段结束，就应当迅速转变策略与战术。

【实例4】

"王麻子"刀剪起源于清朝顺治八年（1651）年，在中华老字号的排序中比同仁堂（创建于1669年）还要早18年，比同行业的"张小泉"（创建于1663年）早12年。"王麻子"刀剪在社会上有着良好的口碑和声誉。从"南有张小泉，北有王麻子"的口头语中可以看出"王麻子"的品牌地位。2003年1月，经营"王麻子"刀剪品牌的北京王麻子剪刀厂因经营管理不善宣布倒闭，同时也预示着一个中国最具文化传统的大众品牌在历经了352年的风雨后黯然消失。代替"王麻子"的是中国刀剪业的后起之秀广东阳江的"十八子"刀具。这家企业自知品牌影响及文化底蕴不如"王麻子"、"张小泉"，所以确立了"打造中国最好刀具"的创新理念，不断推出符合市场需求的新产品，自1983年成立至今的20多年间，他们获得了60件国家专利，在刀具市场上脱颖而出，不断蚕食"王麻子"、"张小泉"的市场份额。而"王麻子"从技术开发、生产、销售和营销推广等各方面完全不能应对市场的变化，仅凭百年老店一成不变的老面孔，而无技术创新与专利保护的新意识，受到市场的淘汰也自在情理之中。

9. 专利与产品结合战略

这种战略是指专利权人许可他人使用本企业的专利时，支付方式采取以购买产品方式分期支付。亦即，要求他人必须同时购买自己的专利产品，借以扩大本企业产品销售量，以提高本企业市场竞争地位。专利与产品相结合战略，通常在拥有基本专利的企业与拥有外围专利的企业之间运用，即拥有基本专利的企业，允许对方企业使用自己的专利，但作为交换条件，对方企业应当使用本企业的产品。由于外围专利与基本专利在技术上存在着某种内在的联系，外围专利拥有方生产专利产品很可能需要基本专利拥有方生产的产品。这样，基本专利拥有方就可以专利技术的输出作为条件，换取本企业产品的销售。

8.1.4 专利保护战略方案

一个企业光有专利信息战略、专利取得战略和专利利用战略是不够的，因为在现代竞争中，企业经常会面临一些专利方面的威胁。这种威胁可能直接危及企业技术开发前景与市场占有份额，企业应当采取积极有效的应对措施来防止这种威胁的产生，以确保企业的专利利益、确保企业的竞争地位。另外，企业还有可能遇到一些意想不到的专利争讼方面的突发事件。这对于早已建立了完整的专利战略的企业来说，其便能沉着应对、化险为夷，而那些没有制定企业专利战略的企业遇到这样的情况，便有可能方阵大乱、无力应对。如果企业建立了科学的专利战略，在制订过程中，会洞察、预见到许多在研究与开发、许可与转让过程中可能出现的、易于导致权利之争的自己或他人超越专利权限、僭越权利范围的问题，防患于未然。因此，企业应当针对专利保护问题制订相应的专利战略。

1. 技术文献公开战略

当某企业发现其他企业也就相同的主题正在进行相同的研究与开发时，如果自己形成了技术成果或阶段性成果，又不打算申请专利或者是否申请专利尚不确定时，则可以立即以一定的公开方式将其技术文献予以公开。这样既为他人申请专利设置了失去新颖性的申请障碍，也为自己申请专利争取了6个月的缓冲阶段，该企业可以在这6个月里根据技术特征与市场前景作出选择是否申请专利。

2. 请求宣告专利无效战略

当一个企业在研究与开发过程中遇到了难以从技术上逾越的其他企业的专利障碍的时候，或者已经因为自己的研究与开发行为或产品销售行为导致了专利侵权诉讼的时候，该企业应当尽力尝试"釜底抽薪"的战略，即请求专利复审委员会宣告该项专利无效。一旦专利被宣告无效，对方当事人依此所提出的所有权利主张都将失去法律基础。当然，这一请求必须具有足够的技术方面和法律方面的理由和证据，说明这一专利是不符合法定授权条件的，专利复审委员会才有可能依法宣告其无效。从专利战略的角度说，企业应当做好两方面工作：一是事前工作；二是事后工作。所谓事前工作是指在事发之前就应当运筹帷幄，做好主要竞争对手技术与专利信息的收集与分析工作，并建立相应档案，这些工作应当纳入企业专利战略之中；所谓事后工作是指在发生争讼之后，要尽可能掌握对方争讼技术和专利的技术实质与权利主张，对申请文件、权利要求、技术特征、授权条件（实质要件）、审查程序、权利边界等事项进行分析，一旦满足法律上无效宣告的条件，就应当据理向专利复审委员会提出无效宣告请求。

3. 主张先用权战略

由于《专利法》第69条规定了，在专利申请日前已经制造相同产品、使用相同方法或者已经作好制造、使用的必要准备，并且仅在原有范围内继续制造、使用的不属于侵权行为。因此，对于企业所进行的技术成果的研究与开发活动，应当认真做好相应的记录，妥善保管好相应的技术资料及生产文件，使企业能在证明自己技术成果的先用权方面争取主动。

4. 恰当运用专利诉讼战略

一方面，中国企业可充分地运用专利制度的保护功能，主动跟踪和搜集竞争对手的技术进展及专利状况，随时提取侵权证据，及时向竞争对手提出侵权警告或向司法机关提起诉讼；另一方面，在应诉时尽量争取和解，在起诉时尽量争取"先诉弱、后诉强，不到猪肥不出场"的原则，先诉弱的目的在于面对较弱的被告能较为容易地取得胜诉先例，这将对后诉起到极好的"示范作用"，而后诉强也是必要的，因为胜诉之后不仅赔偿容易实现，而且也扩大了企业影响。"不到猪肥不出场"是一种形象化表达，表明对特定对象提起起诉一般至少应当考虑对方有侵权责任偿付能力，如果该侵权对象根本尚未获利，侵权赔偿也当然是有限的，如果对方获利颇丰，自然侵权赔偿责任更大，偿付能力也更强。不过行使这一战略时千万不要疏忽了2年的诉讼时效。另外，诉讼本身也能起到宣传与广告作用，扩大企业商业影响，因此也不乏企业为此目的而提起专利侵权诉讼。

8.2 企业专利战略的制定

企业专利战略的制定是专利工作的一个重要方面，因此，在制定专利战略时应当遵循明确的原则、按照一定的步骤、依据科学的规律、基于系统的思想、运用可行的方法、形成全面的规划、包含具体的方案，只有这样，才能制定出符合企业发展科学规律和客观需要的专利战略来。

8.2.1 制定专利战略的基本原则

制定专利战略的过程中必须遵循明确的战略原则。这些原则所体现的宏观谋划精神应当贯穿于企业专利战略制定乃至实施的各个环节之中，尤其是在企业专利战略方案的选择、专利工作谋划的内容等方面。因为它是指导企业专利战略制定与实施工作的总的指导思想和工作方针，因此，这些原则要明确、具体。

8.2.1.1 以企业整体发展规划为基础原则

专利战略的目的非常明确，就是通过企业专利资源的利用、保护，促进企业技术创新，以实现企业综合竞争力的提高。因此，毫无疑问，企业专利工作谋划应当服务于企业的整体发展规划，应当与企业整体的战略相契合，应当是企业整体战略中与其他战略，诸如技术研发、人力资源、产品开发、市场延拓等战略有机关联的一个战略。这就要求企业制定企业专利战略时，应当立足于实际，从企业整体战略出发，注意战略的全局性、客观性与协调性，将专利战略纳入企业的总体发展战略，制定出适合企业发展的专利战略。

8.2.1.2 以企业专利资源状况为背景原则

专利战略的制定切不可好高骛远做表面文章，应当严格遵循专利战略的科学规律，以企业现存专利资源的存量状况、分布状况、结构状况、前景状况为基础，制定切实可行的、符合实际的专利战略。

专利资源状况目前尚处于匮乏阶段的企业，应当分析导致专利资源匮乏的原因，是因为研究与开发的实力太弱，还是因为对专利工作重视不够。基于不同的原因，显然应当制定不同的专利战略，对前者主要应当在加大研发投入的基础上，制定借鉴、引进、消化、吸收与本企业相关的专利战略；而对于后者，就应该更加重视专利信息、专利申请、专利利用方面的专利战略。这类企业尚难实现诸如同族专利战略、交叉许可战略、专利联盟战略等的战略目标。

8.2.1.3 以专利信息分析结果为依据原则

专利信息分析是专利战略工作的基础，通过技术与专利信息的检索与查新之后，将汇集与本企业技术创新及专利工作相关的各种文献资料。通过对这些文献资料进行分析，将了解到本企业及相关企业的技术及专利的现实状况及其未来发展。因此，企业在制定专利战略时，只有在以专利信息分析研究之结果为依据的前提下，才能制定出适合企业发展需要的专利战略来。如果脱离了专利信息分析的结果，就意味着脱离了企业所面临的客观现实，也就客观上根本无法实现企业的专利战略目标。当然，前提是专利信息分析本身是科学的、符合客观现实状况的。

8.2.1.4 以企业竞争客观需要为目标原则

这一原则主要要求所制定的企业专利战略应当符合企业的竞争目的。也就是说，专利战略所设定的竞争目标、竞争项目、竞争对象、竞争手段应当符合企业竞争的要求。如果专利战略所确定的技术开发项目和专利申请项目脱离了企业的产品开发计划、市场竞争计划，即使是技术开发成果获得了专利权，这些专利也未必能实现提升企业综合竞争力这一专利战略的目标。

8.2.1.5 以战略方案切实可行为准绳原则

战略是由一系列具体的战略方案所组成，如果所选定的战略方案本身由于不恰当、不合理而难以实施，势必将使战略变为一纸空文，流于形式。所以应当在整个专利战略的制定过程中始终贯穿"切实可行"这一基本原则，用是否切实可行作为专利战略优劣判断的基本准绳。

8.2.2 制定专利战略的基本过程

由于企业专利战略的科学性要求，制定专利的过程也应当是明确的，只有认真做好了每一个阶段的工作，才有可能有条不紊地进行专利战略的制定，主要分成以下几个基本阶段。

8.2.2.1 专利战略资源调查阶段

当一个企业拟建立自己的专利战略时，首先应当就企业当前自身所拥有的专利资源状况进行客观的调查与分析，同时还要进行相关企业，尤其是竞争性企业的专利资源的调查与分析，这种调查与分析主要是针对企业的核心技术展开，然后延及周边技术；针对其技术状况和法律状况进行分析，然后归纳出本企业技术创新的可能性、获得专利的可能性、形成专利开发优势的可能性，以及建立竞争机制的可能性。

专利战略资源主要包括企业的研究与开发的人力资源、无形资产资源、物质技术条件资源、产品市场资源等几个基本方面，具体包括研究与开发人员、技术项目、信息情报、技术成果、专利、技术秘诀、商标、品牌价值、商业秘密、技术文件、设备仪器、中试场地、生产车间、资金储备、研究与开发基金、营销渠道、市场状况以及管理水平等。

通过这种调查与分析，充分掌握自己在技术创新与专利战略方面所具备的基本条件，以及所面临的基本形势，充分了解相关企业，尤其是竞争性企业目前在技术创新与专利战略方面的资源状况、开发状况、前景状况。为企业制定科学的专利战略提供完整系统的数据资料。

调查与分析的方法主要应当采取数据统计、图表比较等量化方法。

8.2.2.2 专利战术策略分析阶段

经过企业专利资源的调查，已经获得了企业自身及相关企业在技术创新与专利战略方面所具备的基本条件以及所面临的基本形势，紧接着企业应当针对本企业的具体情况进行一个基本的策略分析，是从整体上确立一个进攻性的专利战略体系，还是从整体上确立一个防御性的专利战略体系，抑或分阶段确立防御性和进攻性专利战略体系。

这一分析可以在通过以下三种方式获取的意见基础上进行。

一是专家咨询。专家咨询是一种有效的方法，就是根据专利战略制定的现实需求，设计一个全面的专利战略调查问卷，请多个专家背对背回答相关的技术和市场问题，然后再将这些专家的答案进行综合统计，进而将统计的结果作为制定专利战略的重要依据。专家有着丰富的经验，所以他们的答案在多数情况下具有重要价值。

二是数据统计。数据统计就是把与企业相关的专利文献全部挑选出来进行数据统计分析。将这些专利文献的权利要求分离出来进行数据统计，然后把这些专利文献依照专利请求的性质分门别类，进而绘制出数据曲线或者专利地图，再进行逻辑分析。通过对这些数据的分析，就可以发现公司所研究的产品和技术的市场趋势。确定自己的产品是属于朝阳产业，还是夕阳产业；确定新产品、新技术在未来几年的发展趋势及市场剩余量；确定未来几年里潜在的市场竞争对手是谁；判断所研究的新产品、新技术的发展方向；寻找付出最小的代价取得最大市场利益的合作伙伴；甚至可以判断出竞争对手的战略意图等。依据上述数据，企业专利战略的制定者可根据本企业的特点扬长避短，制定出符合自己最大市场利益的专利战略。这种专利战略的制定方法能将专利战略的制定进行量化处理，具有较强的可操作性和准确性，这就使这种专利战略制定方法越来越受到企业的欢迎。

三是市场调研。市场调研是针对顾客和市场营销人员所进行的相关信息的调查研究工作。企业把顾客及一线市场营销人员对市场需求判断的答案进行数据统计，再根据市场需求，确定付出最小代价取得最大市场利益的新技术和新产品，然后制定具体专利战略。这种方法使用起来简单并有相当的可靠性，比较适合于的中小企业，成本也最低。

企业专利战略方面的总体战略方针直接决定着各种具体事项的战略方案的选择，因此企业应当在制定专利战略之前就明确其基本的战略方针。比如，对于一个刚刚开始启动专利工作的企业、一个目前尚未建立完整专利管理制度的企业，或者一个专利资源尚处薄弱阶段的企业最好整体上采取防御性战略，因为这样比较切合实际，专利工作的重点应当放在技术创新能力的培植、技术成果的专利申请、专利权利的有效保护方面，采取以守为攻的策略；而对于技术实力已相当雄厚、专利项目已开始形成系统、专利资源已在同类企业中渐显其优势，尤其是对那些市场已延拓到国外的企业，应当积极采取进攻性战略，主动出击，以攻为守，以争取专利竞争形势上的主动，避免总是处于被动局面。过去的经验告诉我们，在国际竞争中更应当如此。

8.2.2.3 确定专利战略战术阶段

了解了企业专利资源状况、确定了企业专利的基本战略方针，现在我们应当针对具体的专利事项、结合企业的具体情况和战略发展需要，在上述专利战略方案中选择适宜的专利战术和专利策略。我们前面根据专利工作不同阶段综合地介绍了四种类型的专利战略方案：专利信息战略方案、专利取得战略方案、专利利用战略方案和专利保护战略方案，其中具体介绍了在各个阶段、各个环节可以采纳的专利战略方案。但由于各个企业各具个性特征，因此，即使是在同一阶段，在战略方案的选择上都应当有所不同。

比如说，在专利信息战略方案的选择上，专利战略的初级企业在战略方案选择上，主要应当考虑与自己待开发技术直接相关的技术信息和专利信息的检索上，重点是分析这些信息对自己技术创新的可利用性和是否可能导致侵害他人专利权利等问题，同时还应当高度关注近逾期或已逾期专利的技术可利用性专利信息。而对于专利战略的规模企业，则应当更多地关注有关自己的专利利益是否已或将受到他人侵害，以及能否通过专利许可、专利联盟、技术标准等手段来扩大自己的专利收益等的专利信息。

在专利取得战略方案的选择上，专利战略的初级企业主要还是停留在一般专利的申请上；而专利战略的规模企业则应当重点考虑选择有利于形成核心专利与外围专利以及同族专利，即专利权利体系化的战略方案等。

在专利利用战略方案的选择上，专利战略的初级企业作该项选择时，重点考虑的是企业专利利用的收益问题，而且重点不在于许可他人使用，而在于自己直接开发专利产品，因为通过许可他人使用专利技术获益往往远不及自己生产产品获益，因为专利权人"许可"他人使用专利技术收取许可费实际上是以失去产品市场为代价的，被许可人是通过这个产品市场或市场份额来获得巨额利益的，然后仅将其中一部分利益作为许可费付给专利权人。这对于专利技术本来就不多的专利战略初级企业来说，显然是不适宜的。

在专利保护战略方案的选择上，专利战略的初级企业与规模企业也应当有不同的战略方案的选择。对于规模企业重点在于维权，其专利保护工作应着重在防止自己的专利被他人侵害，如何针对他人的侵权行为进行维护权益；然而对于初级企业，关注的重心主要在于在开发过程中既要尽可能利用他人的专利信息，又要不僭越他人的权利范围，即便是不可避免地侵犯了他人权利，也要妥善处理争议、解决纠纷。因此，初级企业要做好专利保护方面的战略工作。

8.2.2.4 拟定专利战略计划阶段

确定了专利战略战术方案之后,就应当开始着手拟定专利战略计划,这一计划当然是一份完整的、系统的、具体的、文字性的、战略性的工作计划书。一般应当包括五大部分:一是"引言";二是"专利战略形势分析报告书";三是"专利战略工作计划书";四是"专利战略实施办法";五是"专利战略评价目标与评价体系"。

"引言"部分主要应当描述制定企业专利战略的时代背景、指导思想、基本原则、总体目标等重要内容。

"专利战略形势分析报告书"部分主要对技术与专利信息进行综合分析之后,对本企业、本行业在技术创新方面、专利战略方面所面临的基本形势、综合竞争力状况、主要合作者及竞争者的综合竞争力状况、技术及专利资源状况、技术开发前景分析、专利未来形势分析等。

"专利战略工作计划书"部分是企业专利战略的核心部分,具体包括企业专利战略的各个方面及其各种策略性、战术性方式方法,从企业制定专利战略到这一战略贯彻实施、从企业技术创新到专利保护、从战略实施到效果评价等整个专利战略各个环节中的工作内容都应当在这一计划书中加以具体体现。一般应当具体包括:技术与专利信息收集工作计划、技术及专利信息分析工作计划、技术资源报告工作计划、专利资源报告工作计划、提交专利战略方案初步意见报告工作计划、技术研究与开发工作计划、专利技术市场调查工作计划、专利申请工作计划、专利维权工作计划、专利利用工作计划、专利争议解决机制工作计划等。

"专利战略实施办法"部分主要是针对上述工作计划为实现其工作目标所制定的具体的实施办法。主要包括工作的责任部门、责任人员;工作部门间的相互配合与协调;工作的主管领导及其领导责任、工作的具体方式方法及其措施、工作的节奏及其期间等。

"专利战略评价目标与评价体系"部分也是企业专利战略中一个十分重要的部分,应当在制定专利战略的同时就制定明确其评价目标和评价体系,使实施者在实施战略时具有明确的工作目标,清楚地知晓战略实施工作效果的评价指标与评价标准,这显然将更加有助于企业专利战略的有效实施。

8.2.3 企业专利战略的基本内容

从企业知识产权工作现状看,大部分企业尚无完整、系统的专利战略,但现已有许多企业制定了自己的专利管理办法或专利工作规程,但这些管理办法或工作规程大部分仅限于企业专利的日常管理工作，尽管这些企业规范也包含了专利工作的许多方面，但它们并不具有企业专利战略的意义。

【实例5】

×××公司专利工作管理办法

第一条　为鼓励企业员工发明创造，促进企业专利创造和利用能力的提高，逐步形成自主知识产权，提高企业市场竞争力，特订立本制度。

第二条　设立企业专利工作机构，即企业专利管理部，由总经理直接负责专利管理部开展专利工作。

第三条　企业专利管理部主要职责是：

（一）制定企业专利发展战略；

（二）负责办理企业员工的专利申请、授权、维权等专利事务，依法确定职务发明、非职务发明和发明设计人；

（三）保护本企业的专利权和防止外单位侵权，负责办理企业有关专利纠纷、专利诉讼等事务；

（四）配合生产部门组织专利技术实施；

（五）管理专利资产和专利实施许可贸易（合同）；做好专利技术和产品进出口向海关提请知识产权备案工作；负责专利权转让、专利权质押、专利资产评估、专利广告审查等；

（六）搜集、整理、利用与本企业有关的专利技术信息，为企业科研、生产、贸易、经营提供服务；

（七）负责对本企业专利或专利申请，依法及时交纳年费或申请维持费，维持其有效，对拟在法定期限届满前放弃或终止的专利和专利申请，要予以论证确认并建立管理档案。

（八）充分利用专利技术信息，掌握与本企业相关的国内外专利申请动向，对有损于本企业权益且不符合授予专利权条件的他人专利，及时提出宣告无效请求，维护自主知识产权；

（九）为本企业申报国家各级科技计划项目时，提供同类技术的专利检索情况报告，避免侵犯他人专利权；

（十）负责对企业员工进行专利法和专利知识的宣传培训。

第四条　执行本企业的任务或者主要利用本企业的物质条件所完成的发明创造为职务发明创造；职务发明创造申请专利的权利属于本企业；发明人是指为该专利发明做了创造性的研发设计工作，申请被批准后，本企业为专利权人。

第五条　企业员工在新产品、新技术的开发研制，新材料、新工艺的研究、技术改造、引进技术的消化、吸收等工作中做出的发明创造，凡符合专利授予条件的，都可申请专利，以维护企业的权益。

第六条　专利申请的提出：

（一）申请专利的发明人或设计人向企业专利管理部提出申请；

（二）企业专利管理部在初步审核后，提出意见，提交企业专利管理负责人审定；

（三）企业专利管理负责人根据技术含量及保密要求确定是否申报专利，并交企业专利管理部办理。

第七条　专利申请的办理：

（一）企业专利管理部会同发明人或设计人根据专利申请的要求，提供专利产品图纸、照片，专利技术说明书以及检索到的申请日前的相近技术资料等；

（二）由企业专利管理部会同发明人、设计人，斟酌确定"权利要求书"内容，负责填写好专利申请文件；

（三）对外观设计、实用新型等认为比较简单的专利应由本企业专利管理部负责申请；对技术难度较大的实用新型、发明专利等重要专利可委托专利事务所代理。

第八条　在专利申请日后未公开以前，发明人、设计人以及涉及该技术专利的相关人员对其内容负有保密的责任。

第九条　属职务发明申请的专利费用全部由企业承担。

第十条　企业员工有保护本企业专利权的义务，发现有侵权本企业专利权行为的，应及时报告企业专利管理部，并帮助做好调查取证工作。

第十一条　企业专利负责人认为应向知识产权管理部门申请处理或向人民法院起诉的，由企业专利管理部负责请求调处专利纠纷和进行专利诉讼，必要时可委托专利代理机构或律师事务所办理。

第十二条　侵犯本企业专利权的行为包括：

（一）未经专利权人（本企业）许可，制造、销售、使用与本企业专利技术相同或相近似的产品；

（二）未经专利权人（本企业）许可，将专利号、专利标记印在产品上进行销售；

（三）其他未经专利权人（本企业）许可，使用本企业专利技术进行经济营利活动的。

第十三条　本企业与国内外科研组织或者个人签订技术合作开发合同或者委托合同时，订立的合同应包括以下内容：

（一）明确项目中产生的申请专利的权利、专利权、相关技术秘密的归属；

（二）明确本企业与合作方、承接方对项目产生的专利转让、许可使用、管理权限和方式的条款；

（三）明确专利技术实施取得收益的分享办法和比例。

第十四条　本企业实施他人专利技术或许可他人实施本单位专利技术的，应签订《专利实施许可合同》，《专利实施许可合同》应进行登记备案。

第十五条　属职务发明的发明人或设计人，在为企业取得专利权后，发明人或者设计人应当受到奖励，并可作为企业技术职务聘任和晋升的重要依据。

第十六条　职务发明取得专利证书后，应将专利证书复印件发给发明人或者设计人。

第十七条　企业取得专利权后，对专利发明人或设计人奖励金额：外观设计××元/项；实用新型专利××元/项；发明专利××元/项。

第十八条　专利在具体实施后为企业带来了经济效益，由企业董事会讨论决定，从实施之日起三年内，给予职务发明人或设计人一定的报酬。

第十九条　企业将职务发明专利转让或许可他人实施的，从转让或许可实施所得收益中提取一定比例作为职务发明人报酬。

第二十条　专利发明人或设计人的奖励和报酬按实际贡献大小分配。

第二十一条　企业专利管理部对为企业专利工作作出突出贡献的员工负责推荐奖励。

第二十二条　本办法自公布之日起试行。

×××有限公司

二〇〇三年八月十六日

从以上实例可以看出，企业专利战略与企业专利工作管理办法从内容上说有着很大差别，前者的价值目标是求得企业技术及专利资源价值的最大化，而后者只是追求专利活动及资源的有序管理；前者是一种战略性安排，而后者仅仅是一种秩序性安排；前者是基于专利资源的经营理念，后者仅仅是基于专利活动的管理理念。所以我们在制定"专利战略"时切不可简单地将其理解和制定为"企业专利工作管理办法"。可以说，企业专利战略包含了企业专利工作管理办法。

由于各个企业因其行业不同、技术背景不同、技术及专利资源状况不同、市场环境不同等多种因素的差异,且任何一个专利战略的制定都必须以一个特定企业的技术及专利资源等多种企业个性化背景资料为前提依据,所以不可能有两个企业甚至是两个基本情况相同的企业具有相同的企业专利战略。企业只能根据各自的背景资料形成适合自己的专利战略。由于企业的资源个性特征及经营理念的相异性,我们也不便给出一个"放之四海而皆准"的企业专利战略的具体范本,但是我们可以将企业专利战略制定中应当包括的基本内容综述如下。

8.2.3.1 专利战略形势分析报告书

第一部分 基本形势分析

一、国际竞争态势分析

1. 国际市场及竞争环境的现状与趋势
2. 与本企业和本行业相关的外国及国际政策、法律与国际惯例
3. 国际上与本企业核心技术相关的研究与开发的现状与趋势
4. 本企业所面临的主要国际竞争对手及状况

二、国内市场环境分析

1. 国内市场及竞争环境的现状与趋势
2. 与本企业和本行业相关的政策、法律及标准的规制现状及趋势
3. 国内与本企业核心技术相关的研究与开发的现状与趋势
4. 本企业所面临的主要国内竞争对手及状况

三、企业基本状况分析

1. 技术创新人力资源情况
2. 企业技术创新机构设置与管理绩效情况
3. 企业研究与开发投入情况
4. 企业现有技术创新成果产出及管理情况
5. 产品生产与市场销售情况
6. 产品生产与销售对新技术依赖程度情况
7. 企业专利申请量情况
8. 企业专利获权量情况
9. 企业专利争议量情况
10. 企业专利管理制度与实施效果情况
11. 本企业综合竞争力提升对专利技术依赖程度情况

第二部分　企业综合竞争力状况分析
一、本企业人力资源状况分析
　　1. 技术与专利信息人员情况
　　2. 研究与开发人员情况
　　3. 技术创新结构及投入产出效果情况
　　4. 专利管理人员、管理机构及管理效能情况
　　5. 本企业人力资源比较优势
二、本企业物资资源状况分析
　　1. 企业技术创新的投资结构情况
　　2. 企业研究与开发物资设备情况
　　3. 本企业物资资源比较优势
三、本企业信息资源状况分析
　　1. 信息查新与检索设备情况
　　2. 技术与专利信息收集、处理与分析情况
　　3. 技术与专利资料档案归档与保管情况
　　4. 技术与专利信息利用情况
　　5. 本企业信息资源比较优势
四、本企业专利资源状况分析
　　1. 企业技术成果情况
　　2. 企业专利申请情况
　　3. 企业专利获权情况
　　4. 企业专利许可与转让情况
　　5. 本企业专利资源比较优势
第三部分　主要合作者与竞争者的综合竞争力状况分析
一、合作者综合竞争力分析
　　1. 合作者研究与开发人员及能力分析
　　2. 合作者核心技术开发现状及前景分析
　　3. 合作者专利拥有量、结构、技术特征及权利主张分析
　　4. 合作前景分析
二、竞争者综合竞争力分析
　　1. 竞争者研究与开发人员及能力分析
　　2. 竞争者核心技术开发现状及前景分项分析
　　3. 竞争者专利拥有量、结构、技术特征及权利主张分析

4. 竞争前景分析

第四部分　技术及专利资源状况

一、技术资源状况分析

1. 独立开发的技术成果资源
2. 合作开发的技术成果资源
3. 受托开发的技术成果资源
4. 委托开发的技术成果资源
5. 许可转让的技术成果资源

二、专利资源状况分析

1. 专有技术（技术秘密）资源
2. 待申请专利资源
3. 发明专利资源
4. 实用新型专利资源
5. 外观设计专利资源

第五部分　技术前景分析

一、现有技术项目的开发前景

1. 现有参考技术分析
2. 技术特征优势分析
3. 技术应用前景分析
4. 技术研发可行性分析

二、计划技术项目的开发前景

1. 相关技术的现状分析
2. 计划项目适合性分析
3. 技术研发可行性分析
4. 技术价值分析

三、推荐技术项目的开发前景

1. 相关技术现状分析
2. 技术价值分析
3. 技术特征优势分析
4. 技术研发可行性分析

第六部分　专利前景分析

一、技术成果可专利性分析

1. 技术成果的创造性分析

  2. 技术成果的新颖性分析
  3. 技术成果的实用性分析
二、专利技术可争议性分析
  1. 相关技术的技术实质比较分析
  2. 相关专利权利边界比较分析
  3. 相关专利冲突原因及解决方案分析
三、专利技术可利用性分析
  1. 专利技术价值分析
  2. 专利技术许可价值分析
  3. 专利技术转让价值分析

8.2.3.2 专利战略工作计划书

第一部分 技术与专利信息收集工作计划

一、技术及专利信息检索机构及其人员
  1. 关于技术及专利信息检索机构设置
  2. 关于技术及专利信息检索人员配备

二、技术及专利信息检索机构的职能与任务
  1. 关于技术及专利信息检索机构的职能
  2. 关于技术及专利信息检索机构的任务

三、技术及专利信息检索规程
  1. 关于技术及专利信息检索对象
  2. 关于技术及专利信息检索内容
  3. 关于技术及专利信息检索频度
  4. 关于技术及专利信息常规检索
  5. 关于技术及专利信息专项检索
  6. 关于技术及专利信息检索报告

四、技术及专利信息整理规程
  1. 关于技术及专利信息整理人员
  2. 关于技术及专利信息整理要求
  3. 关于技术信息目录、档案及文献综述
  4. 关于专利信息目录、档案及文献综述

第二部分 技术及专利信息分析工作计划

一、技术与专利信息分析部门及人员
  1. 关于技术与专利信息分析部门及其职责

2. 关于技术与专利信息分析人员及其责任
 二、技术及专利信息分析规程
  1. 关于技术信息的技术实质分析
  2. 关于专利信息的技术特征分析
  3. 关于专利信息的权利边界分析
  4. 关于技术信息的可参考性分析
  5. 关于技术信息的可使用性分析
  6. 关于专利信息的可借鉴性分析
  7. 关于专利信息的可利用性分析
 三、技术及专利信息分析报告
  1. 关于技术信息分析报告的撰写
  2. 关于专利信息分析报告的撰写
  3. 关于技术及专利信息报告的审查

第三部分　技术资源报告工作计划
 一、技术资源调研部门及职能
  1. 关于技术资源调研部门的设置
  2. 关于技术资源调研部门的职能
 二、技术资源调研基本内容
  1. 关于研究开发人员及其结构
  2. 关于研究开发投入产出关系
  3. 关于研究开发成果及其效益
  4. 关于研究开发项目及其预期
 三、技术资源调研基本规程
  1. 关于技术资源调研内容
  2. 关于技术资源调研过程
  3. 关于技术资源调研结果
 四、技术资源调研综合报告
  1. 关于技术资源调研报告的撰写
  2. 关于技术资源调研报告的审查

第四部分　专利资源报告工作计划
 一、专利资源调研部门及职能
  1. 关于专利资源调研部门的设置
  2. 关于技术资源调研部门的职能

二、专利资源调研的基本内容
    1. 关于可专利性技术成果及其价值
    2. 关于已申请专利技术成果及其价值
    3. 关于专利技术成果及其价值
    4. 关于 Know-How 技术成果及其价值
    5. 关于受许可专利技术及其价值
    6. 关于受转让专利技术及其价值
三、专利资源调研的基本规程
    1. 关于专利资源调研内容
    2. 关于专利资源调研过程
    3. 关于专利资源调研结果
四、专利资源调研综合报告
    1. 关于专利资源调研报告的撰写
    2. 关于专利资源调研报告的审查

第五部分　提交专利战略方案初步意见报告工作计划
一、提交专利战略方案初步意见的部门
    1. 关于负责提交专利战略方案初步意见的部门
    2. 关于提交专利战略方案初步意见部门的职能
二、专利战略方案初步意见的撰写
    1. 关于专利战略方案初步意见的撰写依据
    2. 关于专利战略方案初步意见的撰写程式
三、专利战略方案初步意见的审查
    1. 关于专利战略方案初步意见的审查部门
    2. 关于专利战略方案初步意见的审查程序
    3. 关于专利战略方案初步意见的审查意见

第六部分　技术研究与开发工作计划
一、技术研发机构及其人员
    1. 关于研发团队组成及其协调
    2. 关于研发人员及其研发任务
二、技术研发资金及其使用
    1. 关于企业技术研发资金的投入
    2. 关于技术研发资金的配给
    3. 关于技术研发资金的使用

三、技术研发项目
　　1. 关于技术研发项目立项
　　2. 关于计划研发项目
　　3. 关于自主研发项目
四、技术研发计划
　　1. 关于技术研发计划的拟定
　　2. 关于技术研发计划的实施
五、技术研发成果
　　1. 关于技术研发成果的鉴定
　　2. 关于技术研发成果的中试
　　3. 关于技术研发成果的产业化
六、技术成果管理
　　1. 关于技术研发成果的归属
　　2. 关于技术研发成果的保护
　　3. 关于技术研发成果的建档

第七部分　专利技术市场调查工作计划
一、专利技术市场调查部门
　　1. 关于专利技术市场调查的负责部门
　　2. 关于专利技术市场调查部门的职能
二、专利技术市场调查事项
　　1. 关于自有专利技术的市场调查
　　2. 关于相关专利技术的市场调查
　　3. 关于可利用专利技术市场调查
三、专利技术市场调查工作规程
　　1. 关于专利技术市场调查的对象
　　2. 关于专利技术市场调查的内容
　　3. 关于专利技术市场调查的方式
　　4. 关于专利技术市场调查的结果
四、专利技术市场调查工作报告
　　1. 关于专利技术市场调查报告的撰写
　　2. 关于专利技术市场调查报告的审查

第八部分　专利申请工作计划
一、拟申请专利项目审查部门及其审查职能

1. 关于拟申请专利项目的提交部门
2. 关于拟申请专利项目的审查部门
3. 关于拟申请专利项目的审查职能

二、拟申请专利项目审查规程
1. 关于拟申请专利项目的审查标准
2. 关于拟申请专利项目的审查程序
3. 关于拟申请专利项目的审查结果

三、拟申请专利项目审查报告
1. 关于拟申请专利项目审查报告的撰写
2. 关于拟申请专利项目审查报告的审批

第九部分　专利维权工作计划

一、专利维权职能部门及其责任
1. 关于专利维权工作主管部门
2. 关于专利维权主管部门工作职责

二、专利维权工作规程
1. 关于企业专利权利范围的核检
2. 关于企业专利权益日常维护工作
3. 关于企业专利权益受侵害的调查
4. 关于企业专利权益受侵害案的处理

三、专利维权工作报告
1. 关于专利维权工作报告的撰写
2. 关于专利维权工作报告的审查

第十部分　专利利用工作计划

一、专利利用计划提交部门及其职能
1. 关于专利利用计划提交部门
2. 关于专利利用计划部门的职责

二、专利利用计划审查部门及其职能
1. 关于专利利用计划审查部门
2. 关于专利利用计划审查职能
3. 关于专利利用计划审查结果

三、专利许可计划及其实施
1. 关于专利许可计划的拟定
2. 关于专利许可计划的审批

3. 关于专利许可计划的实施

四、专利转让计划及其实施

1. 关于专利转让计划的拟定
2. 关于专利转让计划的审批
3. 关于专利转让计划的实施

五、专利利用绩效报告

1. 关于专利许可绩效的综合报告
2. 关于专利转让绩效的综合报告
3. 关于专利利用绩效报告的审查

第十一部分 专利争议解决机制工作计划

一、专利争议主管部门及其职能

1. 专利争议主管部门
2. 专利争议主管部门的职能

二、专利争议预警机制

1. 关于专利争议的收集
2. 关于专利争议的通报
3. 关于专利争议的协调

三、专利争议解决方案审查与执行

1. 关于专利争议解决方案的提出
2. 关于专利争议解决方案的审查
3. 关于专利争议解决方案的执行

四、专利争议报告

1. 关于专利争议报告的提交
2. 关于专利争议解决报告的撰写
3. 关于专利争议及专利争议解决报告的审查

8.2.3.3 专利战略实施办法（从略）

8.2.3.4 专利战略评价目标与评价体系（从略）

8.3 企业专利战略的实施

企业专利战略的实施也就是将"企业专利战略"贯穿于企业经营管理活动的各个环节之中，按照企业专利战略所设定的目标、要求、方法、手段、职能、责任等工作规程加以活动，以充分实现企业专利战略。